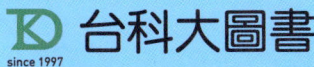

SCRATCH 3.0
（mBlock 5 含 AI）
程式設計　使用 mBot 金屬積木機器人

李春雄　著

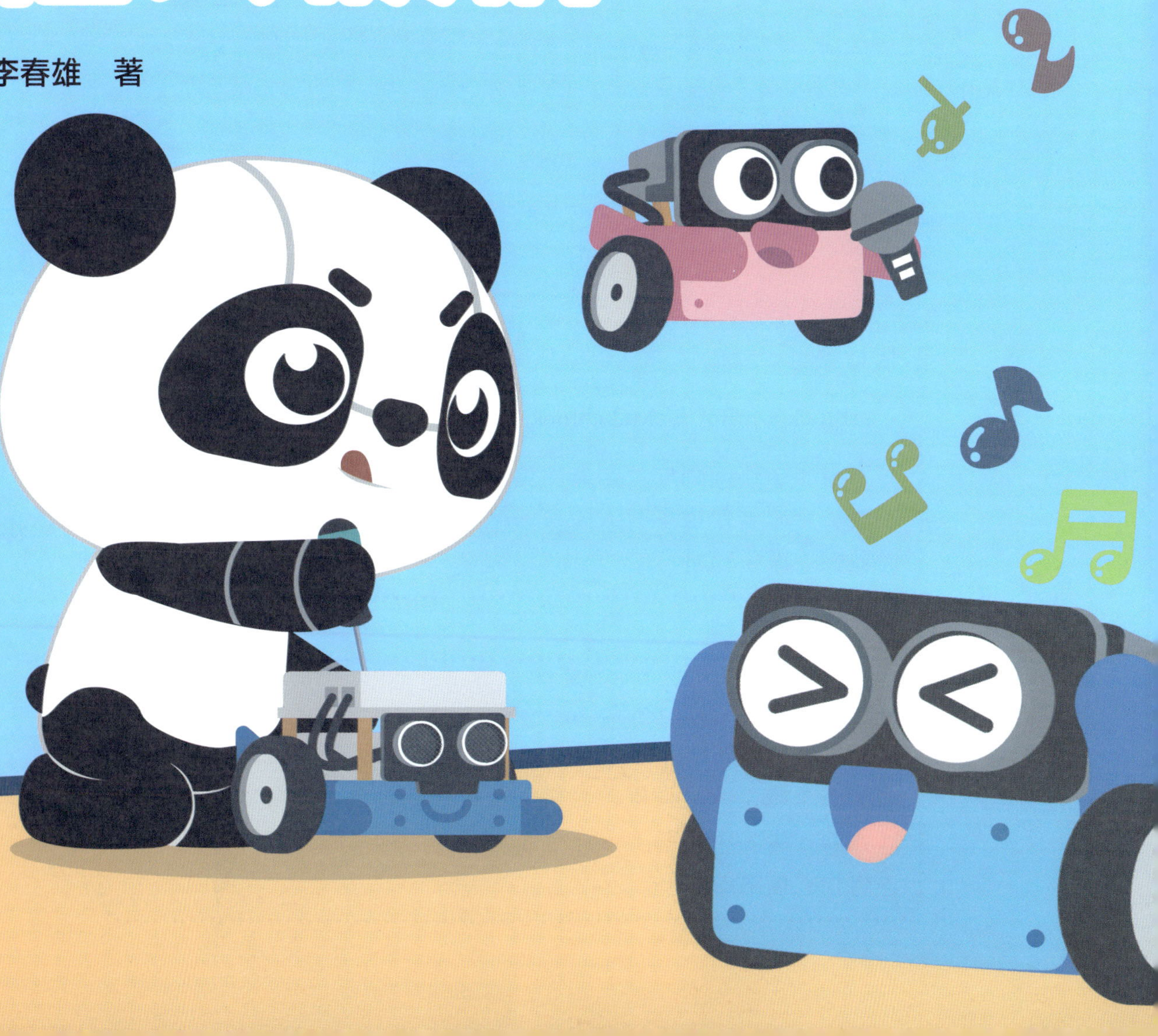

版權聲明：

- mBlock、mBot 是 Makeblock 公司的註冊商標。

- 本書所引述的圖片及網頁內容，純屬教學及介紹之用，著作權屬法定原著作權享有人所有，絕無侵權之意，在此特別聲明，並表達深深感謝。

範例檔案下載說明：

本書程式檔案請至台科大圖書網站（http://www.tiked.com.tw）圖書專區下載；或可直接於台科大圖書網站首頁，搜尋本書相關字（書號、書名、作者），進行書籍搜尋，搜尋該書後，即可下載本書程式檔案內容。

序 Preface

　　樂高是一家世界知名的積木玩具公司，從各種簡單的積木到複雜的動力機構，甚至自創樂高機器人，全都能讓大人與小孩玩到樂此不疲。為何樂高能讓大、小朋友甚至玩家「百玩不厭」呢？其最主要原因是它可以依照每一位玩家的「想像力及創造力」來建構其個人獨特的作品，並且還可透過「樂高專屬的軟體」來控制樂高機器人。

　　雖然，樂高機器人可以讓小朋友或玩家「百玩不厭」，但是，它目前還是很難在高中職及大專院校中列為正式課程的教具，其主要的原因就是「價格昂貴」問題，導致學校沒有經費購買。

　　有鑑於此，中國大陸的 MakeBlock 創客團隊，除了解決此問題，也將塑膠結構改為「鋁合金結構」以增強機器人的結構強度、並且提供數十種不同用途的感測器，以為「物聯網應用」建立重要的基礎。因此，筆者歸納出五大特色：

1. **價格方面**：樂高機器人價格高於 mBot 機器人。
2. **結構強度方面**：它屬於鋁合金構件，強度比樂高零件更強，往往可以應用在工業上。
3. **感測器種類方面**：目前提供數十種不同用途的感測器，應用的領域更廣。
4. **組裝方面**：組裝上比樂高還要簡單，零件約 45 個。
5. **可結合外部零件**：可結合樂高的零件，也可以更多元造型和彌補樂高強度的不足。

　　而在軟體程式方面，它使用「圖形化」mBlock 5 軟體，它是基於 Scratch 3.0，專門用於支持 STEAM 教育的「拼圖積木程式」，並且它可命令硬體的 mBot 機器人進行各種控制，以便讓學生較輕易的撰寫機器人程式，而不需了解機器人內部的軟、硬體結構，其目的可以讓國小、國中學生或第一次接觸機器人的使用者，以最低的門檻就可以學習如何控制機器人，此外，高中職及大專院校資訊相關科系的學生，也可以使用 Arduino C 程式來控制 mBot 機器人，以符合課程開課的需求。

　　綜合上述，筆者利用 mBlock 軟體來開發一套可以充分發揮學生「想像力」及「創造力」的快速開發教材，其主要的特色如下：

1. 親自動手「組裝」，訓練學生「觀察力」與「空間轉換」能力。
2. 親自撰寫「程式」，訓練學生「專注力」與「邏輯思考」能力。
3. 親自實際「測試」，訓練學生「驗證力」與「問題解決」能力。

　　最後，本書能順利出版，也要感謝台科大圖書公司范文豪總經理的允諾出版、編輯團隊精心版面設計，在此一併致謝。

李春雄（Leech@csu.edu.tw）
於　正修科技大學　資管系

目錄 Contents

Chapter 01
機器人概論
- 1-1　什麼是機器人　2
- 1-2　Makeblock 基本介紹　5
- 1-3　mBot 機器人　8
- 1-4　mBot 機器人藍牙模組適配器　15
- 1-5　mBot 機器人基本車常見的運用　16

Chapter 02
mBot 機器人的開發環境
- 2-1　mBot 機器人的程式設計流程　20
- 2-2　組裝一台 mBot 機器人　21
- 2-3　mBot 機器人的控制板基本介紹　23
- 2-4　mBot 機器人的程式開發環境　25
- 2-5　下載及安裝 mBot 機器人的 mBlock 軟體　26
- 2-6　mBlock 5 的整合開發環境　29
- 2-7　撰寫第一支 mBlock 程式　36

Chapter 03
mBot 機器人動起來了
- 3-1　馬達簡介　42
- 3-2　控制馬達速度及方向　44
- 3-3　讓機器人動起來　47
- 3-4　機器人繞正方形　49
- 3-5　馬達接收其他來源　51

Chapter 04
資料與運算
- 4-1　變數（Variable）　56
- 4-2　變數資料的綜合運算　59
- 4-3　清單（List）　78
- 4-4　清單的綜合運算　81
- 4-5　副程式（新增積木指令）　84

Chapter 05
程式流程控制
- 5-1　流程控制的三種結構　90
- 5-2　循序結構（Sequential）　93
- 5-3　分岔結構（Switch）　95
- 5-4　迴圈結構（Loop）　105

Chapter 06
機器人走迷宮（超音波感測器）
- 6-1　認識超音波感測器　116
- 6-2　偵測超音波感測器的值　117
- 6-3　等待模組（Wait）的超音波感測器　119
- 6-4　分岔模組（Switch）的超音波感測器　121
- 6-5　迴圈模組（Loop）的超音波感測器　124
- 6-6　mBot 機器人走迷宮　126
- 6-7　超音波感測器控制其他拼圖模組　128
- 6-8　看家狗　129
- 6-9　自動剎車系統　130

Chapter 07
機器人循跡車（巡線感測器）
- 7-1　認識巡線感測器　134
- 7-2　偵測巡線感測器的值　135
- 7-3　等待模組（Wait）的巡線感測器　136
- 7-4　分岔模組（Switch）的巡線感測器　138
- 7-5　迴圈模組（Loop）的巡線感測器　140
- 7-6　機器人循跡車　142
- 7-7　機器人偵測到第三線黑線就停止　146

Chapter 08
遙控機器人（紅外線感測器）
- 8-1　認識紅外線感測器　150
- 8-2　偵測紅外線感測器的值　152

8-3 等待模組（Wait）的紅外線感測器 156
8-4 分岔模組（Switch）的紅外線感測器 157
8-5 迴圈模組（Loop）的紅外線感測器 158
8-6 遙控一台 mBot 動作 159

Chapter 09
機器人太陽能車（光線感測器）

9-1 認識光線感測器 164
9-2 偵測光線感測器的值 165
9-3 等待模組（Wait）的光線感測器 167
9-4 分岔模組（Switch）的光線感測器 168
9-5 迴圈模組（Loop）的光線感測器 169
9-6 光線感測器控制其他拼圖模組 170
9-7 製作一台機器人太陽能車 171
9-8 製作一台機器人蟑螂車 172
9-9 製作一座智慧型路燈 173

Chapter 10
機器人警車（按鈕、蜂鳴器、LED 燈）

10-1 按鈕 176
10-2 偵測「按鈕」的事件 176
10-3 按鈕的綜合運用 178
10-4 蜂鳴器 180
10-5 LED 燈 183
10-6 重置按鈕 187

Chapter 11
AI 人工智慧 — mBot「人臉年齡識別」的應用

11-1 認識 AI 人工智慧 190
11-2 mBlock 5 使用微軟認知服務 191
11-3 人臉年齡辨識 192
11-4 人臉情緒辨識 194
11-5 人臉情緒操控 mBot 機器人 195

Chapter 12
AI 人工智慧 — mBot「語音識別」的應用

12-1 語音辨識 200
12-2 模糊語音辨識之使用 204
12-3 語音操控 mBot 機器人 206

Chapter 13
AI 人工智慧 — mBot「車牌識別」的應用

13-1 文字辨識 212
13-2 文字辨識結合表情面板 215
13-3 文字辨識結合 DoReMi 217
13-4 文字辨識結合 LED 燈 218
13-5 停車場車牌辨識系統 219

Chapter 14
機器深度學習 — mBot「顏色識別」的應用

14-1 機器深度學習 226
14-2 mBlock 5 使用機器深度學習 227
14-3 顏色識別 228
14-4 顏色識別結合 mBot 之 LED 不同的顏色 234
14-5 顏色識別結合表情面板 236
14-6 顏色識別控制 mBot 行走 238

Chapter 15
機器深度學習 — mBot「形狀識別」的應用

15-1 形狀識別 244
15-2 形狀識別各種不同的交通號誌 249
15-3 形狀識別結合表情面板 250
15-4 交通號誌控制 mBot 行走 252

Chapter 01
機器人概論

學習目標
1. 讓讀者瞭解機器人定義及在各領域上的運用。
2. 讓讀者瞭解 mBot 機器人的組成及常見的運用。

內容節次
1-1　什麼是機器人
1-2　Makeblock 基本介紹
1-3　mBot 機器人
1-4　mBot 機器人藍牙模組適配器
1-5　mBot 機器人基本車常見的運用

Scratch 3.0 (mBlock 5 含 AI) 程式設計

1-1　什麼是機器人

◎ 機器人的迷思

「機器人」只是一台「人形玩具或遙控跑車」，其實這樣的定義太過狹隘且不正確。

人形玩具	遙控跑車

📄 說明　1. 人形玩具：屬於靜態的玩偶，無法接收任何訊號，更無法自行運作。

　　　　 2. 遙控汽車：可以接收遙控器發射的訊號，但是，缺少「感測器」來偵測外界環境的變化。例如：如果沒有遙控器控制的話，遇到障礙物前，也不會自動停止或轉彎。

◎ 深入探討

我們都知道，人類可以用「眼睛」來觀看周圍的事物，利用「耳朵」聽見周圍的聲音，但是，機器人卻沒有眼睛也沒有耳朵，那到底要如何模擬人類思想與行為，進而協助人類處理複雜的問題呢？

其實「機器人」就是一部電腦（模擬人類的大腦），它是一部具有電腦控制器（包含中央處理單元、記憶體單元），並且有輸入端，用來連接感測器（模擬人類的五官）與輸出端，用來連接馬達（模擬人類的四肢）。

◎ 定義

機器人（Robot）它不一定是以「人形」為限，凡是可以用來模擬「人類思想」與「行為」的可程式化之機構稱之。

2

◎ **三種主要組成主素** 1.感測器（輸入）；2.處理器（處理）；3.伺服馬達（輸出）。

mBot 機器人

① 感測器（五官）
② 處理器（大腦）
③ 伺服馬達（四肢）

◎ **機器人的運作模式**

輸入端	處理端	輸出端
類似人類的「五官」，利用各種不同的「感測器」，來偵測外界環境的變化，並接收訊息資料。	類似人類的「大腦」，將偵測到的訊息資料，提供「程式」開發者來做出不同的回應動作程序。	類似人類的「四肢、嘴」，透過「伺服馬達、蜂鳴器、LED燈」來真正做出動作。

◎ **舉例** 會走迷宮的機器人

假設已經組裝完成一台 mBot 機器人的車子（又稱為輪型機器人），當「輸入端」的「超音波感測器」偵測到前方有障礙物時，其「處理端」的「程式」可能的回應有「直接後退」或「後退再進向」或「停止」動作等，如果是選擇「後退再進向」時，則「輸出端」的「伺服馬達」就是真正先退後，再向左或向右轉，最後，再直走等動作程序。

◎ 機器人的運用

由於人類不喜歡做具有「①危險性」、「②重複性」及「③高度專注性」的工作，因此，才會有動機來發明各種用途的機器人，其目的就是用來取代或協助人類各種複雜性的工作。

◎ 常見的運用

1. 工業上：銲接用的機械手臂（如：汽車製造廠）或生產線的包裝 ②。
2. 軍事上：拆除爆裂物（如：炸彈）①。
3. 太空上：無人駕駛（如：偵察飛機、探險車）③。
4. 醫學上：居家看護（如：通報老人的情況）②。
5. 生活上：自動打掃房子（如：自動吸塵器）②。
6. 運動上：自動發球機（如：桌球發球機）②。
7. 運輸上：無人駕駛車（如：Google 研發的無人駕駛車）③。
8. 安全測試上：汽車衝撞測試 ①。
9. 娛樂上：取代傳統單一功能的玩具
10. 教學上：訓練學生邏輯思考及整合應用能力，其主要目的讓學生學會機器人的機構原理、感測器、主機及伺服馬達的整合應用。進而開發各種機器人程式以及實務上的應用。

Chapter 01　機器人概論

1-2　Makeblock 基本介紹

　　號稱「金屬版的樂高積木」，它除了提供多樣化的金屬零件之外，更強調可以讓使用者動手創造各種不同的造型金屬結構。

◎ 組成要素

1. 機械結構：鋁合金構件，兼具強度及美觀。

2. 電子電路：使用各種模組式的感測器、馬達及相關的電子零件

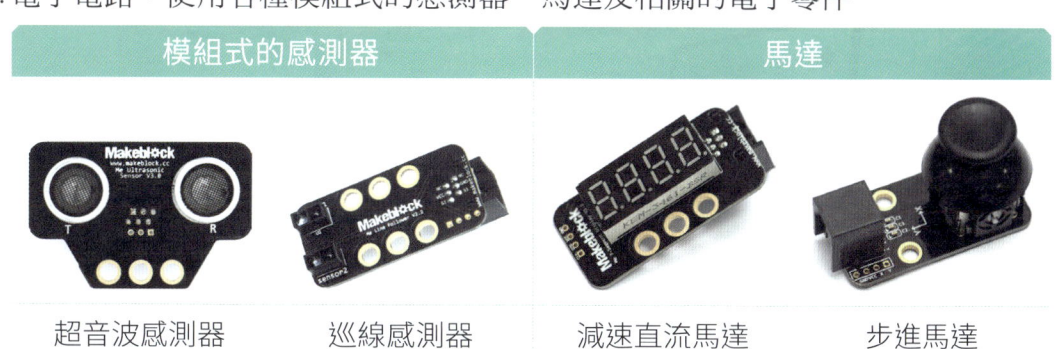

模組式的感測器		馬達	
超音波感測器	巡線感測器	減速直流馬達	步進馬達

5

3. 控制系統：利用開放式的 Arduino 硬體平台為基礎控制器，可以整合電子電路。

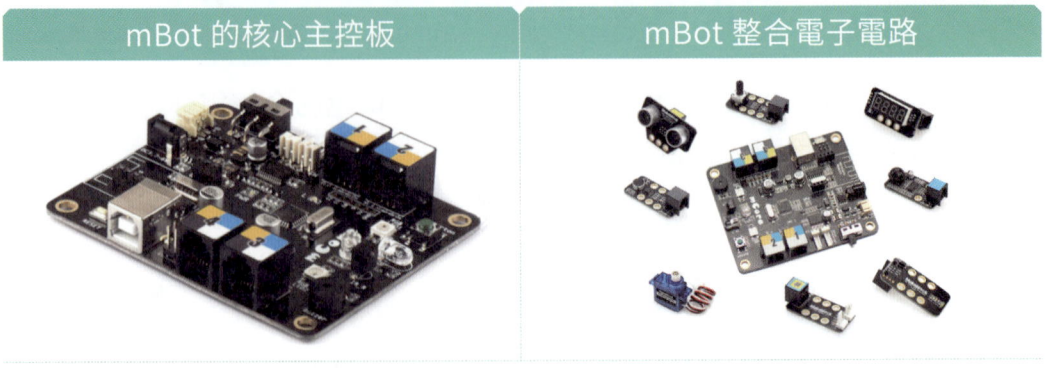

4. 程式語言：使用「圖形化」的「拼圖積木」程式。可以降低學習曲線，提高學習者的動機和興趣。

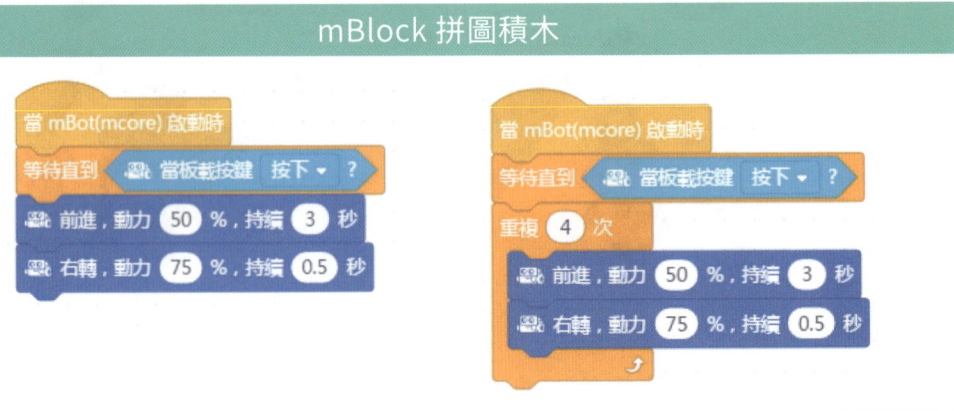

目前官方也先後推出了一系列的不同應用產品。以下為筆者歸納出目前較常見的五種不同的套組：

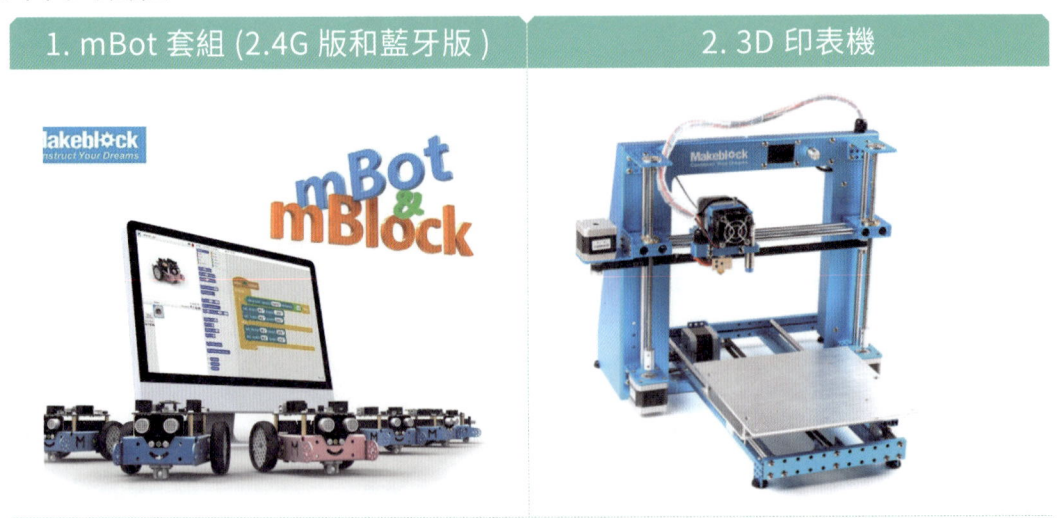

Chapter 01　機器人概論

3. 終級機器人套組

4. 發明者電子套組

5.mDrawBot 繪圖機器人

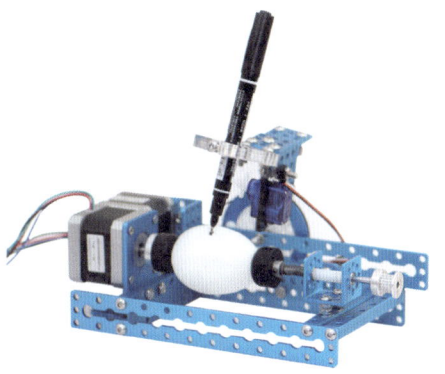

1-3　mBot 機器人

◎ **定義** mBot 是一套專門用來訓練學生邏輯思考及動手創作的機器人。

◎ **與樂高機器人的優勢**

1. 價格方面：為樂高機器人的 1/7。
   教育版的 EV3 第三代樂高機器人約二萬，而 mBot 為三千元左右。
2. 結構強度方面：它屬於鋁合金構件，強度比樂高零件更強，往往可以應用在工業上。

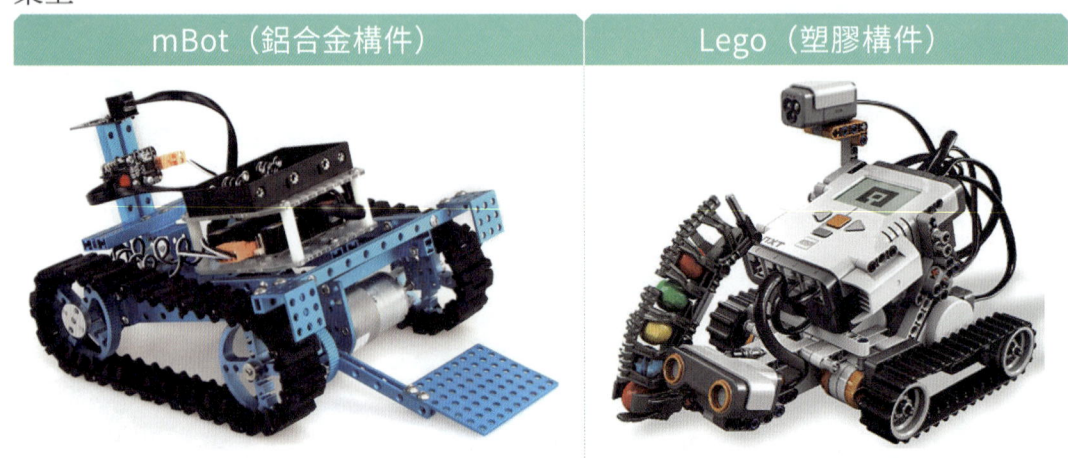

| mBot（鋁合金構件） | Lego（塑膠構件） |

3. 感測器種類方面：目前提供數十種不同用途的感測器，應用的領域更廣。

Makeblock 電子模組（常用）	功能	圖示
超音波感測器	偵測距離的遠近 如：前方是否有障礙物	
循跡感測器	偵測不同顏色 如：白色與黑色	
七段顯示器	顯示數據資料 如：速度、溫度、距離…	

Chapter 01　機器人概論

Makeblock 電子模組（常用）	功能	圖示
搖桿模組	控制移動方向 如：前、後、左、右	
可變電阻模組	調整其他模組的狀態 如：控制速度或 LED 燈的亮度	
聲音感應器	偵測不同的音量大小 如：聲音控制機器人	
溫度感應器	偵測不同環境的溫度 如：太陽下或室內	
人體紅外感應器	偵測人或動物 如：監視器探測人或動物接近	
表情面板 （LED 陣列 8×16）	用來動態顯示圖案 如：目前經過黑線的個數	
雙模組藍牙模組	接收或發送藍牙訊息 如：手機顯示即時溫、濕度功能	
WiFi 模組	IEEE802 協定 WiFi 模組 如：物聯網（IOT）應用	
觸摸感應器	偵測觸碰 如：觸碰後開啟程式	

Scratch 3.0 (mBlock 5 含 AI) 程式設計

Makeblock 電子模組（常用）	功能	圖示
RJ25 適配器	RJ25 轉杜邦線 如：連接溫度感應器、伺服馬達	
相機快門模組	連接相機或攝影機，用來控制快門與對焦	
彩色 LED 模組	四顆全彩 LED，可用於照明	
火焰感應器	可以偵測波長 760nm 到 1100nm 的火焰或光源 如：消防機器人	
氣體感應器	用來檢測煙霧、丁烷、甲烷、醇、氫氣等氣體	
溫濕度感應器	偵測溫度與濕度 如：智慧居家溫溼度控制系統	
編碼馬達驅動板	編碼馬達與主控板轉接	
三軸加速度陀螺儀	顯示目前方位 如：目前機器人面對方向	
USB 轉接器	USB 轉接器 如：連接無線手把控制機器人動作	
全彩光飾條	全彩 LED 燈條 如：情境控制系統	

4. 組裝方面：組裝上比樂高還要簡單，零件約 45 個。

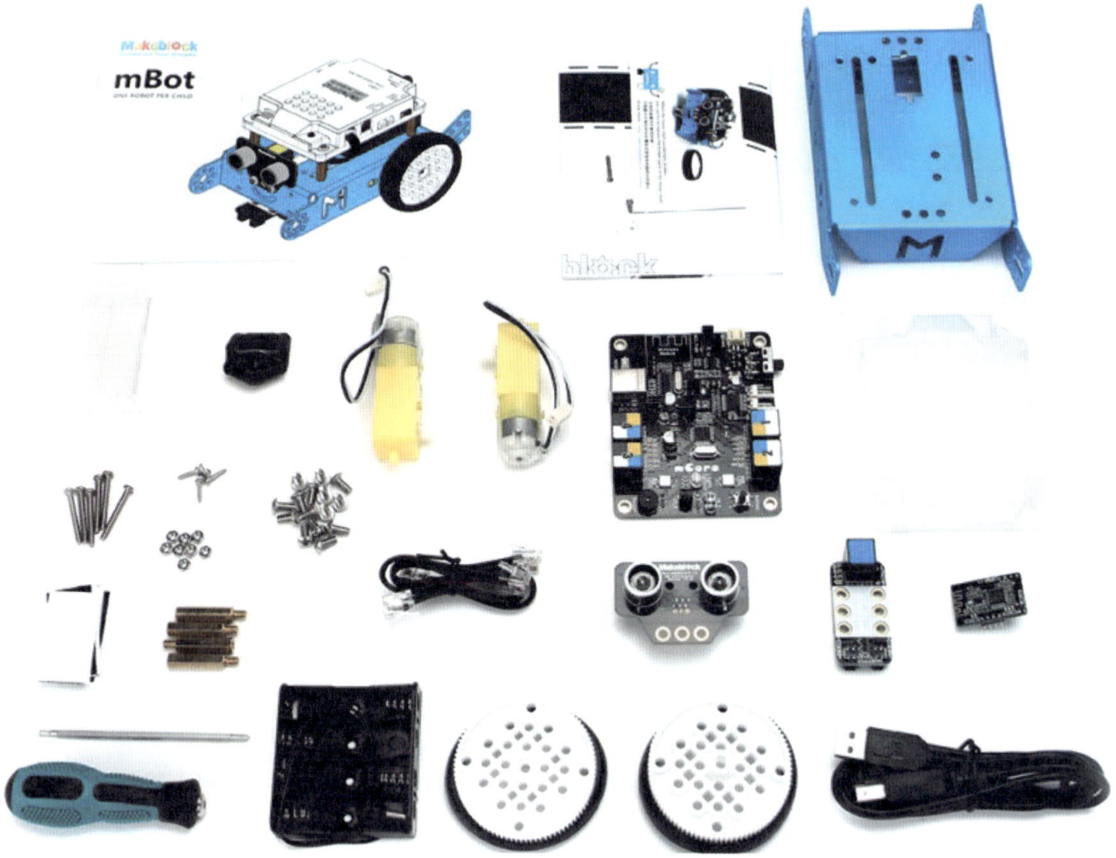

5. 結合外部零件方面：mBot 可以結合樂高零件，創作出更多元造型和彌補樂高強度的不足。

利用 Lego 零件結合「七段顯示器」	利用 Lego 零件結合「表情面板」

註　mBot 的底盤結構使用「鋁合金構件」，而外殼或造型可使用「樂高的零件」。

Scratch 3.0 (mBlock 5 含 AI) 程式設計

◎ 與 Arduino 的優勢

1. 低門檻：不需要是電子及電機科系的背景，亦即不需要先學會插麵包板之電路線。

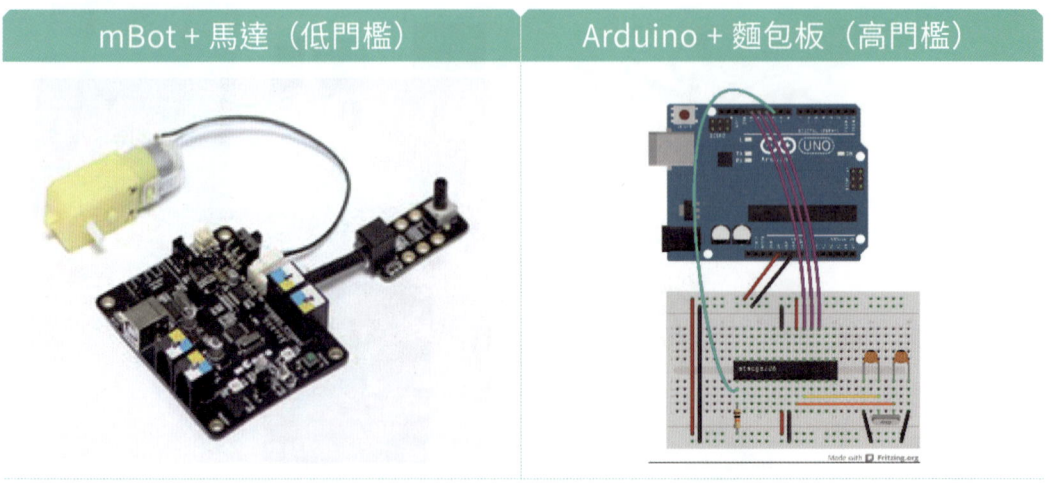

2. 模組式組裝：各種感測器和馬達皆透過連接埠與 mBot 控制板連接。

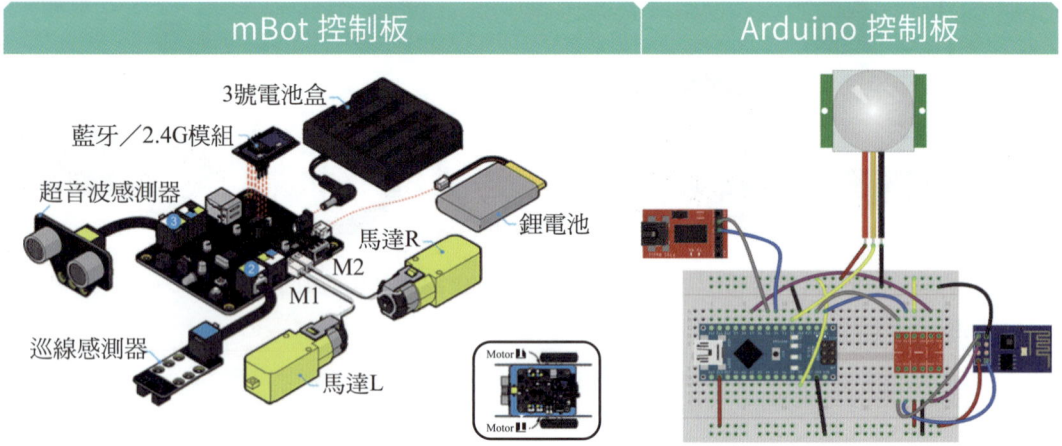

3. 隨插即用：依照感測器上的不同顏色來插上控制板。

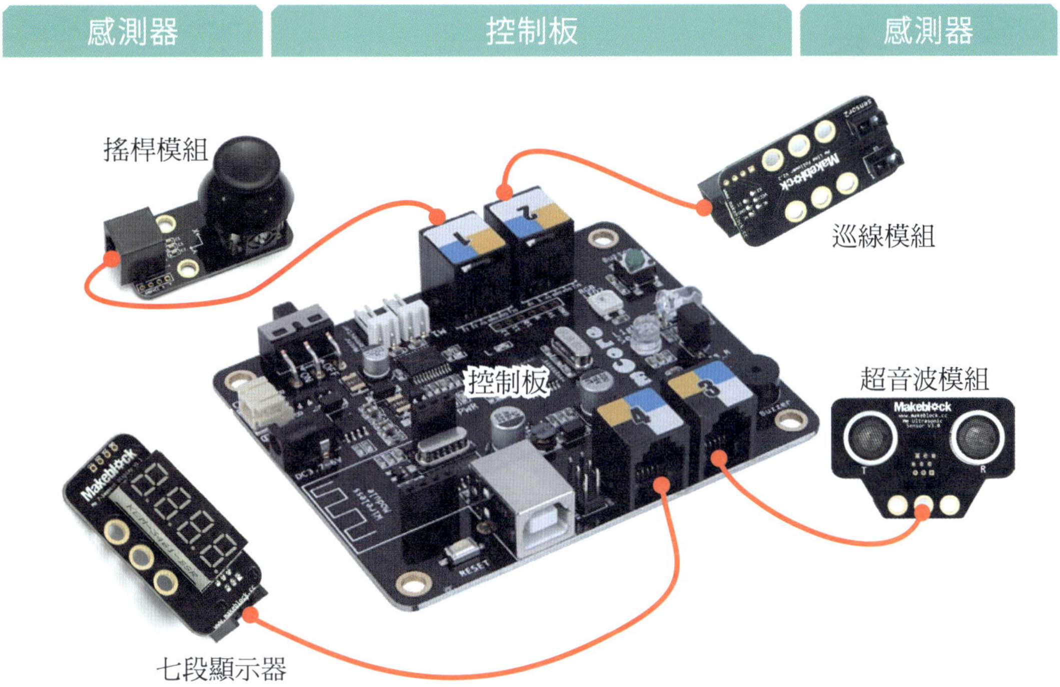

◎ mBot 跨越的學習領域

1. 硬體課程方面：控制系統（Arduino）、機械結構與電子電路（Robotics）。
2. 軟體課程方面：演算法及程式設計（Scratch）。

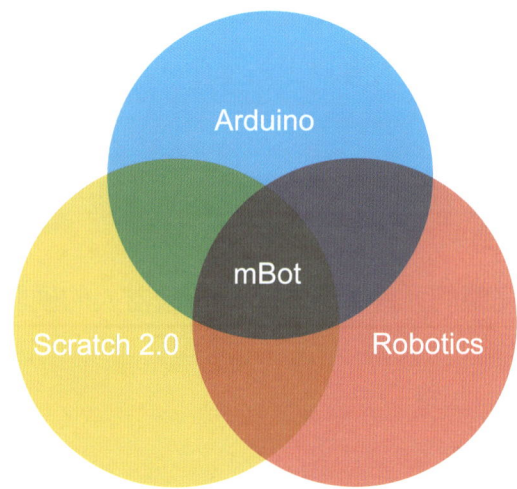

資料來源：http://www.zigobot.ch/en/home-english/robots/mbot-blu-detail.html

◎ mBot 機器人與 mBlock 軟體的介紹

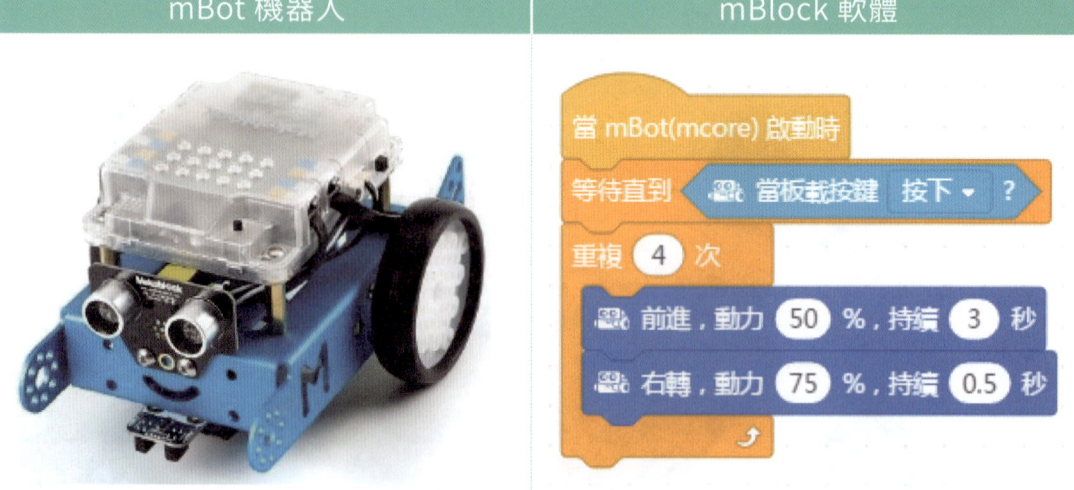

📄 **說明** 在 mBlock 軟體中，我們可以透過「拼圖積木程式」來命令硬體的 mBot 機器人進行各種控制，以便讓學生較輕易的撰寫機器人程式，而不需了解機器人內部的軟、硬體結構。

◎ 常用的開發工具

1. mBlock 軟體：利用「視覺化」的「拼圖程式」來撰寫程式「mBot 機器人」。
2. Arduino C：針對 Arduino 控制器量身訂做的 C 語言。

◎ 適用時機

1. mBlock 軟體：適用於國中、小學生或 mBot 機器人的初學者。
2. Arduino C：適用於高中、大專以上的學生。

◎ mBlock 軟體的優點

1. 利用「視覺化」的「拼圖程式」來撰寫程式「mBot 機器人」，可以減少學習複雜的 C 語言程式碼。
2. mBlock 軟體提供完整的元件來控制 mBot 機器人的硬體。

Chapter 01　機器人概論

1-4　mBot 機器人藍牙模組適配器

當我們在購買 mBot 機器人（藍牙版）時，會附上「藍牙模組」其主要目的就是讓手機 App 程式，可以操控它的各種行動（例如：前、後、左、右…等）。此外，當使用 mBlock 程式與 mBot 機器人連接時，可以使用「藍牙適配器」插到電腦上，就可以直接與mBot 機器人上的「藍牙模組」連接。

QR Code 操作影片

◎ 模組圖示　mBot 機器人上的藍牙模組

藍牙模組	裝到 mBot 上

◎ 模組圖示　電腦插上藍牙適配器

藍牙適配器	插在電腦的 USB 接口上
	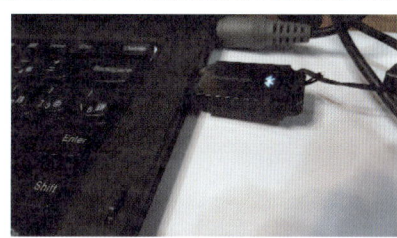

📄 說明　Makeblock 藍牙適配器是用於藍牙設備的 BT4.0（低功耗）介面轉換器，主要用於短距離無線數據傳輸。

【優點】
1. 不需要安裝驅動程式，可隨插即用。
2. 可以無線連接 mBot 機器人。
3. 可以與任何具有內置藍牙模組的 Makeblock 設備配對。

【特色】
1. 在電腦的 USB 接口插上藍牙適配器，就能與連上 Makeblock 藍牙無線設備。
2. 不需要透過任何的傳輸線，方便攜帶及使用。

15

1-5　mBot 機器人基本車常見的運用

在前面單元中，相信你對 mBot 機器人已經有初步的了解，接下來，你心裡一定會想問，擁有一台屬於個人的 mBot 機器人之後，我可以做什麼？這是一個非常重要的問題。請不用緊張，接下來，筆者來幫各位讀者歸納出一些運用。

一、娛樂方面

原廠出版時，小朋友或家長都可以透過「紅外線遙控器」來操作機器人，也還可以切換到自走車。例如：遙控車、避障車及循跡車等。

◎ mBot 遙控器－圖解說明

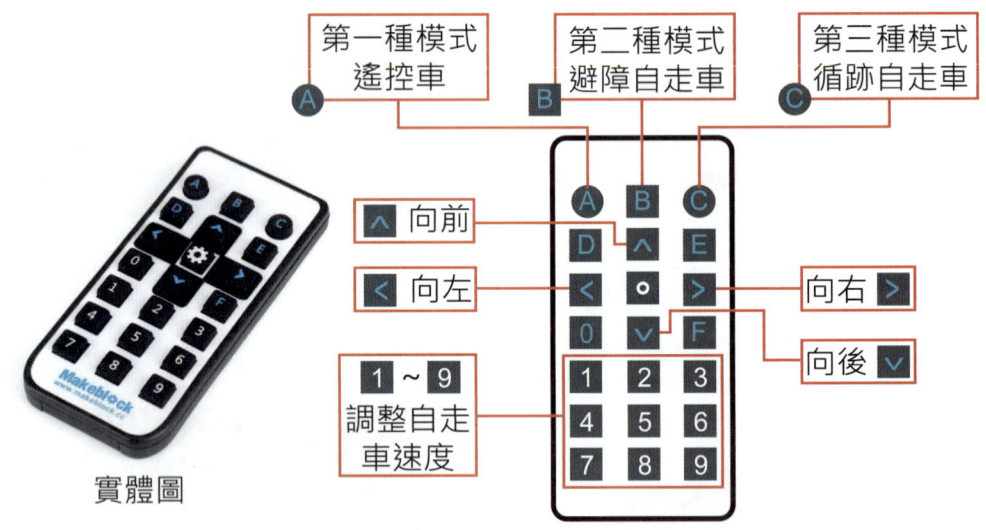

資料來源：http://kiki166.blogspot.tw/

📄 說明

第一種模式	第二種模式	第三種模式
利用遙控器上的「方向鍵」來控制 mBot 機器人的行走方向，並且搭配「數字鍵」來調整行走速度	mBot 機器人利用「超音波感測器」來偵測是否有障礙物，如果有，則它會自動避開障礙物，如果沒有，就會向前行走	mBot 機器人透過「巡線感測器」沿著預先設定「黑線或白線」行走

二、訓練邏輯思考及解決問題的能力

1. 親自動手「組裝」，訓練學生「觀察力」與「空間轉換」能力。
2. 親自撰寫「程式」，訓練學生「專注力」與「邏輯思考」能力。
3. 親自實際「測試」，訓練學生「驗證力」與「問題解決」能力。

因此，學生在組裝一台 mBot 機器人之後，再利用「圖控程式」方式來降低學習程式的門檻，進而達到解決問題的能力。

三、機構改造與創新

1. 依照不同的用途來建構特殊化創意機構。
2. 整合機構、電控及程式設計的跨領域的能力。

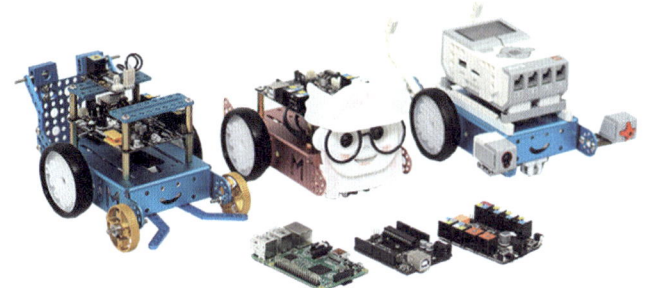

資料來源：http://arduino-elektronika.eu/hr/109-makeblock
http://www.monoprice.com/product?p_id=13957

Chapter 1 課後評量

1. 請說明「人形玩具」和「遙控汽車」皆不能稱為機器人的原因？
2. 請問機器人的三要素是什麼呢？
3. 請您列舉出機器人在生活上的運用。至少寫出五項。
4. 請問 Makeblock 公司出產了一系列號稱「金屬版的樂高積木」的組成要素是什麼呢？
5. 請問 mBot 機器人比樂高機器人更有哪些優勢呢？
6. 請問 mBot 機器人比 Arduino 更有哪些優勢呢？
7. 請問 mBot 跨越哪些學習領域呢？
8. 請問 mBot 常用的開發工具有哪些呢？
9. 請問我們在購買 mBot 機器人時，有哪些版本可以選擇呢？並列表說明差異。
10. 請問當我們購買了 mBot 機器人之後，可以做哪些運用呢？至少列出三項。

Chapter 02
mBot 機器人的程式開發環境

學習目標
1. 讓讀者瞭解 mBot 機器人的程式設計流程。
2. 讓讀者瞭解 mBot 機器人的組裝、整合開發環境及撰寫第一支 mBlock 程式。

內容節次
2-1　mBot 機器人的程式設計流程
2-2　組裝一台 mBot 機器人
2-3　mBot 機器人的控制板基本介紹
2-4　mBot 機器人的程式開發環境
2-5　下載及安裝 mBot 機器人的 mBlock 軟體
2-6　mBlock 5 的整合開發環境
2-7　撰寫第一支 mBlock 程式

Scratch 3.0 (mBlock 5 含 AI) 程式設計

2-1　mBot 機器人的程式設計流程

在前一章節中,我們已經瞭解 mBot 機器人的組成元件了,但是,光有這些零件,只能組裝成機器人的外部機構,而無法讓使用者控制它的動作。因此,要如何在 mBot 機器人上撰寫程式,來讓使用者進行測試及操控機器人,這是本章節的重要課題。

◎ 設計機器人程式的三部曲

要完成一個指派任務的機器人,必須要包含:組裝、寫程式、測試三個步驟。

◎ 圖解

組裝	寫程式	測試
依照指定任務來將「馬達、感測器及相關配件」裝在「mBot 機器人」上	依照指定任務來撰寫處理程序的動作與順序（mBlock 拼圖程式）	將 mBlock 拼圖程式上傳到「mBot 機器人」內,並依照指定任務的動作與順序來進行模擬運作

◎ 流程圖

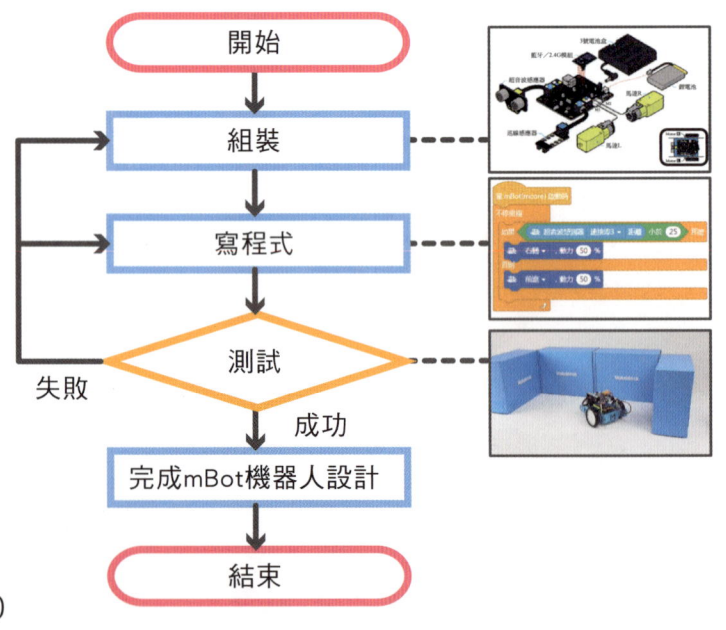

📄 說明

從上面的流程圖中,我們可以清楚瞭解「設計機器人程式」必須要經過的三大步驟,並且在進行第三步驟時,如果無法測試成功,除了要修改程式之外,也要檢查組裝是否正確,並且要反覆地進行測試,直到完全成功為止。

2-2　組裝一台 mBot 機器人

如果你是初學者時，你可以參考 mBot 機器人組裝手冊或相關網站。在本單元中，假設您已經組裝一台 mBot 機器人。組裝說明及各零件如下圖所示：

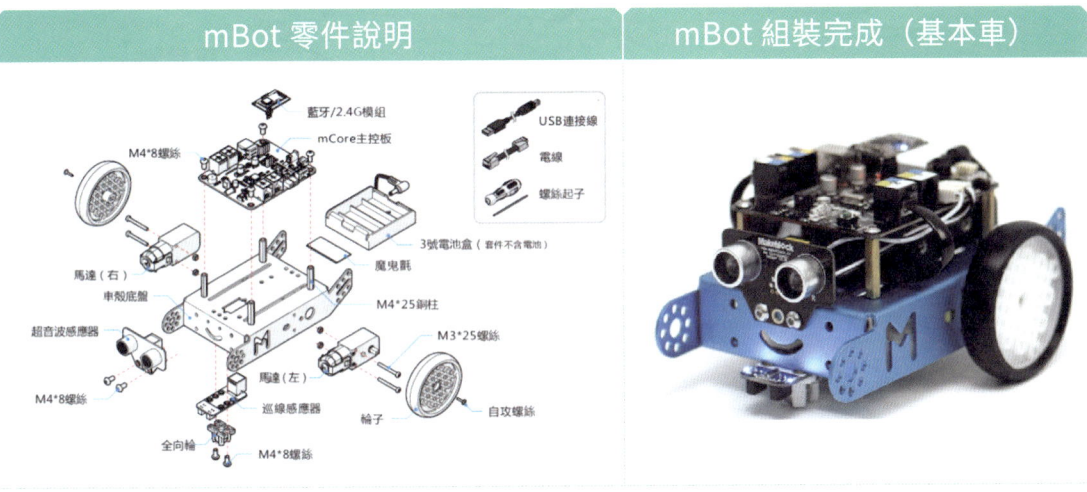

> 註　mBot 零件說明（圖片來源：邱信仁老師：mBot 機器人套件說明書）

◎ 組裝順序

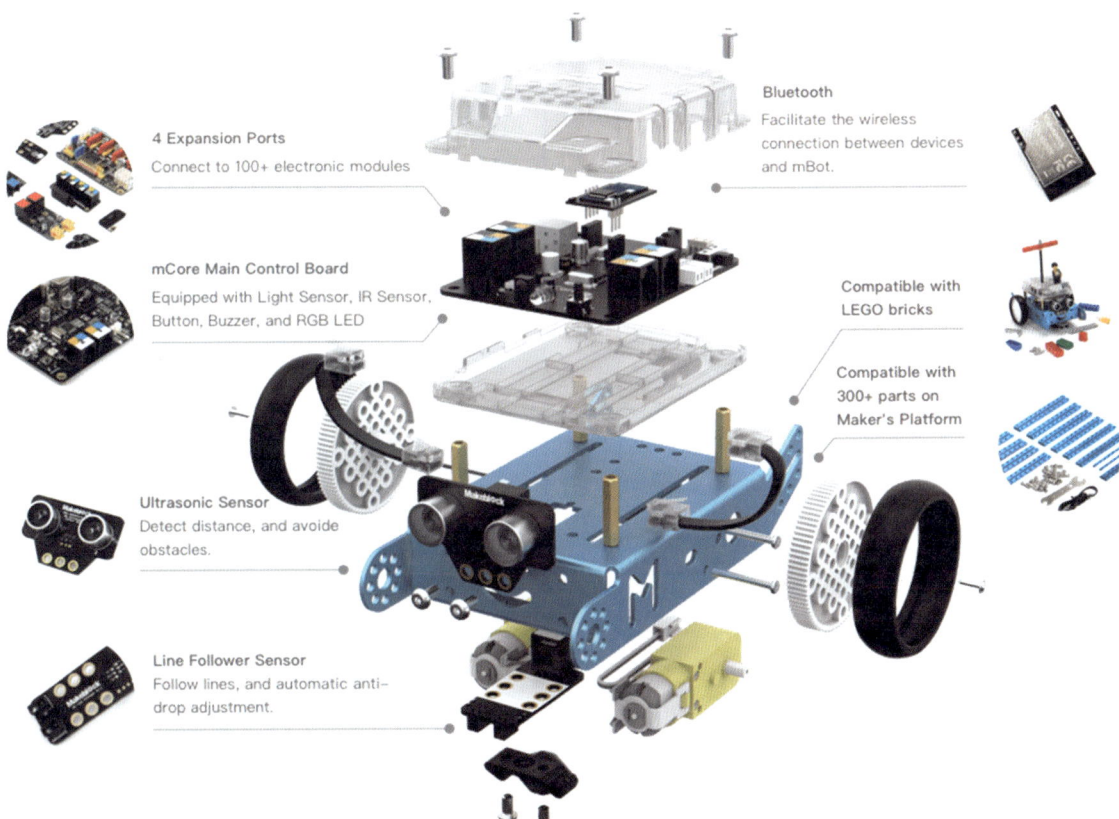

Scratch 3.0 (mBlock 5 含 AI) 程式設計

◎ 接線剖析圖

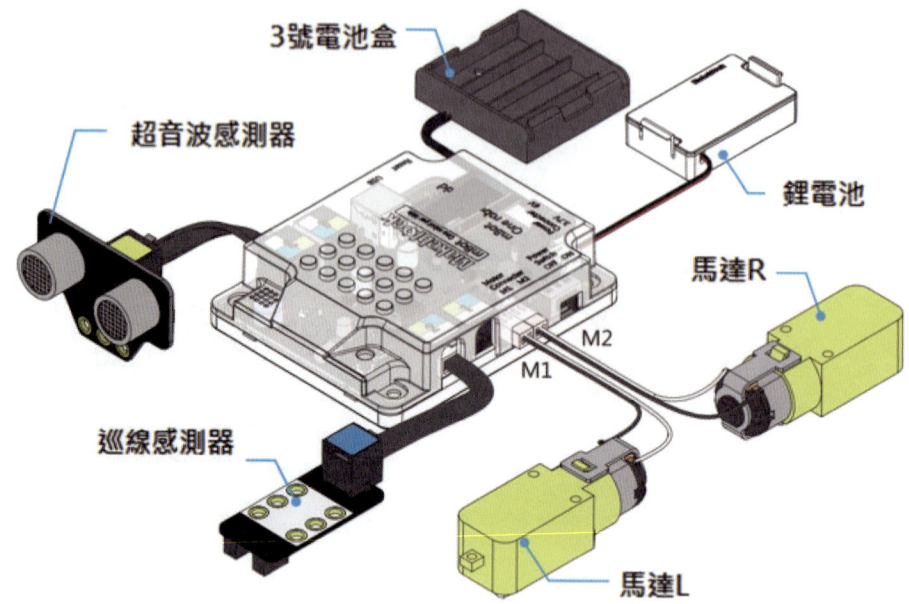

 1. 依照 mBot 機器人前進方向，左「馬達 L」接 M1，右「馬達 R」接 M2。
2. 「巡線感測器」連接第 2 個連線埠。
3. 「超音波感測器」連接第 3 個連線埠。
4. 如果要連接第 3 個馬達時，請務必使用 3 號電池盒 (1.5V*4)，如果使用「鋰電池 (3.7V)」電力會不足。
5. 藍牙及 2.4G 模組依照你實際的需求來購買。但是，一次只能使用一個。

2-3　mBot 機器人的控制板基本介紹

mBot 機器人的控制板是由輸入端、mCore 核心控制器、輸出端及相關的電源與開關等所組成。如下圖所示：

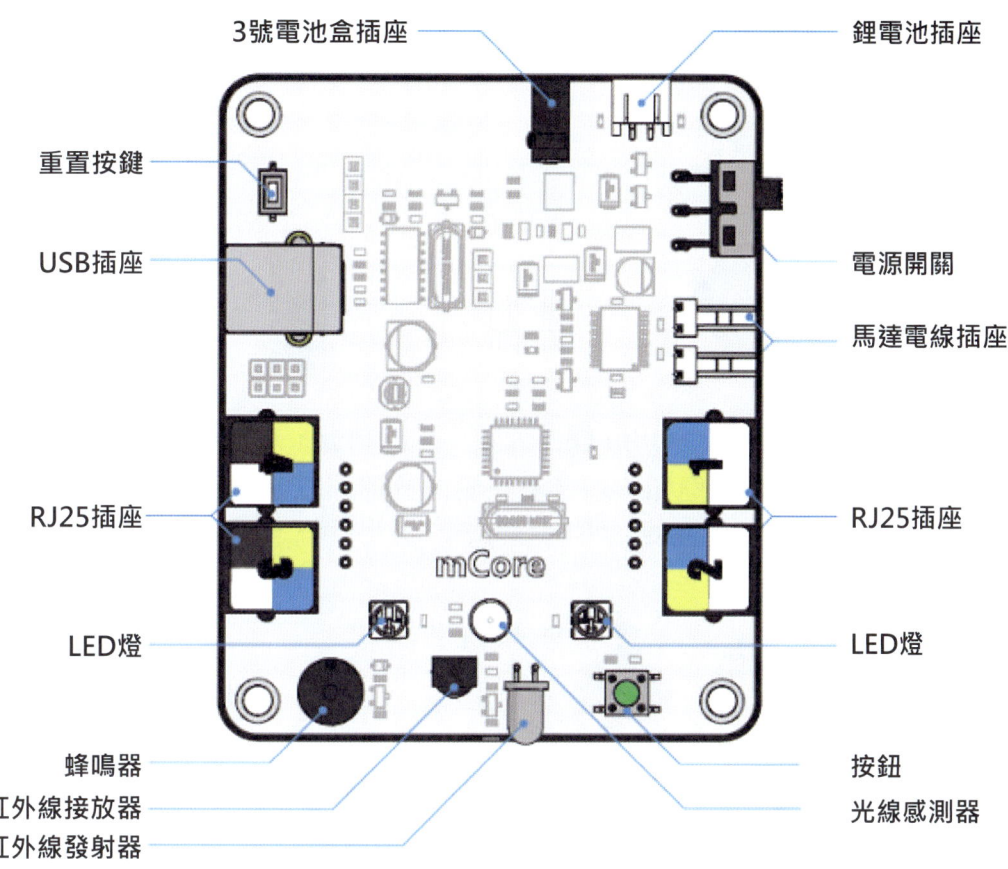

mBot 機器人的控制板的基本硬體元件

📄 **說明**　1. 輸入端

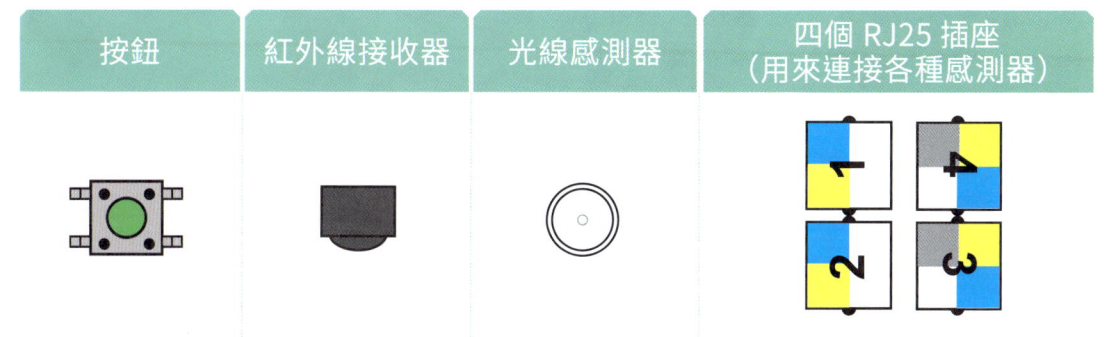

📄 **說明** 2. mCore 核心控制器（利用 Arduino UNO base）
　　　當作 mBot 機器人的處理器，專門用來處理輸入端偵測的訊息資料，再做適當的輸出動作。
　3. 輸出端

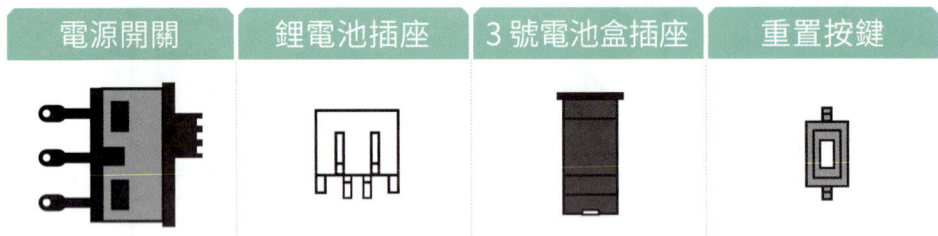

　4. 電力及設定開關

電源開關	鋰電池插座	3號電池盒插座	重置按鍵

　　　綜合上述，一台完整的 mBot 機器人除了「控制板」之外，還可以在「輸入端」外加「各式的感測器」，例如：超音波感測器及巡線感測器…等。而「輸出端」也可再外加「馬達」。如下圖所示。

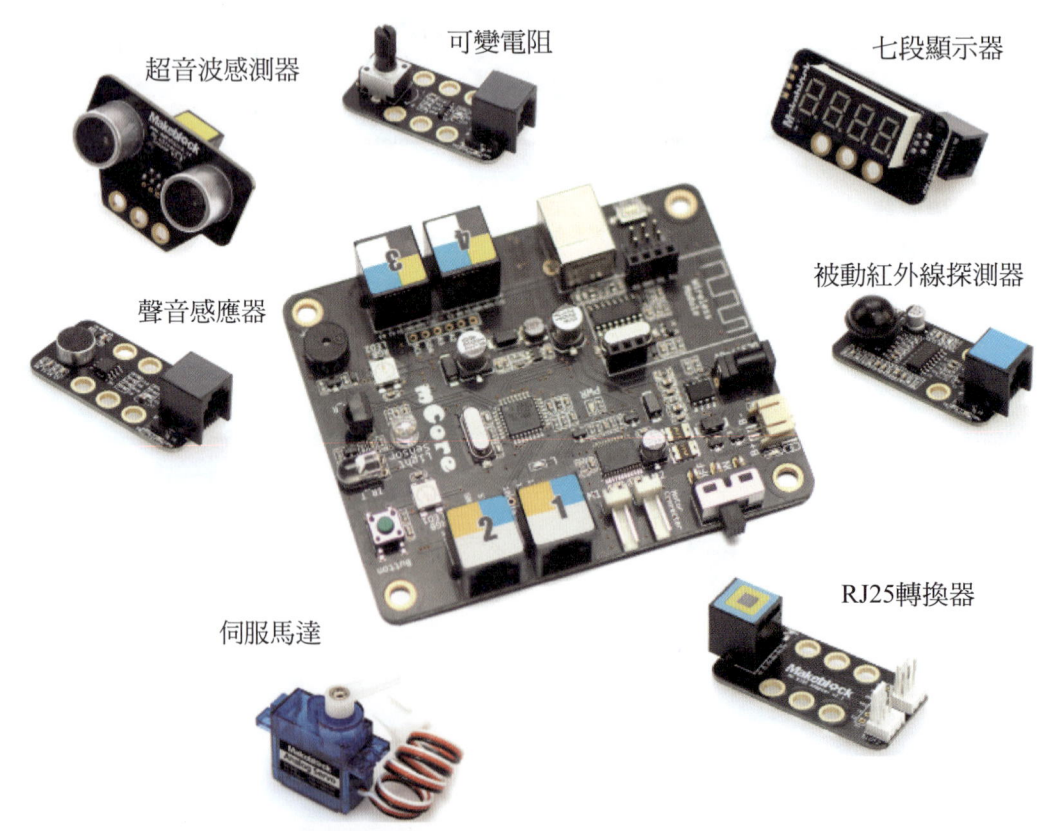

Chapter 02　mBot 機器人的程式開發環境

2-4　mBot 機器人的程式開發環境

當順利組裝一台 mBot 機器人，也了解 mBot 的輸入端、處理端及輸出端的硬體結構之後，各位讀者一定會迫不及待想寫一支程式來玩玩看。那麼既然想要寫程式，那你不得不先了解 mBot 機器人的程式開發環境。

控制 mBot 機器人的程式，目前大部分被使用的有以下兩種：

第一種為 mBlock 5 圖控開發環境：它是以 Scratch 3.0 為基礎的程式設計環境。

第二種為 Arduino IDE 開發環境：它是針對 Arduino 控制器量身訂做的 C 語言。

第一種為 mBlock 圖控開發環境	第二種為 Arduino IDE 開發環境

當 mBot(mcore) 啟動時
不停重複
如果〈超音波感測器 連接埠3▼ 距離 小於 25〉那麼
　右轉▼ ,動力 50 %
否則
　前進▼ ,動力 50 %
	``
	Arduino C
	1 // generated by mBlock5 for mBot
	2 // codes make you happy
	3
	4 #include <MeMCore.h>
	5 #include <Arduino.h>
	6 #include <Wire.h>
	7 #include <SoftwareSerial.h>
	8
	9 float _E8_B7_9D_E9_9B_A2 = 0;
	10
	11 MeUltrasonicSensor ultrasonic_3(3);
	12 MeDCMotor motor_9(9);
	13 MeDCMotor motor_10(10);
	14 void move(int direction, int speed) {
	``

> 註　在本書中，筆者是利用第一種 mBlock 5 圖控開發環境，它是以 Scratch 3.0 為基礎的程式設計環境為主。

2-5　下載及安裝 mBot 機器人的 mBlock 軟體

當我們組裝完成一台 mBot 機器人及瞭解基本硬體元件之後，接下來，我們就可以到 mBot 機器人的官方網站下載控制它的軟體，就是所謂的「mBlock」拼圖程式軟體。其完整的步驟如下所示：

Step 1 ▶ 連到官方網站 http://www.mblock.cc/zh-cn/download。

📄 **說明**　在官方網站中，「mBlock」軟體提供六種不同作業系統的版本。在本書中，以「Windows」版本為例。

Step 2 ▶ 安裝「mBlock」軟體

在你成功下載之後，會產生一個「V5.0.1」檔，再進行安裝程序。如下圖所示：

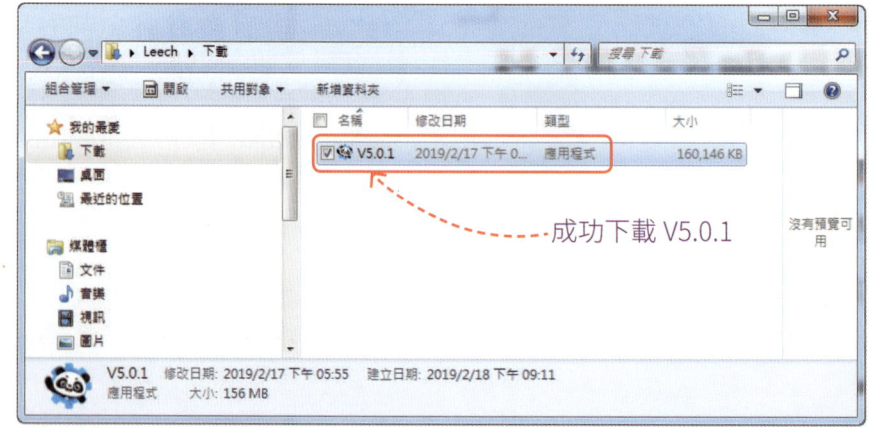

成功下載 V5.0.1

Chapter 02　mBot 機器人的程式開發環境

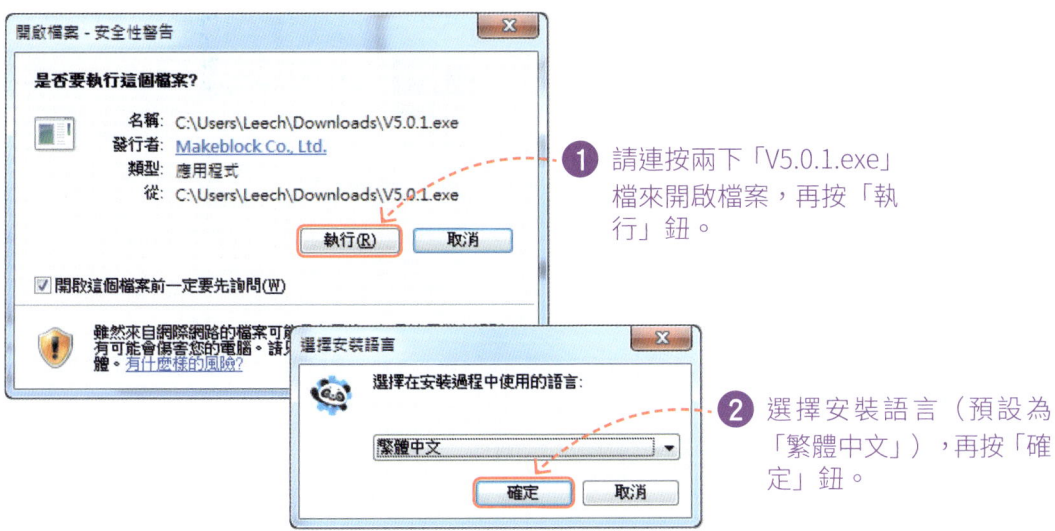

1 請連按兩下「V5.0.1.exe」檔來開啟檔案，再按「執行」鈕。

2 選擇安裝語言（預設為「繁體中文」），再按「確定」鈕。

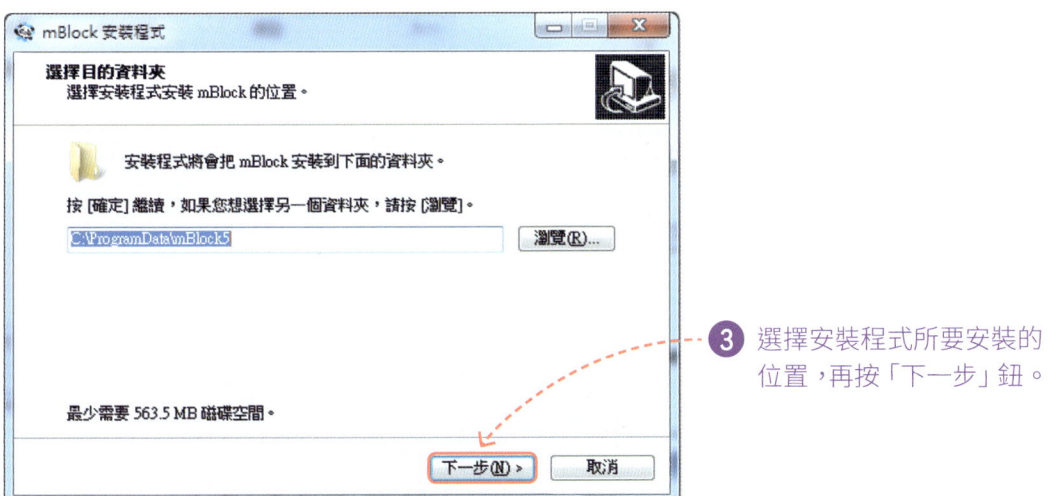

3 選擇安裝程式所要安裝的位置，再按「下一步」鈕。

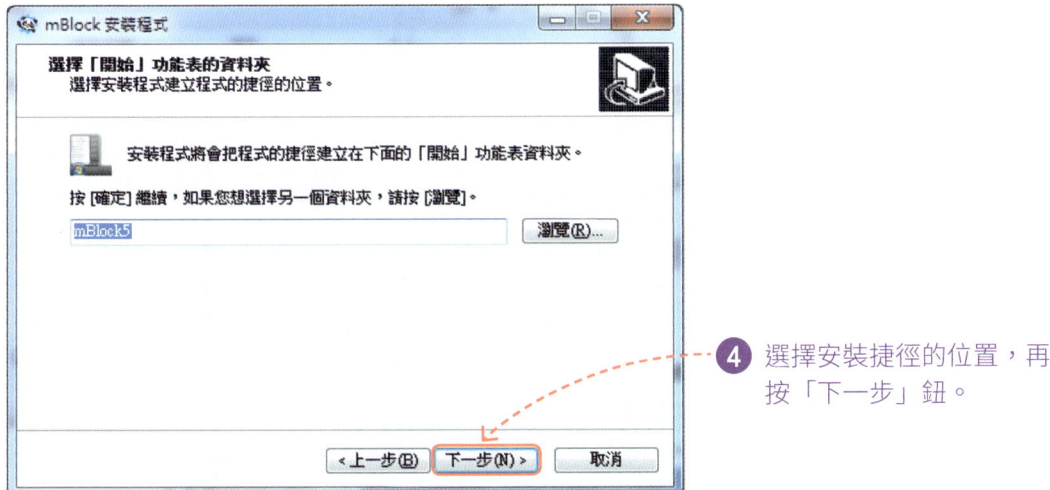

4 選擇安裝捷徑的位置，再按「下一步」鈕。

27

Scratch 3.0 (mBlock 5 含 AI) 程式設計

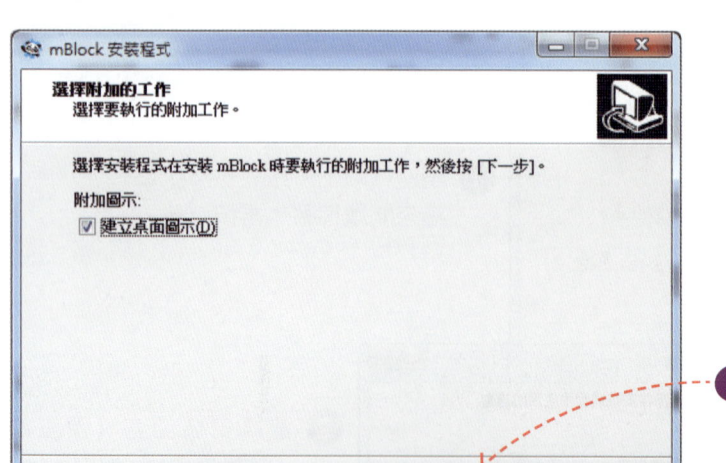

5 「勾選」建立桌面圖示，再按「下一步」鈕。

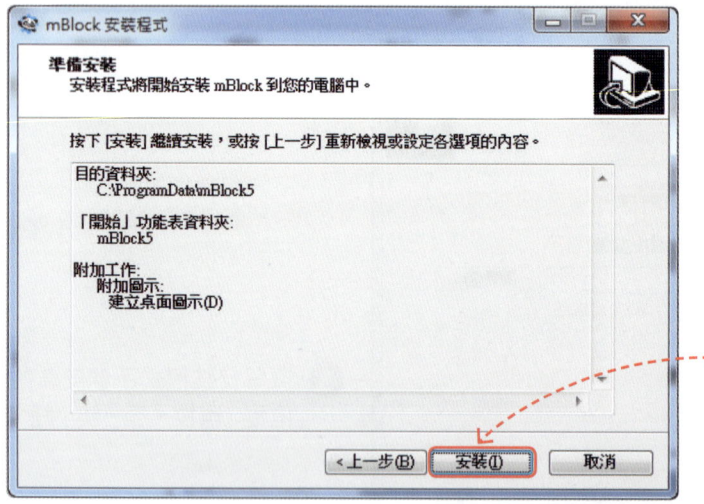

6 準備安裝，再按「安裝」鈕。

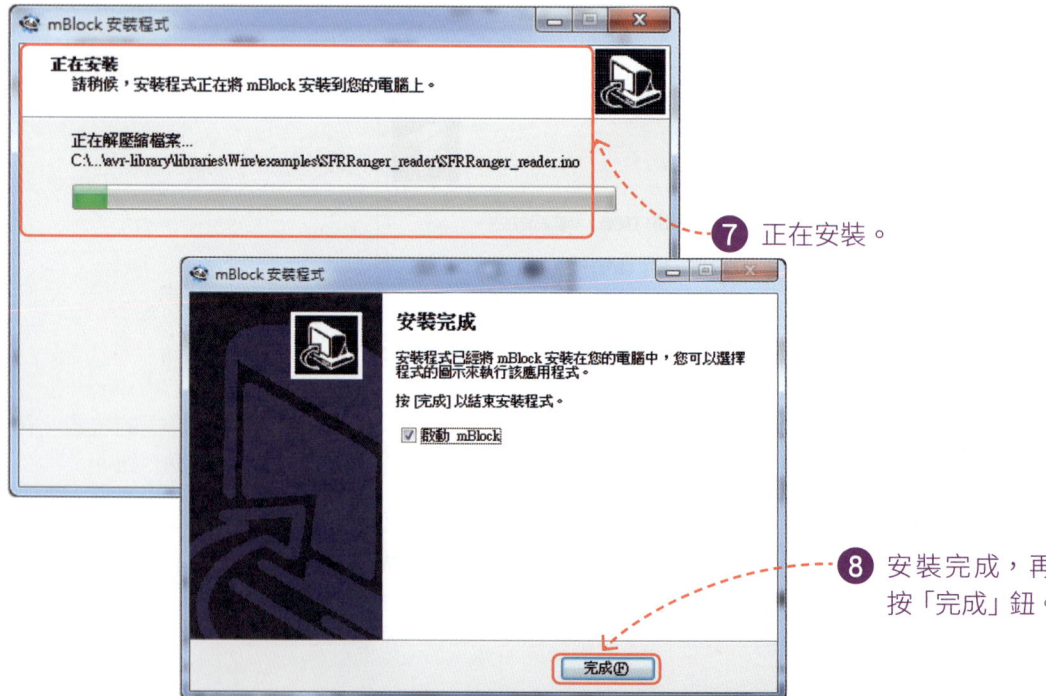

7 正在安裝。

8 安裝完成，再按「完成」鈕。

2-6　mBlock 5 的整合開發環境

　　如果想利用「mBlock 5 圖控程式」來開發 mBot 機器人程式時，必須要先熟悉 mBlock 的整合開發環境的介面。

一、mBlock 啟動畫面

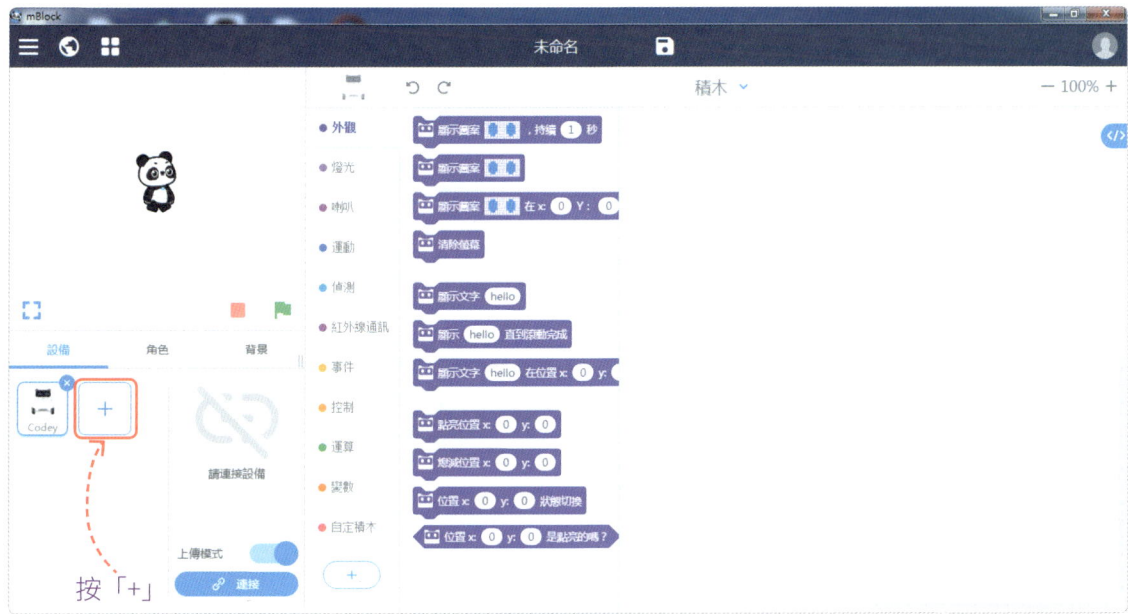

二、從設備庫中，新增「mBot」機器人

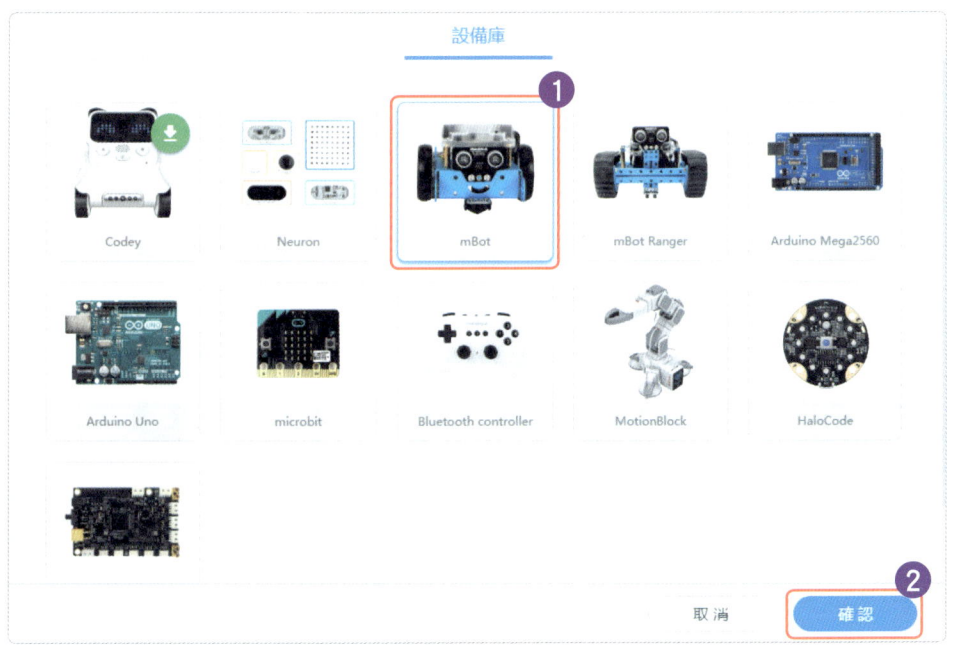

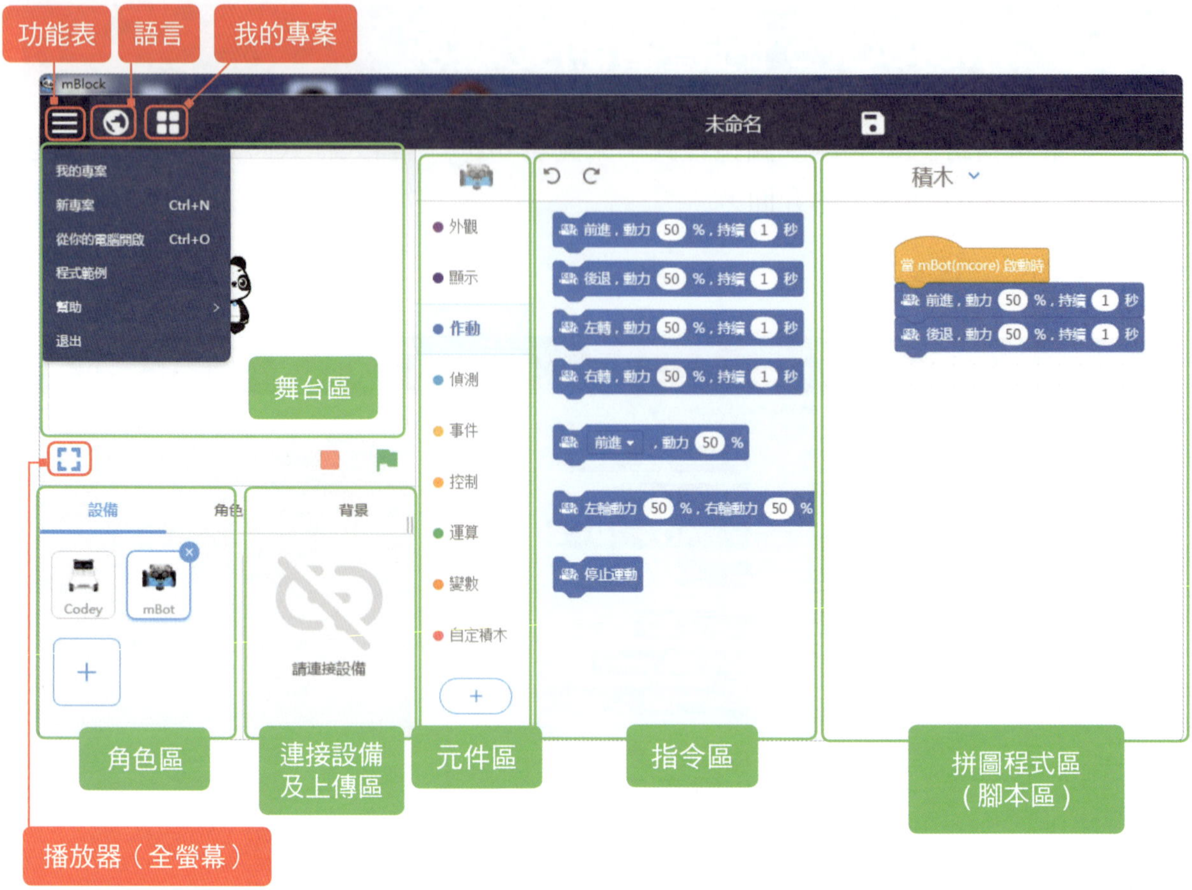

Scratch 3.0 (mBlock 5 含 AI) 程式設計

在 mBlock 開發環境中，它除了具有 Scratch 3.0 相同功能之外，它還增加了「機器人模組」元件。因此，筆者在本單元中，只針對 mBot 機器人所需要的功能區加以介紹。

2-6.1 舞台區

當我們建立一個新專案時，系統就會在舞台區自動載入一個角色人物就是「小貓熊」。而它在撰寫 mBot 機器人程式時，其實大部分都是用來顯示「變數」值的變化過程。接下來，筆者再進一步介紹它的兩種作法：

做法一　沒有 mBot 機器人時

它與 Scratch 3.0 相同，換言之，如果安裝 mBlock 5 而沒有 mBot 機器人時，也可以使用 Scratch3.0 相同的功能。此時，你必須要切換到「角色區」。如下圖所示：

角色區	元件區及指令區

◎ **功能** 用來呈現「拼圖程式區」中，「腳本」執行的結果。

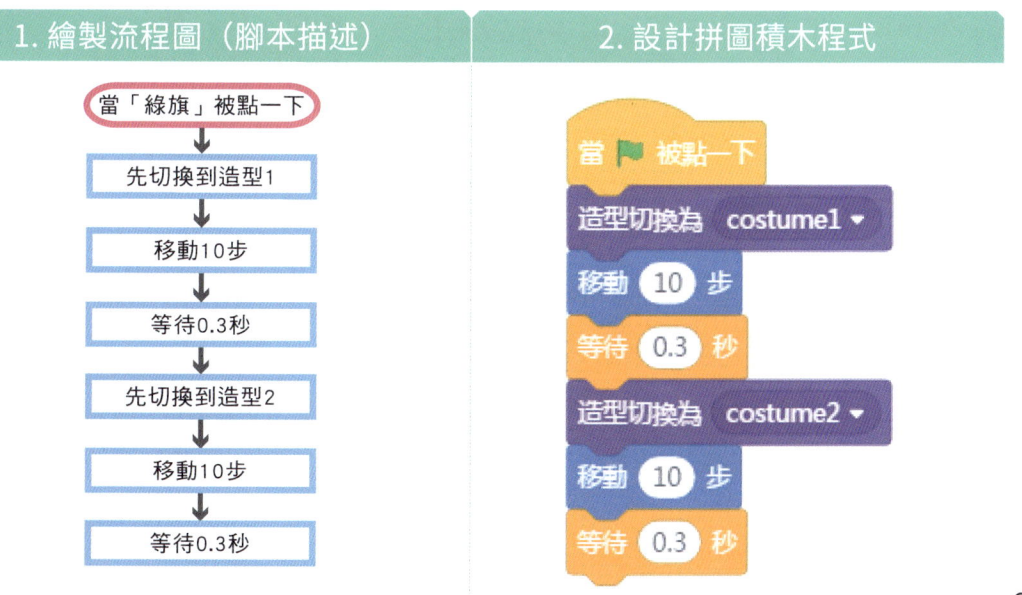

1. 繪製流程圖（腳本描述）	2. 設計拼圖積木程式
當「綠旗」被點一下 → 先切換到造型1 → 移動10步 → 等待0.3秒 → 先切換到造型2 → 移動10步 → 等待0.3秒	當 ▶ 被點一下／造型切換為 costume1／移動 10 步／等待 0.3 秒／造型切換為 costume2／移動 10 步／等待 0.3 秒

Scratch 3.0 (mBlock 5 含 AI) 程式設計

做法二 有 mBot 機器人時

◎ **功能** 用來呈現各種「變數」的數值，亦即將各種感測器偵測的值或相關的訊息皆可以透過變數的方式來顯示。此時，你必須要切換到「設備區」。如下圖所示：

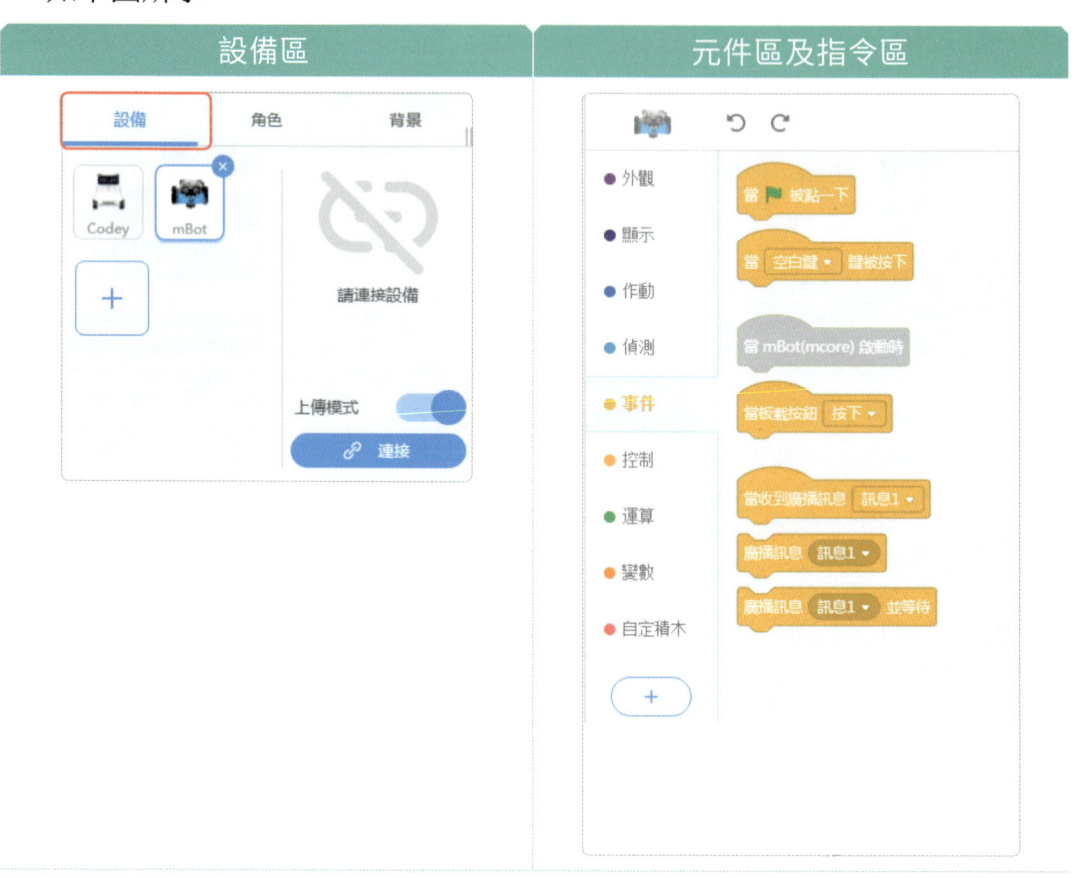

設備區	元件區及指令區

◎ 在 mBlock 拼圖程式開發環境中偵測超音波感測器的距離

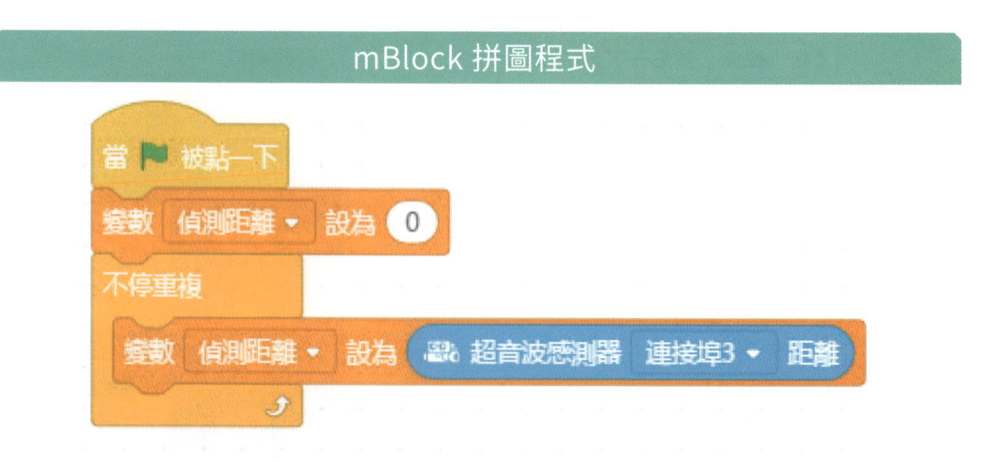

mBlock 拼圖程式

32

◎ 測試距離

| 用手放在超音波感測器前方 | 手慢慢地水平移動 |

◎ 測試結果

| 偵測的遠距離 | 偵測的近距離 |

偵測距離 143.95　回傳值≒144

偵測距離 3.86　回傳值≒144

2-6.2　元件區

在元件區中，它包含了十類不同的功能，並且每一類利用不同的「顏色」來區分。其詳細的說明如下：

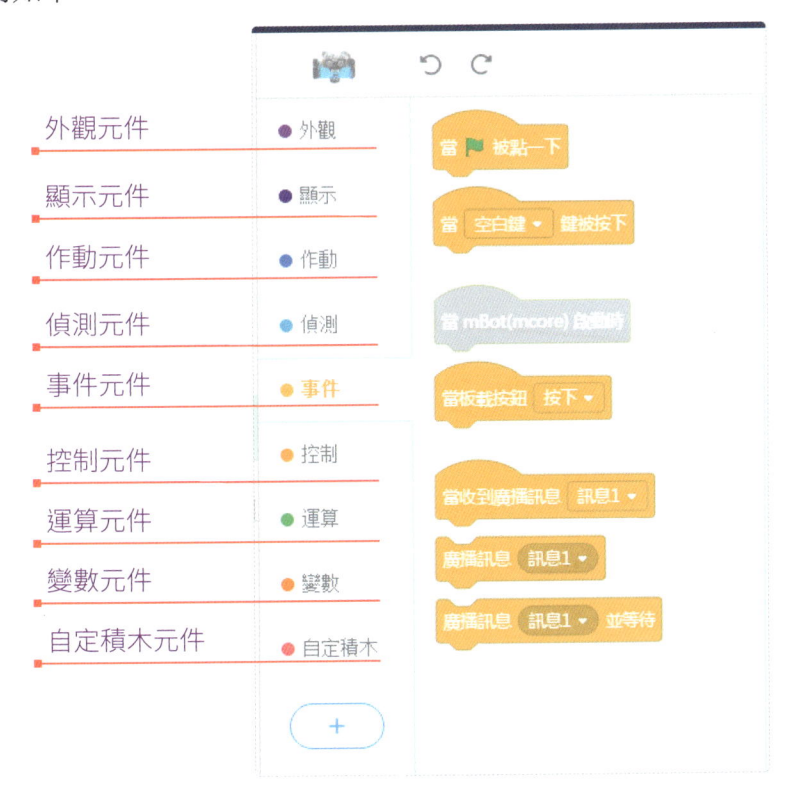

外觀元件	外觀
顯示元件	顯示
作動元件	作動
偵測元件	偵測
事件元件	事件
控制元件	控制
運算元件	運算
變數元件	變數
自定積木元件	自定積木

33

外觀元件

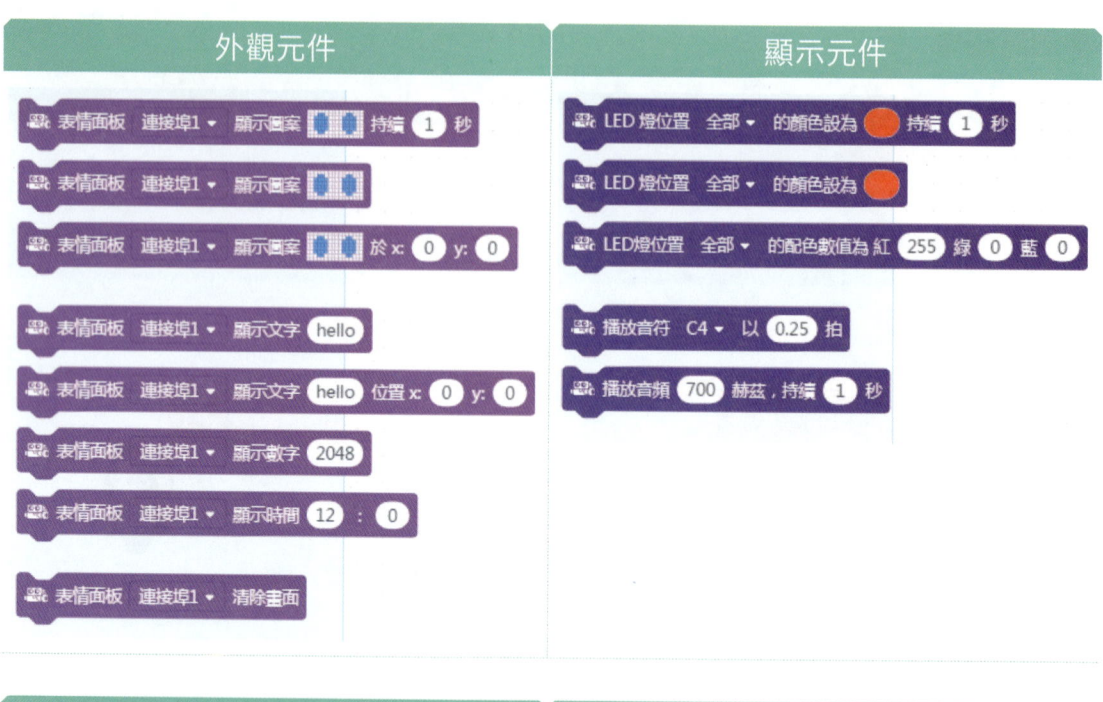

- 表情面板 連接埠1▾ 顯示畫案 [圖] 持續 1 秒
- 表情面板 連接埠1▾ 顯示畫案 [圖]
- 表情面板 連接埠1▾ 顯示畫案 [圖] 於 x: 0 y: 0
- 表情面板 連接埠1▾ 顯示文字 hello
- 表情面板 連接埠1▾ 顯示文字 hello 位置 x: 0 y: 0
- 表情面板 連接埠1▾ 顯示數字 2048
- 表情面板 連接埠1▾ 顯示時間 12 : 0
- 表情面板 連接埠1▾ 清除畫面

顯示元件

- LED 燈位置 全部▾ 的顏色設為 ● 持續 1 秒
- LED 燈位置 全部▾ 的顏色設為 ●
- LED 燈位置 全部▾ 的配色數值為 紅 255 綠 0 藍 0
- 播放音符 C4▾ 以 0.25 拍
- 播放音頻 700 赫茲，持續 1 秒

作動元件

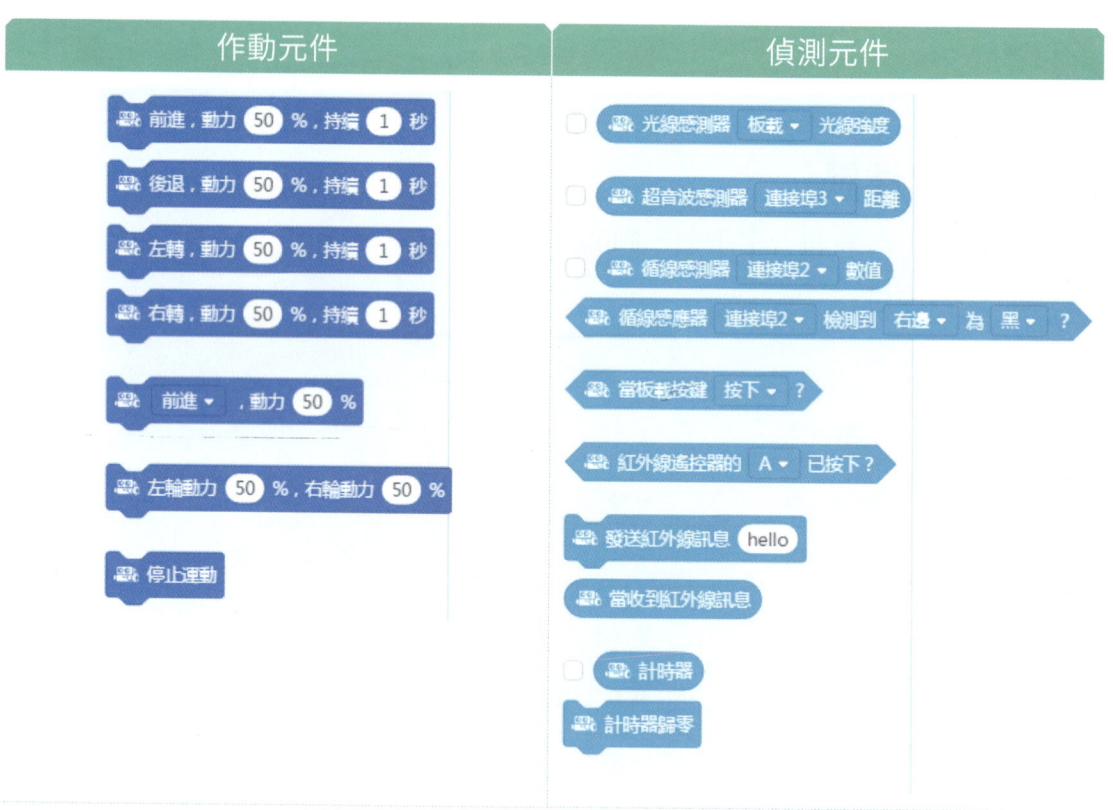

- 前進，動力 50 %，持續 1 秒
- 後退，動力 50 %，持續 1 秒
- 左轉，動力 50 %，持續 1 秒
- 右轉，動力 50 %，持續 1 秒
- 前進▾ ，動力 50 %
- 左輪動力 50 %，右輪動力 50 %
- 停止運動

偵測元件

- 光線感測器 板載▾ 光線強度
- 超音波感測器 連接埠3▾ 距離
- 循線感測器 連接埠2▾ 數值
- 循線感測器 連接埠2▾ 檢測到 右邊▾ 為 黑▾ ?
- 當板載按鍵 按下▾ ?
- 紅外線遙控器的 A▾ 已按下 ?
- 發送紅外線訊息 hello
- 當收到紅外線訊息
- 計時器
- 計時器歸零

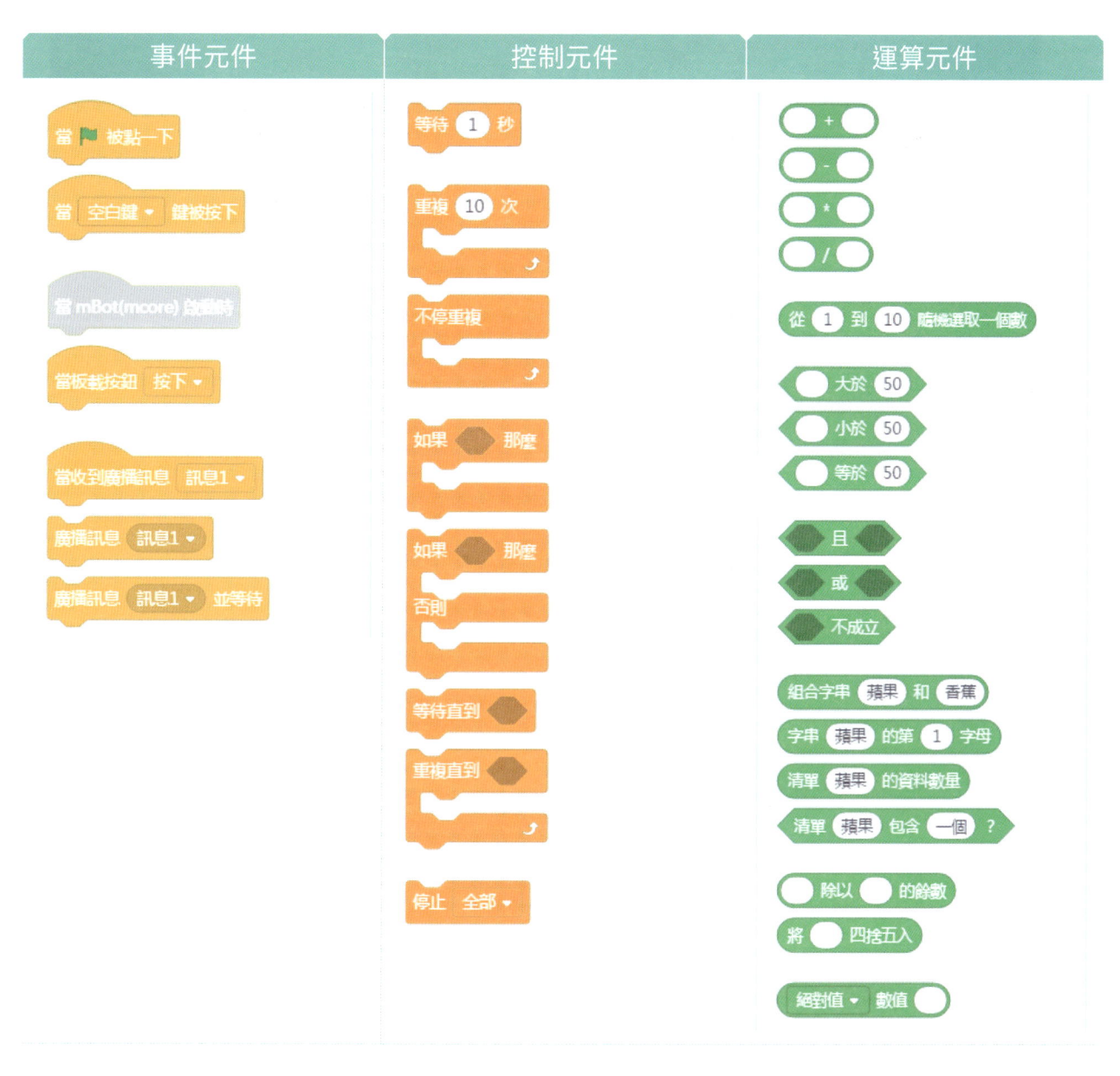

Chapter 02　mBot 機器人的程式開發環境

事件元件	控制元件	運算元件
當 ▶ 被點一下　　當 空白鍵 ▼ 鍵被按下　　當 mBot(mcore) 啟動時　　當板載按鈕 按下 ▼　　當收到廣播訊息 訊息1 ▼　　廣播訊息 訊息1 ▼　　廣播訊息 訊息1 ▼ 並等待	等待 1 秒　　重複 10 次　　不停重複　　如果　　那麼　　如果　　那麼　　否則　　等待直到　　重複直到　　停止 全部 ▼	＋　－　＊　／　　從 1 到 10 隨機選取一個數　　大於 50　　小於 50　　等於 50　　且　或　不成立　　組合字串 蘋果 和 香蕉　　字串 蘋果 的第 1 字母　　清單 蘋果 的資料數量　　清單 蘋果 包含 一個 ?　　除以 的餘數　　將 四捨五入　　絕對值 ▼ 數值

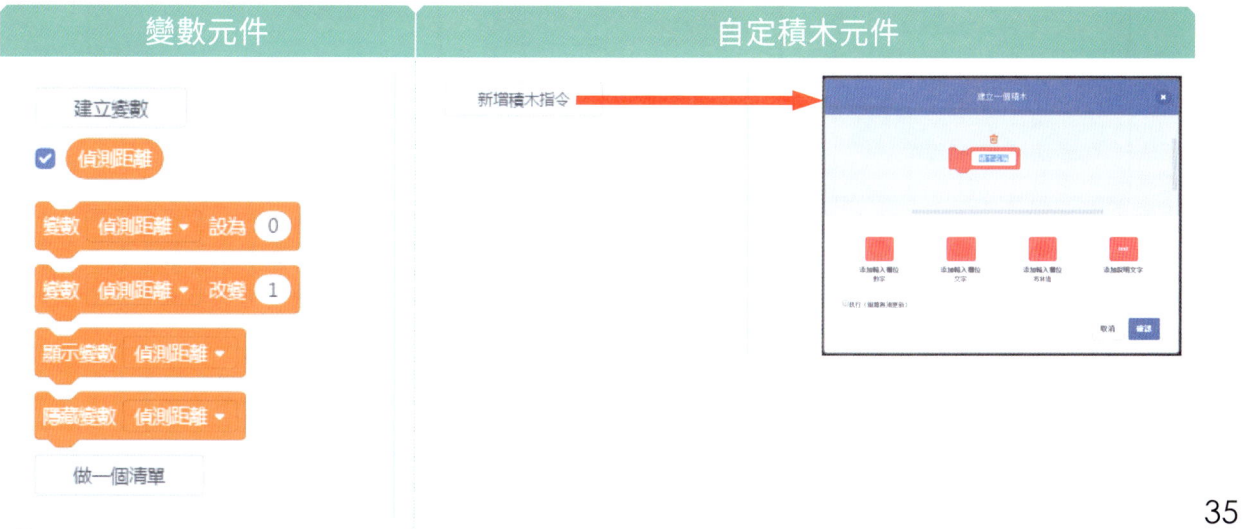

變數元件	自定積木元件
建立變數　　☑ 偵測距離　　變數 偵測距離 ▼ 設為 0　　變數 偵測距離 ▼ 改變 1　　顯示變數 偵測距離 ▼　　隱藏變數 偵測距離 ▼　　做一個清單	新增積木指令

35

2-7　撰寫第一支 mBlock 程式

在瞭解 mBlock 5 開發環境之後，接下來，我們就可以開始撰寫第一支 mBlock 程式，來控制 mBot 機器人行動。其完整的步驟如下所示：

連接設定	Step 1 ▶	以下兩種方法擇選： (1) USB 連接 (2) 藍牙適配器（使用方法，請參考 ch1-4）
	Step 2 ▶	更新韌體
程式設計	Step 3 ▶	撰寫「拼圖積木程式」
	Step 4 ▶	有線或無線的遙控測試
	Step 5 ▶	上傳到 mBot，並進行「離線自主控制」測試

實作　請設計 mBot 機器人的 LED 可以紅燈閃避。

Step 1 ▶ 連接設備

連接	連接目前的序列埠	連接成功畫面

Step 2 ▶ 更新韌體

由於在 mBot 控制板中，它只能儲存上一次上傳的程式，因此，為了確保目前正在撰寫的程式，可以正常的被執行。所以，每一次連接上時，就先執行「更新韌體」工作。如下圖所示：

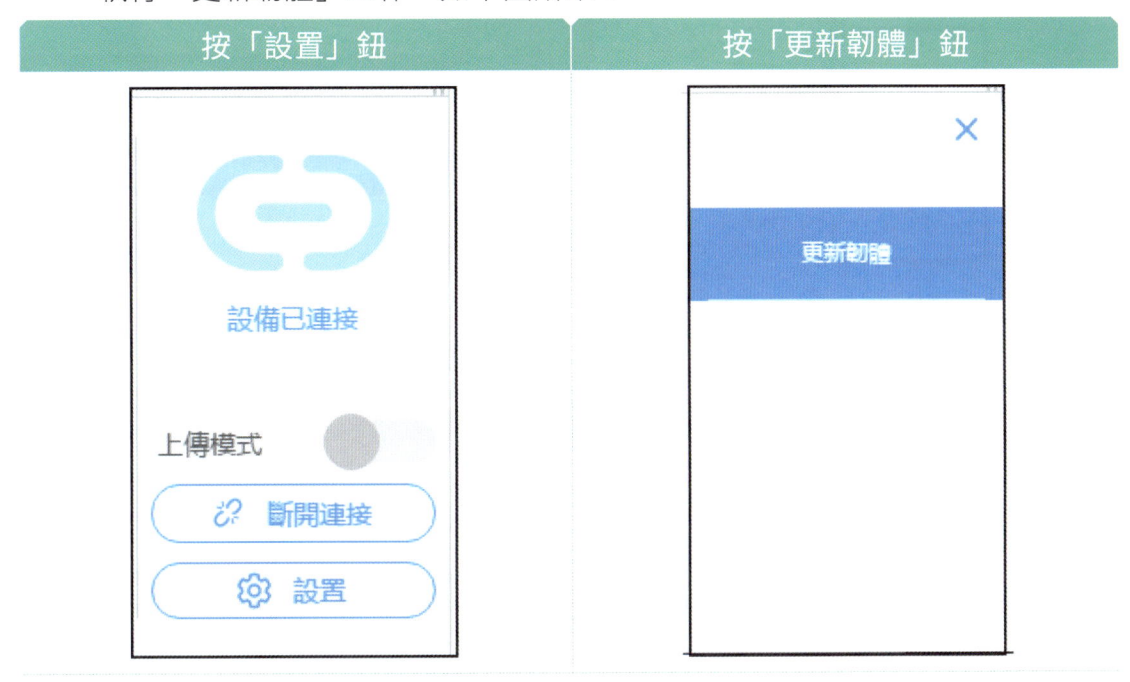

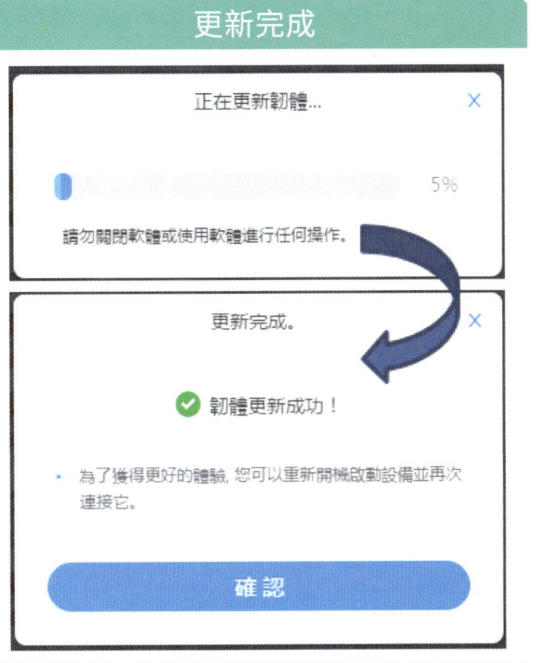

按「設置」鈕	按「更新韌體」鈕

按「更新」鈕	更新完成

注意 在更新韌體之後，系統就會自動離線，因此，您必須要重新連接。

Step 3 ▶ 撰寫「拼圖積木程式」

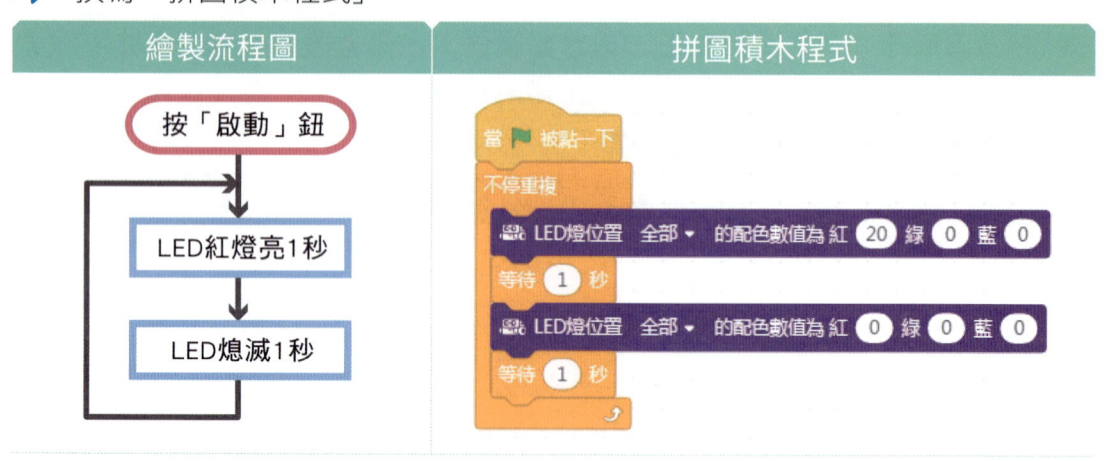

繪製流程圖	拼圖積木程式
按「啟動」鈕 → LED紅燈亮1秒 → LED熄滅1秒（迴圈）	當 ▶ 被點一下 不停重複 　LED燈位置 全部▼ 的配色數值為 紅 20 綠 0 藍 0 　等待 1 秒 　LED燈位置 全部▼ 的配色數值為 紅 0 綠 0 藍 0 　等待 1 秒

Step 4 ▶ 執行測試程式（二種方式皆可）

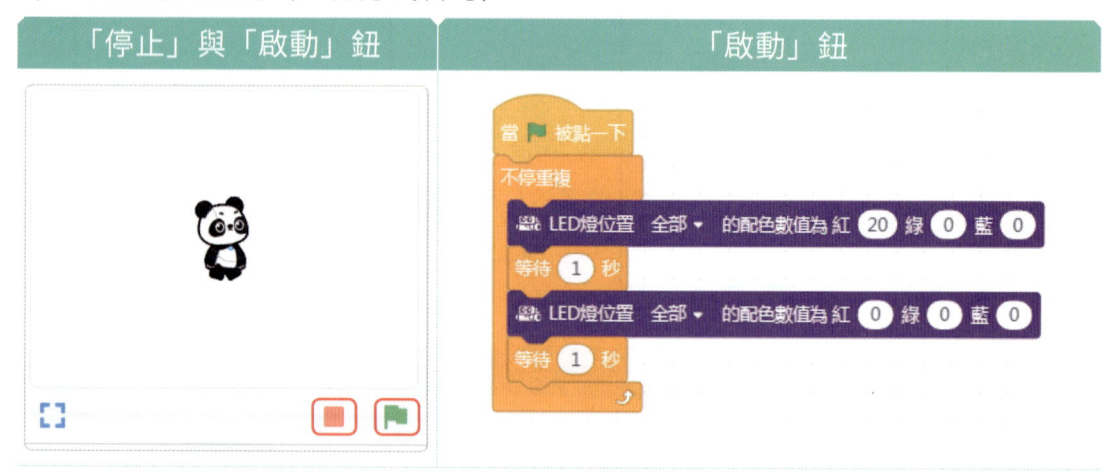

「停止」與「啟動」鈕	「啟動」鈕
（舞台區，含停止鈕與綠旗）	當 ▶ 被點一下 不停重複 　LED燈位置 全部▼ 的配色數值為 紅 20 綠 0 藍 0 　等待 1 秒 　LED燈位置 全部▼ 的配色數值為 紅 0 綠 0 藍 0 　等待 1 秒

Step 5 ▶ 上傳到 mBot，並進行「離線自主控制」測試

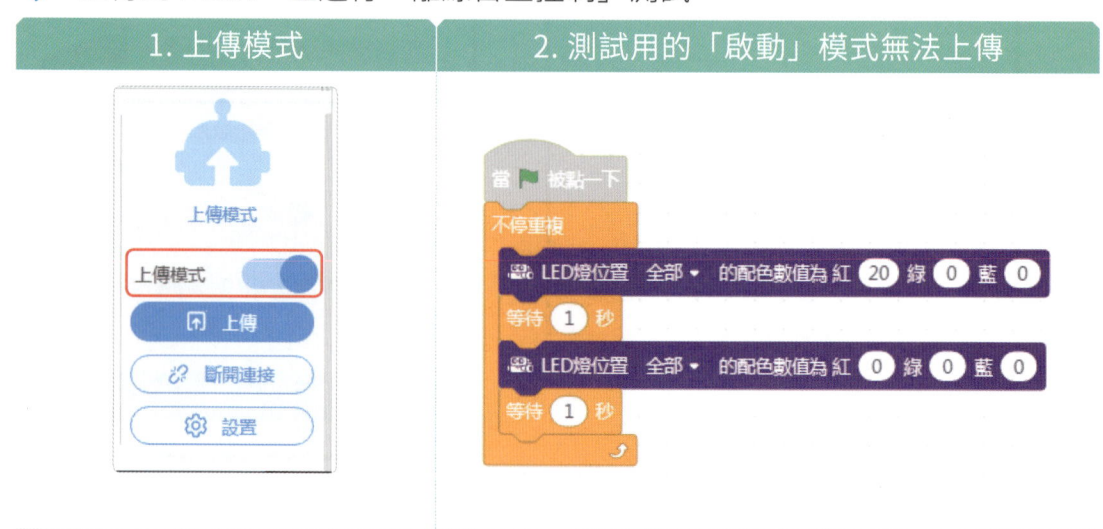

1. 上傳模式	2. 測試用的「啟動」模式無法上傳
上傳模式（開啟） 上傳 斷開連接 設置	當 ▶ 被點一下 不停重複 　LED燈位置 全部▼ 的配色數值為 紅 20 綠 0 藍 0 　等待 1 秒 　LED燈位置 全部▼ 的配色數值為 紅 0 綠 0 藍 0 　等待 1 秒

Chapter 02　mBot 機器人的程式開發環境

3. 改回「非上傳」模式

4. 刪除「當 ▶ 被點一下」拼圖

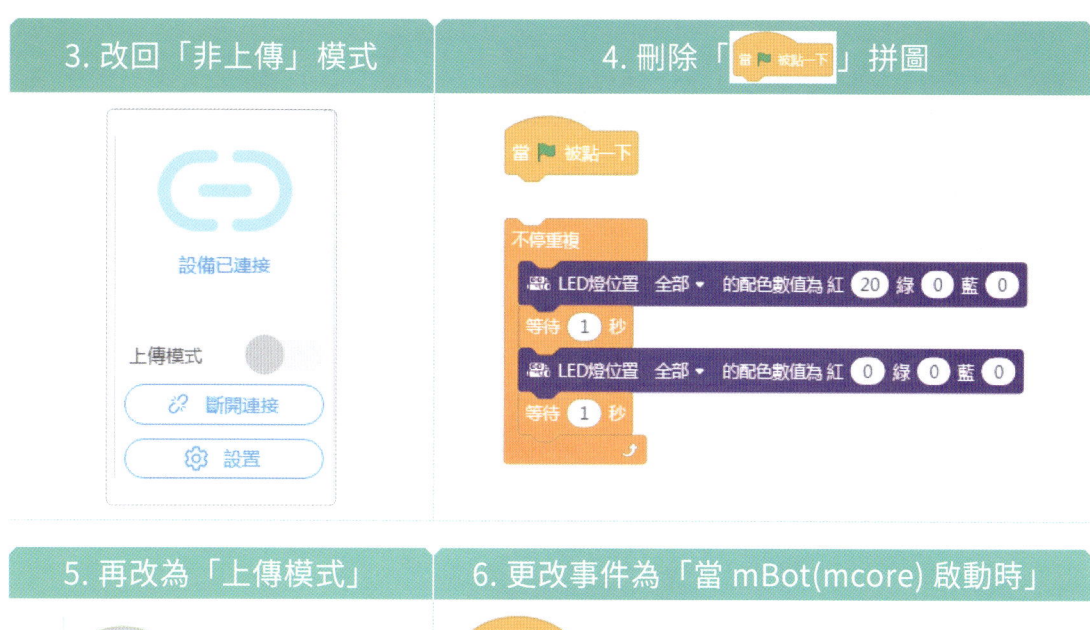

5. 再改為「上傳模式」

6. 更改事件為「當 mBot(mcore) 啟動時」

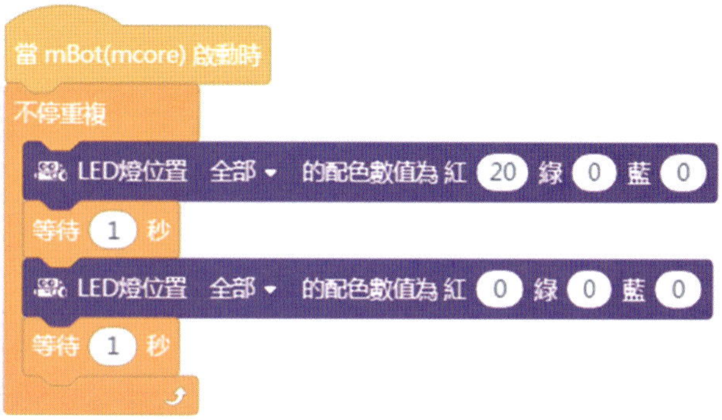

7. 上傳程式到 mCore

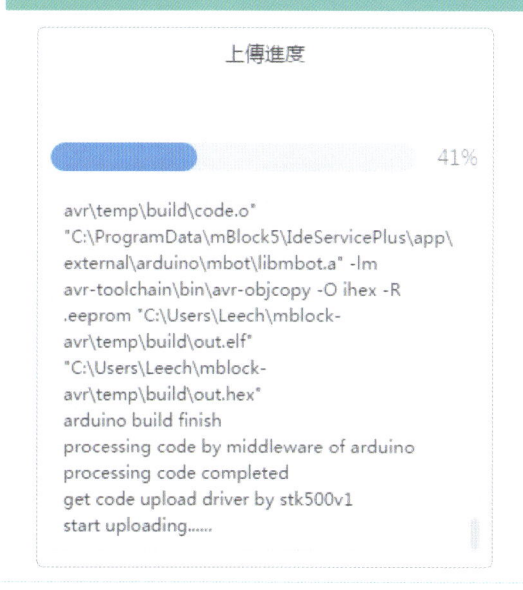

　　當您完成步驟 7 時，mBot 機器人就不需要由電腦端來下指令，程式就可以直接從 mBot 執行。這就是許多機器人比賽中的「自走車」競賽，亦即機器人自主執行命令的模式。

39

Chapter 2 課後評量

1. 假設我們想要設計機器人程式時，至少要經過哪三個步驟呢？

2. 請說明 mBot 機器人的控制板上有哪些輸入端、處理端及輸出端呢？

3. 請問想要撰寫一支 mBlock 程式來控制 mBot 機器人行動，要經過哪些步驟呢？

Chapter 03

mBot 機器人動起來了

學習目標

1. 讓讀者瞭解 mBot 機器人的動作來源「馬達」的控制方法。
2. 讓讀者瞭解馬達如何接收其他來源的資料，以作為它的轉速來源。

內容節次

3-1　馬達簡介
3-2　控制馬達速度及方向
3-3　讓機器人動起來
3-4　機器人繞正方形
3-5　馬達接收其他來源

3-1 馬達簡介

要讓 mBot 機器人走動，就必須要先了解馬達基本原理與功能，其實它是用來讓機器人可以自由移動（前、後、左、右及原地迴轉），或執行某個動作的馬達。

◎ **mBot 馬達的圖解**

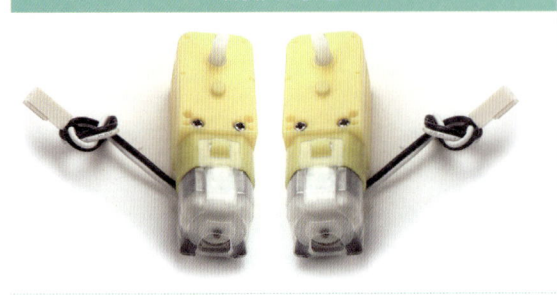

兩個馬達	mBot 組裝馬達的位置

◎ **基本功能** 前、後、左、右及原地迴轉。

◎ **創意設計**

Dancing Cat
增加了一雙能擺動的手，
能隨音樂搖擺及跳舞，
為 mBot 添上更多動感

Head-shaking Cat
探測障礙的角度更廣，
動作更靈活敏捷，
加強 mBot 上的 Ultrasonic
Sensor 的作用。

Light-emitting Cat
增加集中的照明功能，
於黑暗中亦能清楚看見
周遭環境。

◎ **結合第三方機構** 機器手臂（鏟土車、掃刷車、鑽頭車、夾爪車⋯等）。

基本功能（前、後、左及右）	ICCImBot 擴充機構組

Chapter 03　mBot 機器人動起來了

鏟土車	掃刷車
鑽頭車	夾爪車
摸黑自走車	表情模組 +5 個感測器

圖片來源：益眾科技股份有限公司

43

3-2 控制馬達速度及方向

想要準確控制 mBot 機器人的「前、後、左、右」行走時，那我們就必須先瞭解如何設定 mBlock 拼圖程式中「轉速」及「方向」。

1. 第一種控制方法：雙馬達控制之拼圖積木程式

mBot 機器人行走方向有四種	mBot 機器人馬達轉速
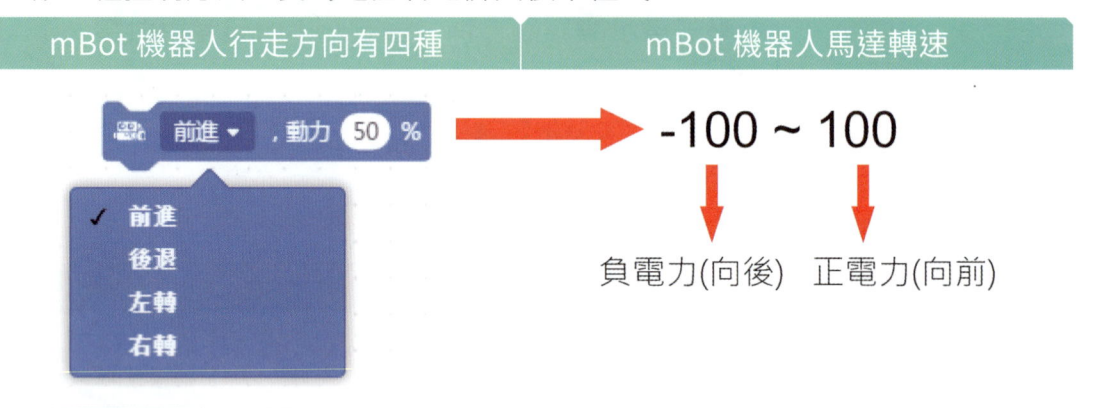 前進、後退、左轉、右轉（動力 50%）	-100 ~ 100 負電力(向後)　正電力(向前)

2. 第二種控制方法：單馬達控制之拼圖積木程式

馬達連接埠轉速相同並大於 0（前進）	馬達連接埠轉速相同皆為 0（停止）
左輪動力 50%，右輪動力 50%	左輪動力 0%，右輪動力 0%

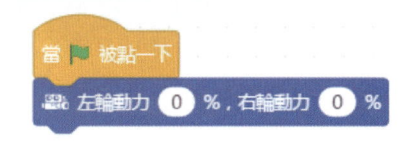

馬達連接埠 1 與 2 轉速不同（轉彎） 連接埠 1 > 連接埠 2 → 右轉	馬達連接埠 1 與 2 轉速不同（轉彎） 連接埠 1 < 連接埠 2 → 左轉
左輪動力 50%，右輪動力 0%	左輪動力 0%，右輪動力 50%

馬達連接埠轉速相同並小於 0（後退）	馬達連接埠轉速相同， 但是一正一負（原地迴轉）
左輪動力 -50%，右輪動力 -50%	左輪動力 50%，右輪動力 -50%

> 📄 說明
> 1. 轉速的範圍：-100~100，其中，「負電力」時，代表馬達反向轉動，亦即機器人會後退。
> 2. 數值愈大，代表速度愈快。

◆移動距離（是由輪子大小來決定）

> 移動距離＝輪子圓周長 × 馬達轉動圈數

其中：輪子圓周長＝輪子直徑 × 圓周率(≒ 3.14)＝6.5×3.14 ≒ 20 公分

直徑為6.5公分

實作一 當按下「按鈕」時，mBot 機器人前進 1 秒後退 1 秒。

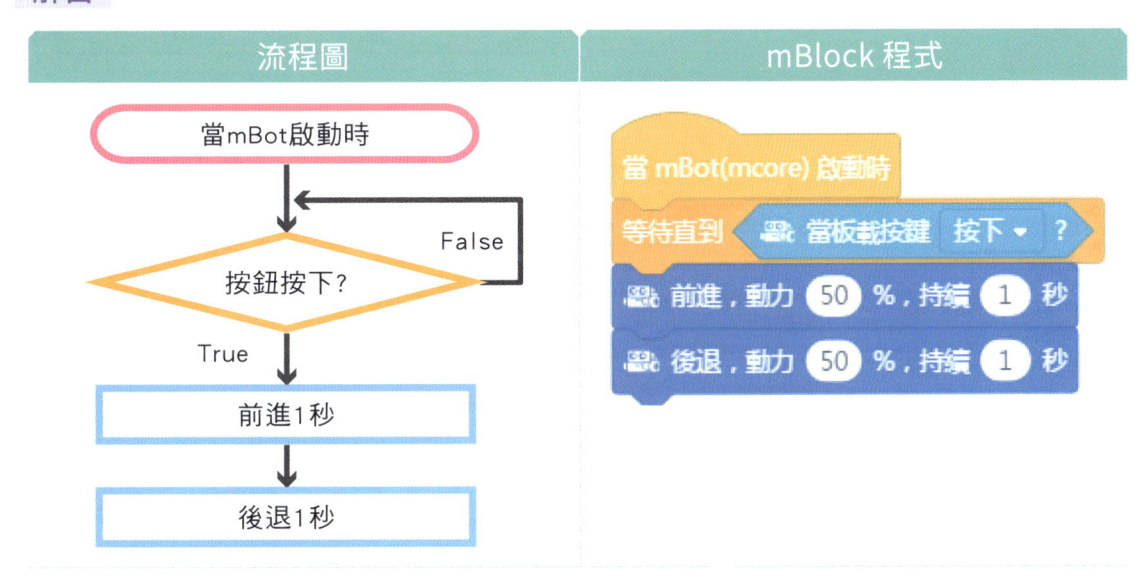

解答

流程圖	mBlock 程式
當mBot啟動時 → 按鈕按下？ (False 迴圈 / True) → 前進1秒 → 後退1秒	當 mBot(mcore) 啟動時 等待直到 當板載按鍵 按下 ? 前進，動力 50 %，持續 1 秒 後退，動力 50 %，持續 1 秒

實作二　雙輪轉動

當按下「按鈕」時，mBot 機器人右自旋轉 1 秒左自旋轉 1 秒。

解答

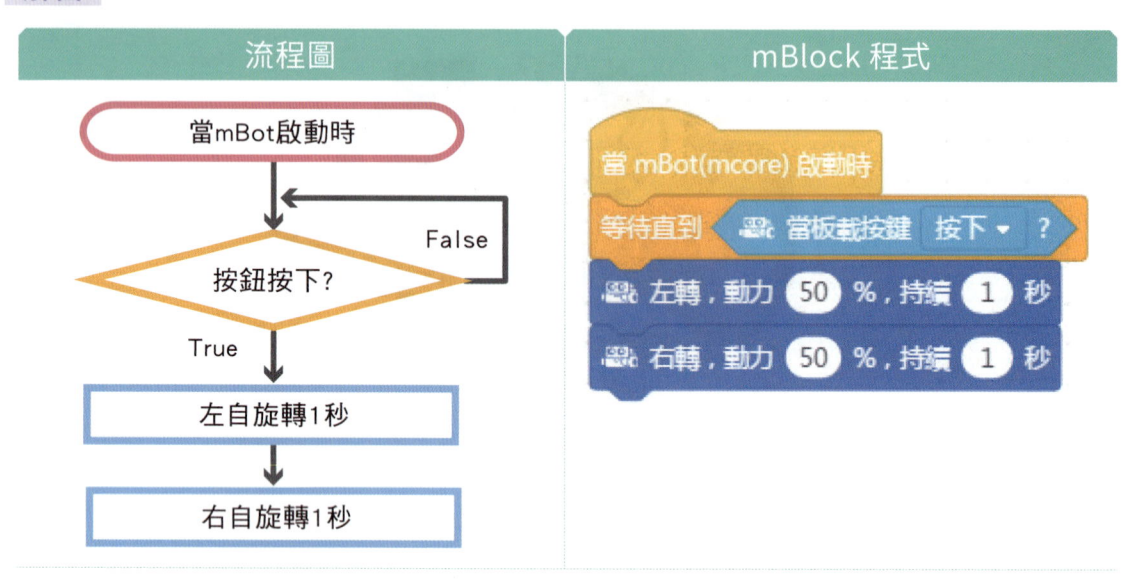

流程圖	mBlock 程式
當mBot啟動時 → 按鈕按下? (False 迴圈) → True → 左自旋轉1秒 → 右自旋轉1秒	當 mBot(mcore) 啟動時 等待直到 當板載按鍵 按下 ? 左轉，動力 50 %，持續 1 秒 右轉，動力 50 %，持續 1 秒

實作三　單輪轉動

當按下「按鈕」時，mBot 機器人右轉 1 秒再左轉 1 秒。

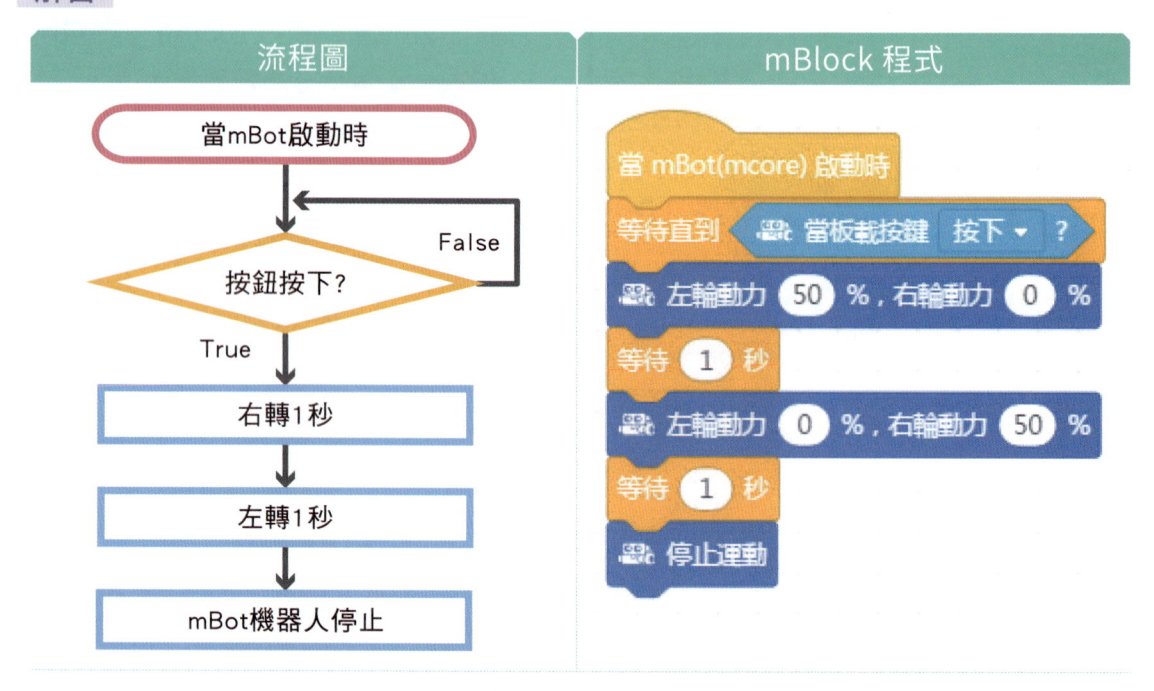

解答

流程圖	mBlock 程式
當mBot啟動時 → 按鈕按下? (False 迴圈) → True → 右轉1秒 → 左轉1秒 → mBot機器人停止	當 mBot(mcore) 啟動時 等待直到 當板載按鍵 按下 ? 左輪動力 50 %，右輪動力 0 % 等待 1 秒 左輪動力 0 %，右輪動力 50 % 等待 1 秒 停止運動

3-3 讓機器人動起來

在了解馬達基本原理及相關的參數設定之後,接下來,我們就可以開始撰寫 mBlock 拼圖程式來讓機器人動起來,亦即讓機器人能夠前後行進,左右轉彎,快慢移動。

◎ 示意圖

雙馬達驅動的機器人,進行「前、後、左、右」。

實作一 　請撰寫 mBlock 拼圖程式,可以讓機器人馬達前進 3 秒後,自動停止。

◎ 圖解說明

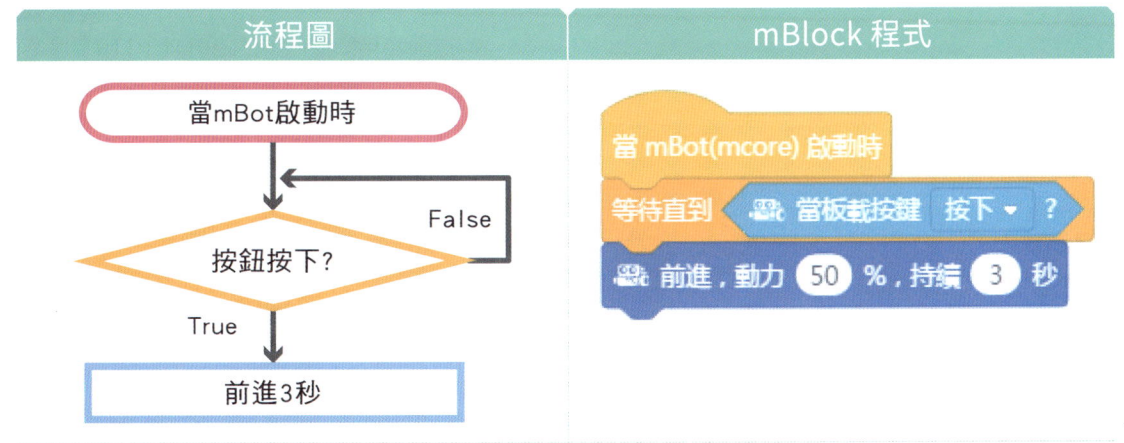

由右至左前進三秒

解答

流程圖	mBlock 程式
當mBot啟動時 → 按鈕按下?(False迴圈) → True → 前進3秒	當 mBot(mcore) 啟動時 等待直到 當板載按鍵 按下 ? 前進,動力 50 %,持續 3 秒

47

Scratch 3.0 (mBlock 5 含 AI) 程式設計

實作二 請撰寫 mBlock 拼圖程式,當使用者按下「按鈕」時,可以讓機器人馬達前進 3 秒後,向右轉 90 度。

◎ 圖解說明

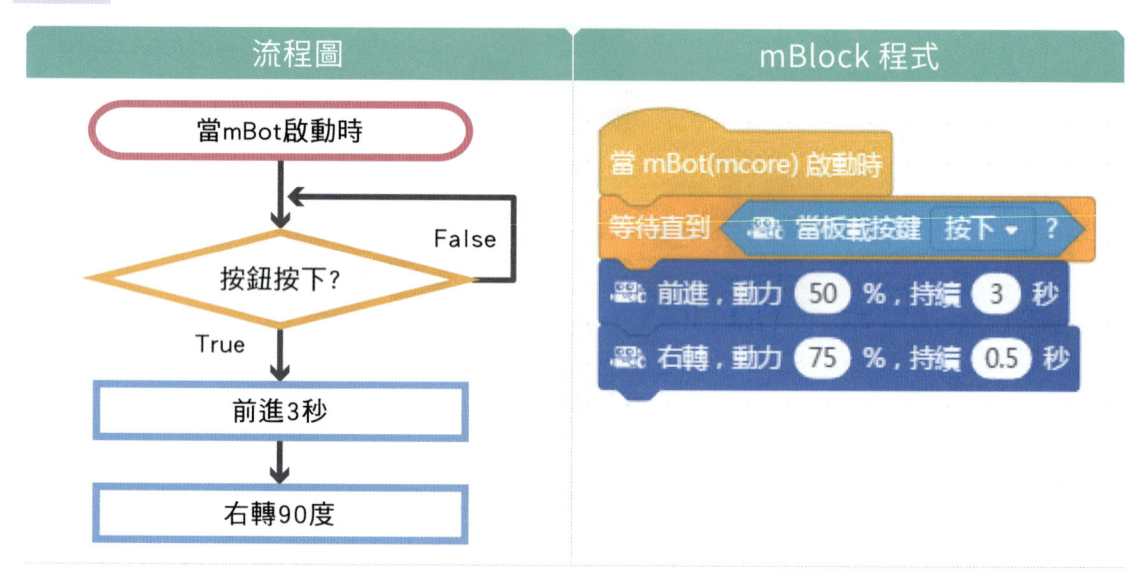

> 馬達前進 3 秒後,向右轉

解答

流程圖	mBlock 程式
當mBot啟動時 → 按鈕按下? (False迴圈/True) → 前進3秒 → 右轉90度	當 mBot(mcore) 啟動時 等待直到 當板載按鍵 按下 ? 前進,動力 50 %,持續 3 秒 右轉,動力 75 %,持續 0.5 秒

48

3-4　機器人繞正方形

在前面單元中，我們已經學會如何讓 mBot 機器人，進行「前、後、左、右」四大基本動作，接下來，我們再來設計一個程式可以讓機器人繞正方形。

實作一　請利用循序結構（沒有使用迴圈），撰寫 mBlock 拼圖程式，當使用者按下「按鈕」時，可以讓機器人繞一個正方形。

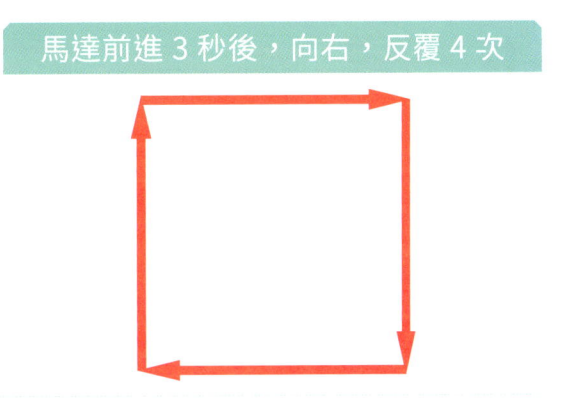

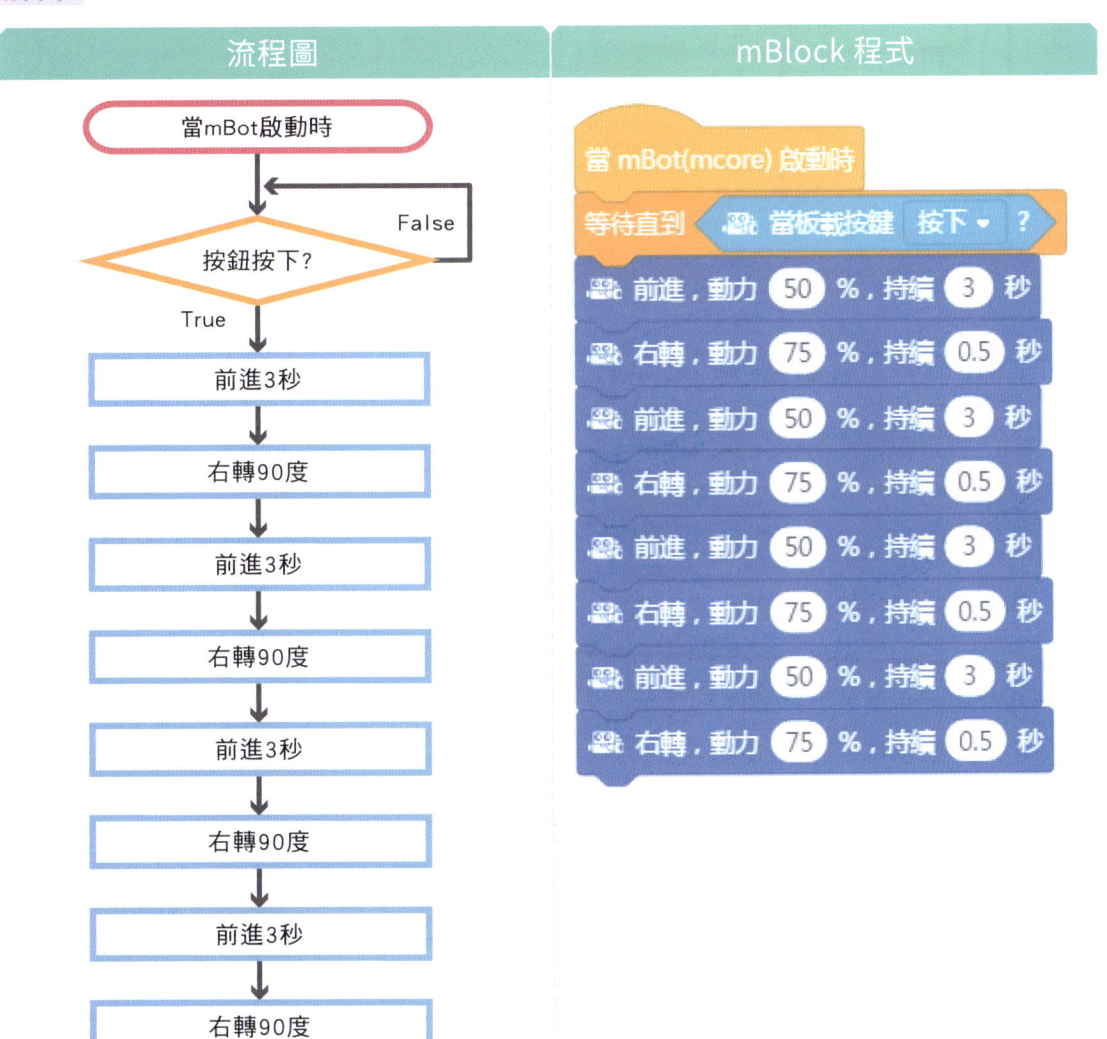

馬達前進 3 秒後，向右，反覆 4 次

解答

流程圖

- 當mBot啟動時
- 按鈕按下？ → False（迴圈回到判斷）
- True
- 前進3秒
- 右轉90度
- 前進3秒
- 右轉90度
- 前進3秒
- 右轉90度
- 前進3秒
- 右轉90度

mBlock 程式

- 當 mBot(mcore) 啟動時
- 等待直到　當板載按鍵　按下 ?
- 前進，動力 50 %，持續 3 秒
- 右轉，動力 75 %，持續 0.5 秒
- 前進，動力 50 %，持續 3 秒
- 右轉，動力 75 %，持續 0.5 秒
- 前進，動力 50 %，持續 3 秒
- 右轉，動力 75 %，持續 0.5 秒
- 前進，動力 50 %，持續 3 秒
- 右轉，動力 75 %，持續 0.5 秒

Scratch 3.0 (mBlock 5 含 AI) 程式設計

實作二 請利用「Loop 迴圈」結構,撰寫 mBlock 拼圖程式,當使用者按下「按鈕」時,可以讓機器人繞一個正方形。

解答

流程圖

- 當 mBot 啟動時
- 按鈕按下?
  - False → 回到判斷
  - True ↓
- 前進 3 秒
- 右轉 90 度
- 次數 = 次數 + 1
- 次數 <= 4
  - True → 回到前進 3 秒
  - False ↓
- mBot 機器人停止

mBlock 程式

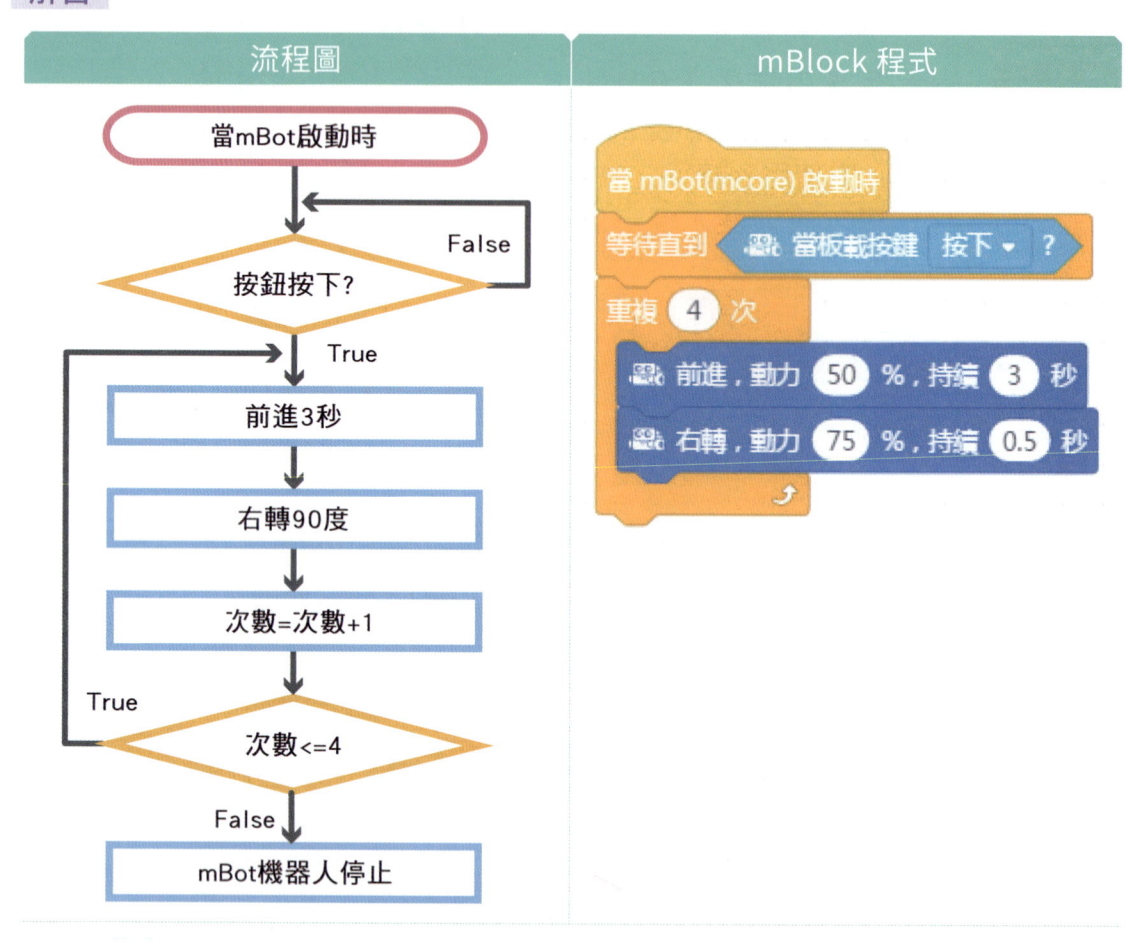

- 當 mBot(mcore) 啟動時
- 等待直到 當板載按鍵 按下 ?
- 重複 4 次
  - 前進,動力 50 %,持續 3 秒
  - 右轉,動力 75 %,持續 0.5 秒

註 「循序」與「迴圈」結構的詳細介紹,請參考本書的第五章。

3-5　馬達接收其他來源

假設我們已經組裝完成一台輪型機器人，想讓機器人在前進時，離前方的障礙物越近時，則行走的速度就變愈慢。此時，我們就必須要再透過「感測器偵測」來進行傳遞資料。

1. 超音波感測器來控制馬達速度快與慢
2. Random 亂數來控制馬達自行轉彎
3. 光線感測器來控制馬達快或慢

3-5.1　超音波感測器來控制馬達速度快與慢

◎ **定義**　「超音波」偵測的距離來控制馬達的「速度快與慢」。

◎ **範例**　將「超音波感測器」偵測的距離輸出後，透過傳遞給「馬達」中的轉速。

解答

流程圖

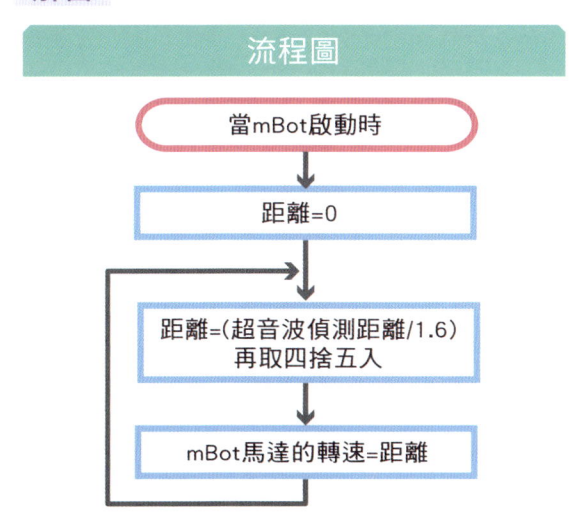

```
當mBot啟動時
    ↓
  距離=0
    ↓
┌──→距離=(超音波偵測距離/1.6)
│    再取四捨五入
│      ↓
│   mBot馬達的轉速=距離
└──────┘
```

mBlock 程式

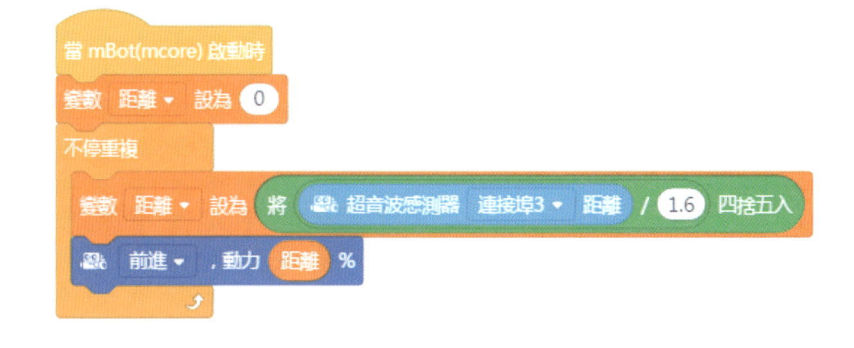

說明
1. 馬達的轉速的絕對值為 255。
2. 超音波感測器的偵測距離長度約為 400cm，因此，400/255 ≒ 1.6
3. 所以，每當超音波偵測長度除以 1.6 就能夠將馬達的轉速正規化。

3-5.2 Random 亂數來控制馬達自行轉彎 (會跳舞)

◎ **定義** 利用 Random 亂數值來控制馬達的「左轉或右轉」

◎ **範例** 將「Random 拼圖」的回傳值，傳遞給「馬達」中的轉速。亦即讓機器人自己決定機器人的前進方向。

解答

流程圖

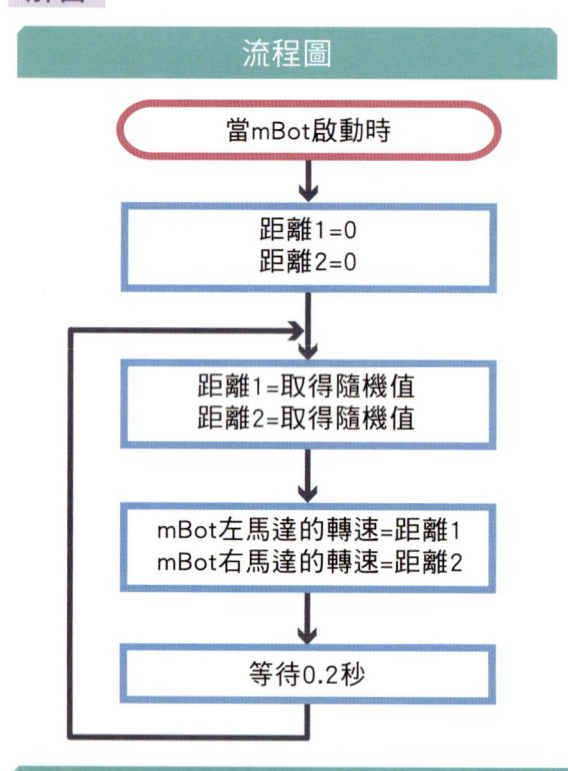

```
當mBot啟動時
      ↓
距離1=0
距離2=0
      ↓
距離1=取得隨機值
距離2=取得隨機值
      ↓
mBot左馬達的轉速=距離1
mBot右馬達的轉速=距離2
      ↓
等待0.2秒
```

mBlock 程式

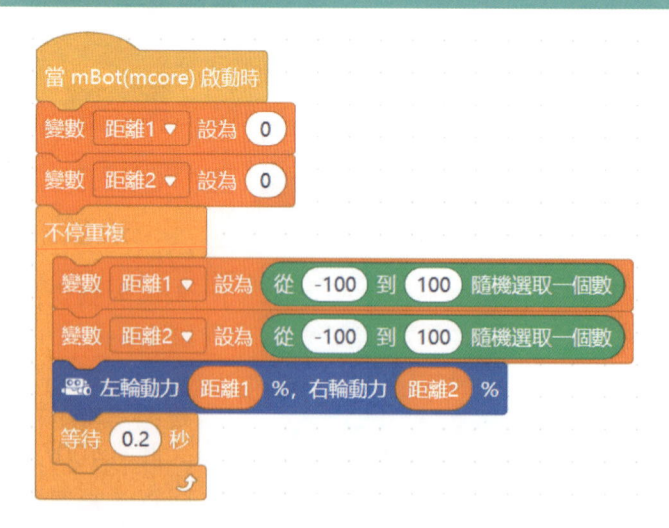

```
當 mBot(mcore) 啟動時
變數 距離1 ▼ 設為 0
變數 距離2 ▼ 設為 0
不停重複
    變數 距離1 ▼ 設為 從 -100 到 100 隨機選取一個數
    變數 距離2 ▼ 設為 從 -100 到 100 隨機選取一個數
    左輪動力 距離1 %, 右輪動力 距離2 %
    等待 0.2 秒
```

📄 **說明**　【設定關鍵參數】
-100 代表後退，100 代表前進

3-5.3 光源感測器來控制馬達快或慢

◎ **定義** 「光線感測器」偵測的「光值」來控制馬達的「行走快或慢」

◎ **範例** 將「光線感測器」偵測的光值後,傳遞給「馬達」中的轉速。
亦即當偵測到「光值」愈高時,速度就會愈快,反之,則愈慢。

解答

流程圖

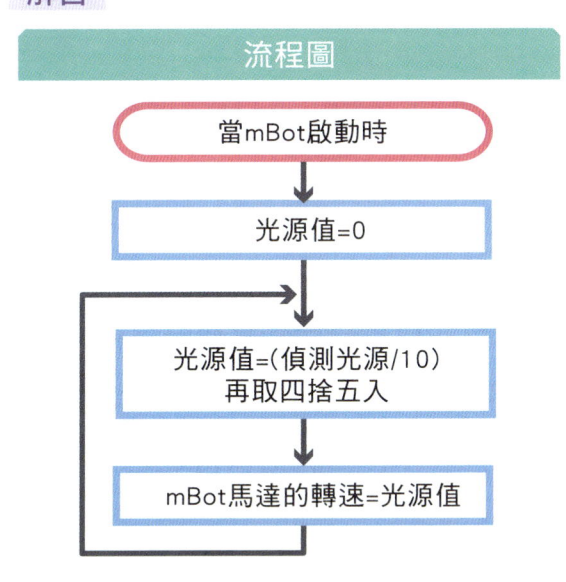

```
當mBot啟動時
      ↓
   光源值=0
      ↓
┌──→ 光源值=(偵測光源/10)
│     再取四捨五入
│         ↓
│   mBot馬達的轉速=光源值
└─────────┘
```

mBlock 程式

```
當 mBot(mcore) 啟動時
變數 光源值 設為 0
不停重複
  變數 光源值 設為 將 光線感測器 板載 光線強度值 / 10 四捨五入
  前進 , 動力 光源值 %
```

📄 **說明**
1. 馬達的轉速的絕對值為 100。
2. 光線感測器的偵測光值約為 0~1023,因此,1023/100 ≒ 10
3. 所以,每當光線感測器的偵測光值除以 10 就能夠將馬達的轉速正規化。

Chapter 3 課後評量

1. 請寫出 mBot 機器人的基本功能。至少寫出四項。
2. 請寫出 mBot 機器人的進階功能。至少寫出四項。
3. 請問 mBot 機器人的移動距離如何設計呢？

Chapter 04
資料與運算

學習目標
1. 讓讀者瞭解 mBlock 開發環境中，變數的宣告及顯示方式。
2. 讓讀者瞭解 mBlock 開發環境中，清單陣列及副程式的使用方法。

內容節次
4-1　變數（Variable）
4-2　變數資料的綜合運算
4-3　清單（List）
4-4　清單的綜合運算
4-5　副程式（新增積木指令）

4-1 變數（Variable）

◎ **定義**

是指程式在執行的過程中，其「內容」會隨著程式的執行而改變。

◎ **概念**

將「變數」想像成一個「容器」，它是專門用來「儲放資料」的地方。

◎ **目的**

1. 向系統要求配置適當的主記憶體空間。
2. 減少邏輯上的錯誤。

◎ **例如**

A＝B＋1（其中 A、B 則是變數，其內容是可以改變的）。

◎ **示意圖**

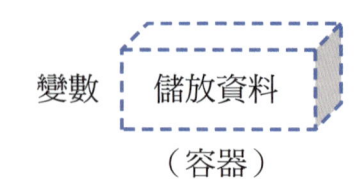

變數　儲放資料
　　　（容器）

◎ **圖解說明**

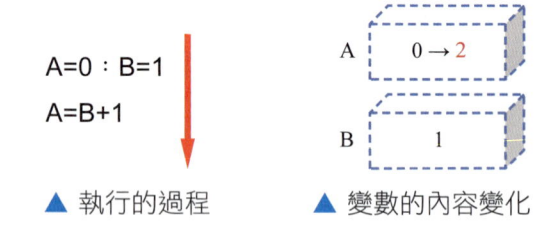

A=0；B=1
A=B+1

▲ 執行的過程

A　0 → 2
B　1

▲ 變數的內容變化

4-1.1　宣告變數的步驟

在撰寫 mBlock 拼圖程式時，時常會利用到資料的運算，因此，必須要先學會如何宣告變數。其步驟如下：

Step 1 ▶ 程式區／資料和指令／建立變數

Step 2 ▶ 宣告一個變數名稱為：距離

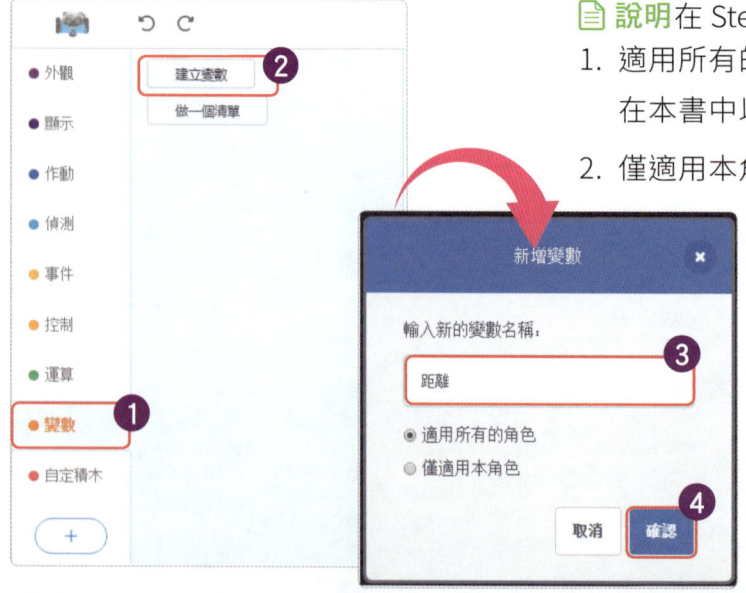

📄 **說明** 在 Step 2 中，瞭解變數分為兩種：
1. 適用所有的角色：代表「全域性變數」，在本書中以此為主。
2. 僅適用本角色：代表「區域性變數」

Step 3 ▶ 顯示「變數」的相關拼圖積木及內容

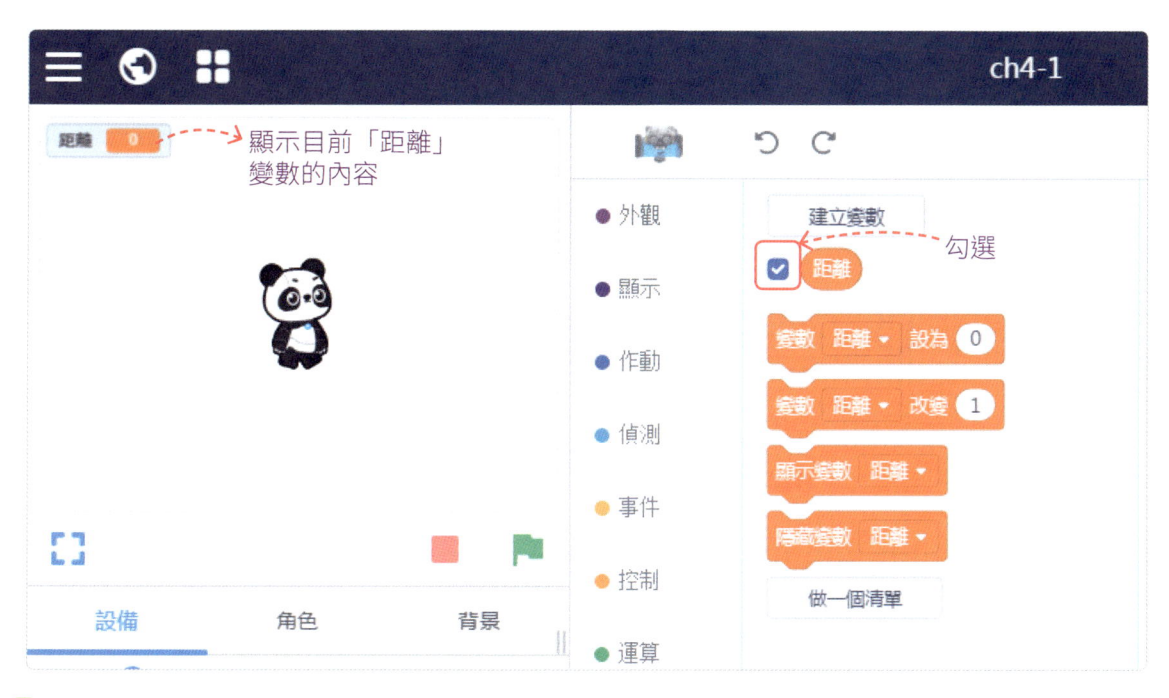

說明 此時，在舞台區中的左上角，會顯示目前「距離」變數的內容。

4-1.2 變數的呈現

基本上，一旦宣告完成變數之後，它會自動顯示在舞台區中的左上角。

一、隱藏變數

你如果不想要顯示此變數的內容時，則可以使用以下兩種方法：

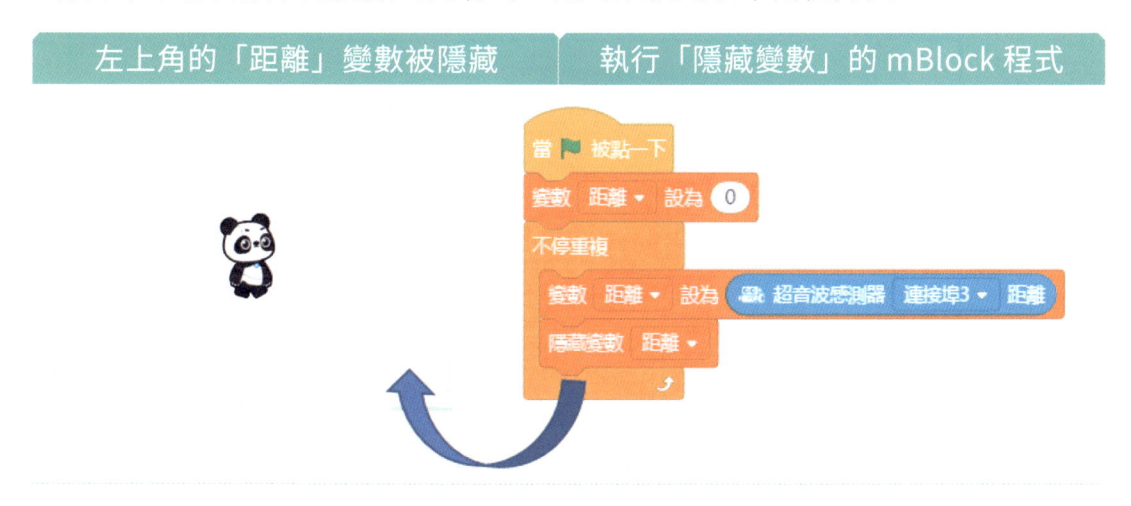

| 左上角的「距離」變數被隱藏 | 執行「隱藏變數」的 mBlock 程式 |

二、顯示變數

如果又想要顯示此變數的內容時，則可以使用以下兩種方法：

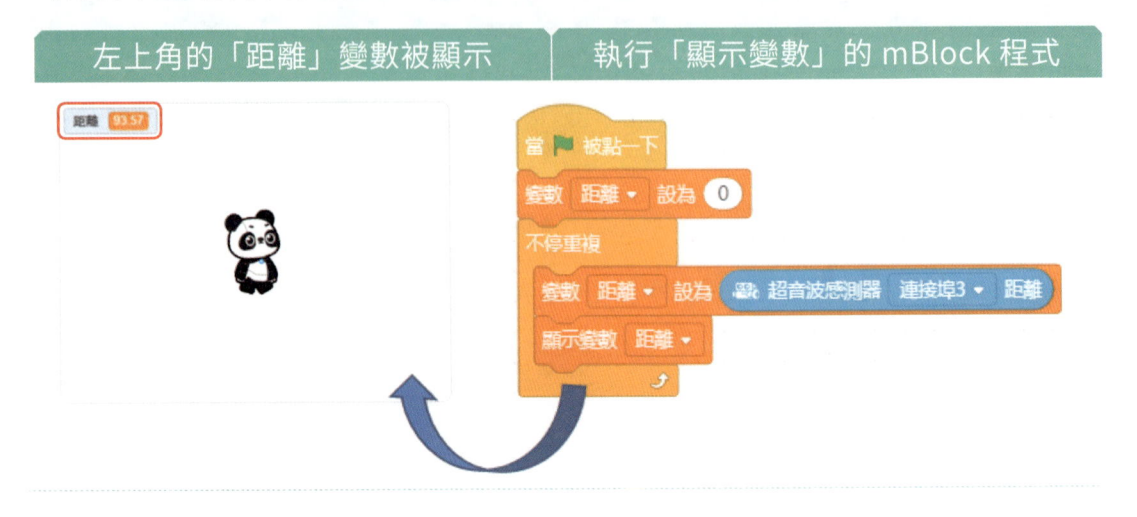

左上角的「距離」變數被顯示	執行「顯示變數」的 mBlock 程式

三、常見的三種不同顯示模式

正常尺寸	大尺寸	滑桿

4-1.3　變數的維護

基本上，當我們在撰寫資料運算的程式時，往往會宣告不少的變數，如果一開始沒有命名有意義的名稱，會影響爾後的維護工作。因此，如果想要重新命名變數名稱及刪除某一變數名稱，其方法如右：

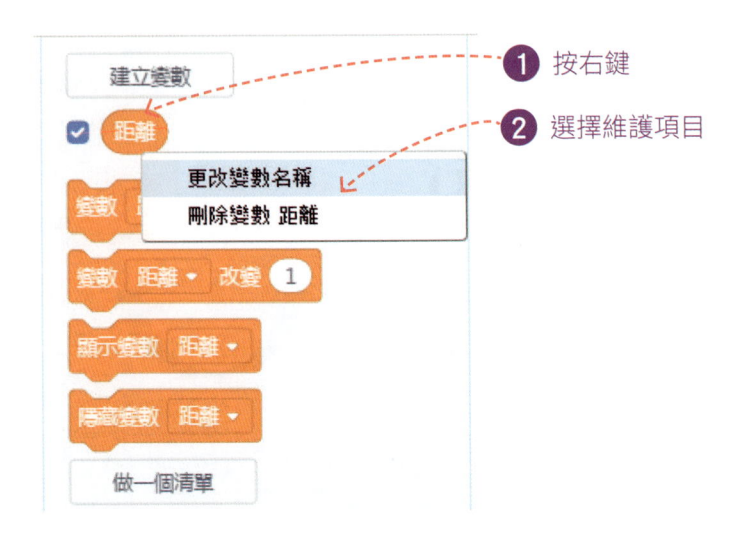

① 按右鍵
② 選擇維護項目

Chapter 04　資料與運算

重新命名變數	刪除某一變數

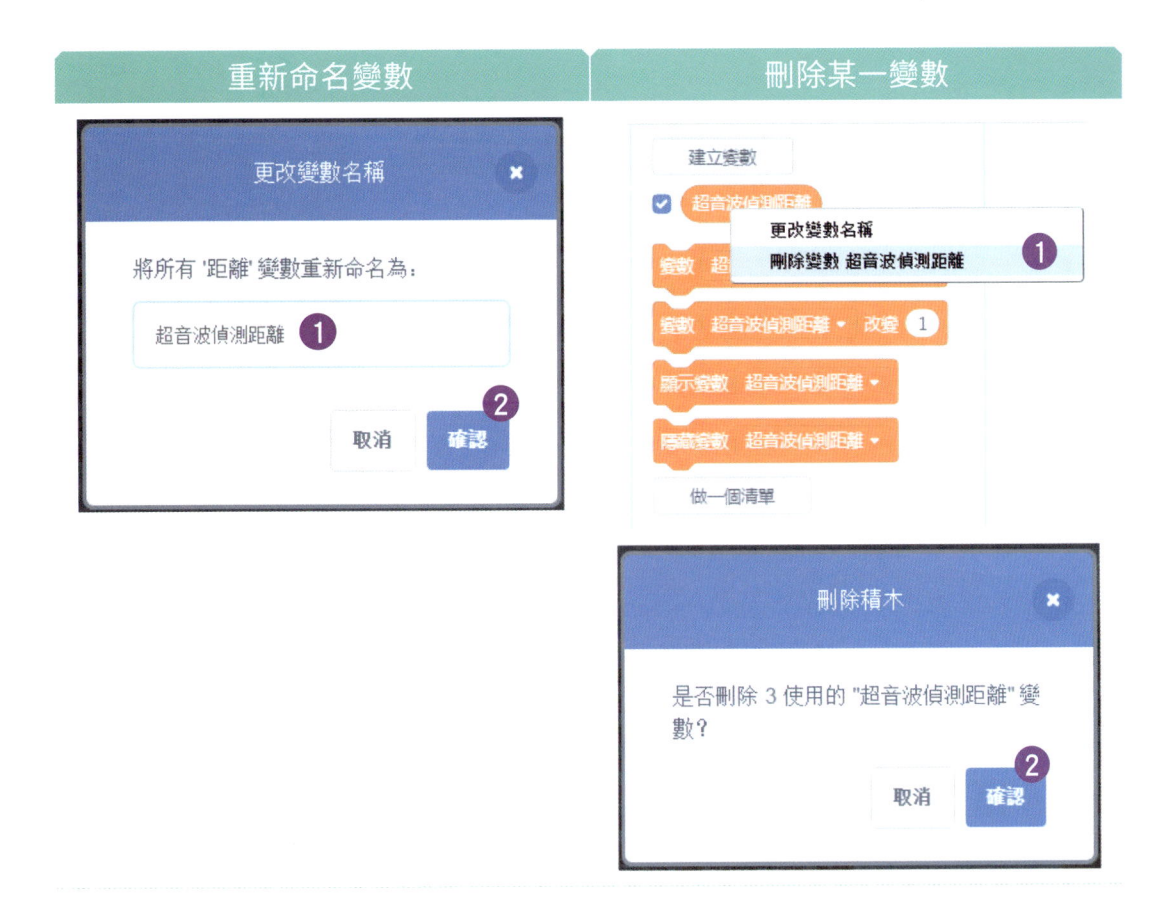

4-2　變數資料的綜合運算

在 mBlock 拼圖程式中，資料的運算大致上可分為以下五種：

1. 四則運算	2. 比較運算	3. 邏輯運算
+ - * /	大於 50 小於 50 等於 50	且 或 不成立

59

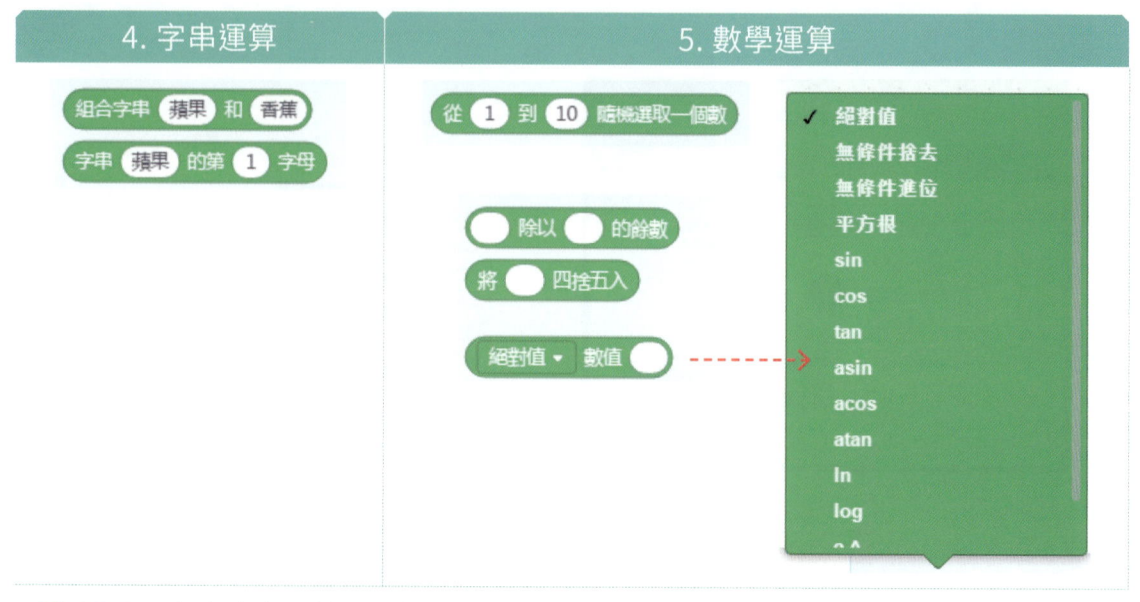

4. 字串運算	5. 數學運算
組合字串 蘋果 和 香蕉 字串 蘋果 的第 1 字母 ◯ 除以 ◯ 的餘數 將 ◯ 四捨五入 絕對值 ▼ 數值 ◯	從 1 到 10 隨機選取一個數 ✓ 絕對值 無條件捨去 無條件進位 平方根 sin cos tan asin acos atan ln log

📄 **說明** 在上表中，數學運算又可包括各種數學函數及轉換函數。

4-2.1 指定運算子

◎ **定義** 將「右邊」運算式的結果指定給「左邊」的運算元（亦即變數名稱）。

◎ **方法** 從「=」指定運算子的右邊開始看

◎ **例子** Sum=0

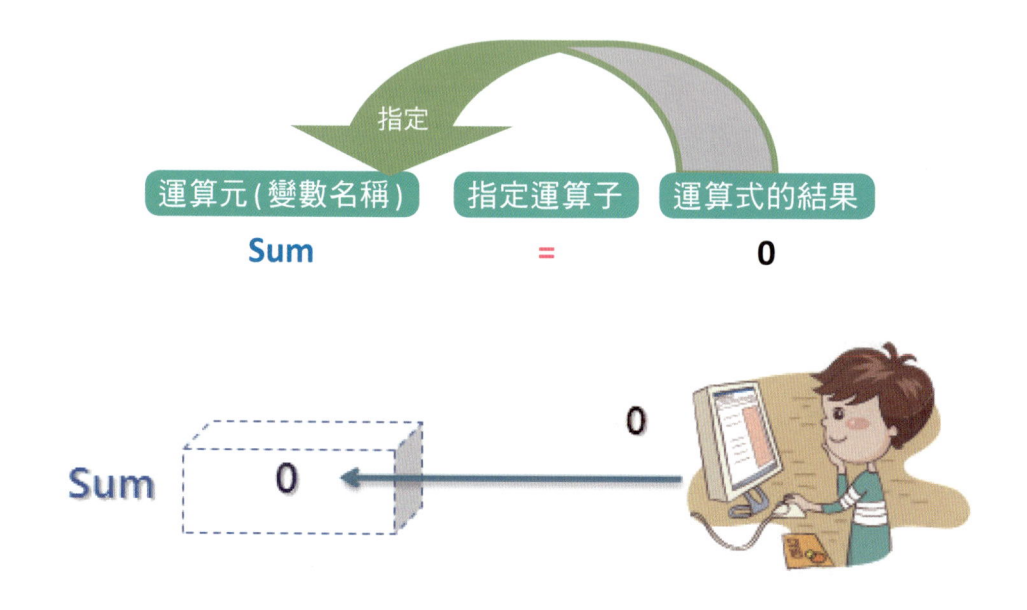

指定

運算元(變數名稱)	指定運算子	運算式的結果
Sum	**=**	**0**

Sum [0] ← 0

◎ 拼圖程式表示方法

> 當 ▶ 被點一下
> 變數 Sum ▼ 設為 0

📄 說明　1. 將變數…的值設為…就是「指定運算子」。
　　　　2. 將右邊的數字 0 指定給左邊的「Sum」變數。換言之，將「Sum」變數設定為 0。

4-2.2　四則運算子

◎ 引言　在數學上有四則運算，而在程式語言中也不例外。

◎ 目的　是指用來處理使用者輸入的「數值資料」進行四則運算。

◆ 四則運算子的拼圖之優先順序權

順序	拼圖	功能	例子	結果
1	○ * ○	乘法	將變數 Sum ▼ 的值設為 5 * 8	40
1	○ / ○	除法	將變數 Sum ▼ 的值設為 10 / 3	3.333…
2	○ + ○	加法	將變數 Sum ▼ 的值設為 14 + 28	42
2	○ - ○	減法	將變數 Sum ▼ 的值設為 28 - 14	14

Scratch 3.0 (mBlock 5 含 AI) 程式設計

實作一 當使用者每按一下「按鈕」時，Count 計數器變數的值自動加 1，反覆執行。

解答

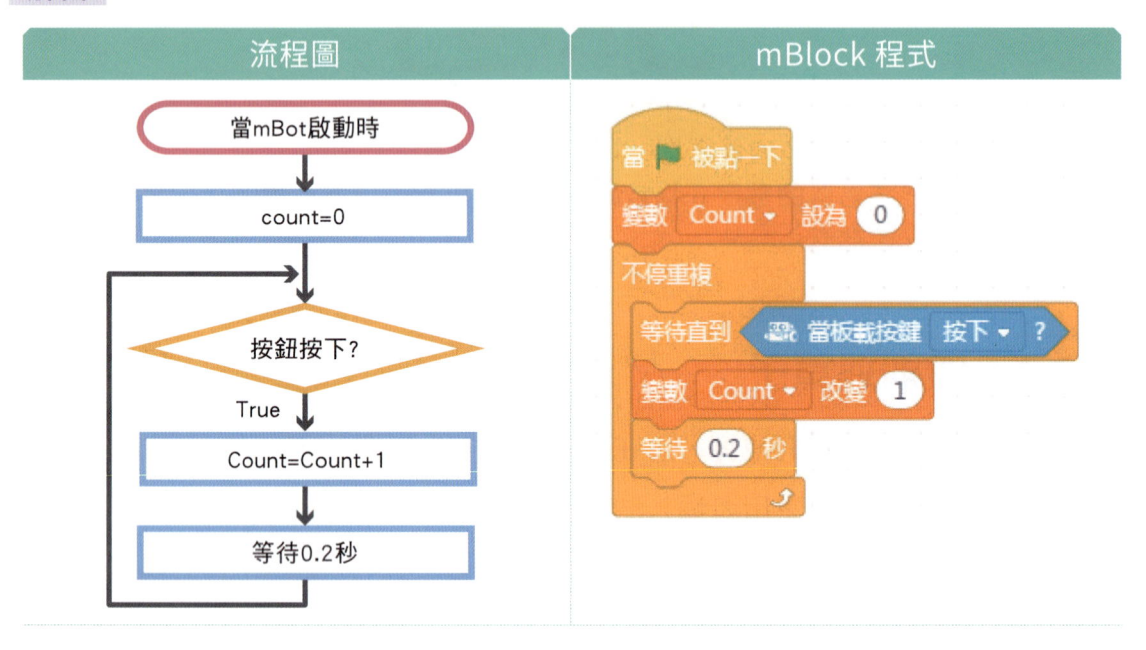

流程圖	mBlock 程式
當mBot啟動時 → count=0 → [按鈕按下?] True → Count=Count+1 → 等待0.2秒 (迴圈)	當 ▶ 被點一下 變數 Count 設為 0 不停重複 　等待直到 當板載按鍵 按下 ? 　變數 Count 改變 1 　等待 0.2 秒

實作二 利用「超音波感測器」來模擬「自動剎車系統」的「距離與聲音頻率的關係」。假設「距離與頻率的方程式」：頻率 (Hz)= -50* 距離 (cm)+2000。

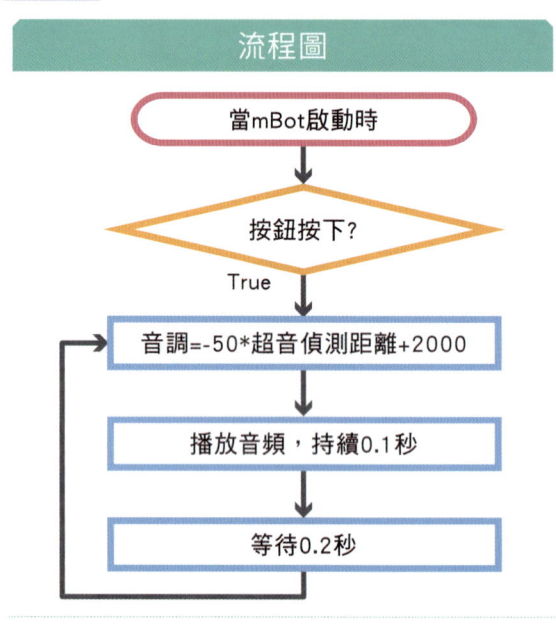

解答

流程圖

當mBot啟動時 → [按鈕按下?] True → 音調=-50*超音偵測距離+2000 → 播放音頻，持續0.1秒 → 等待0.2秒 (迴圈)

62

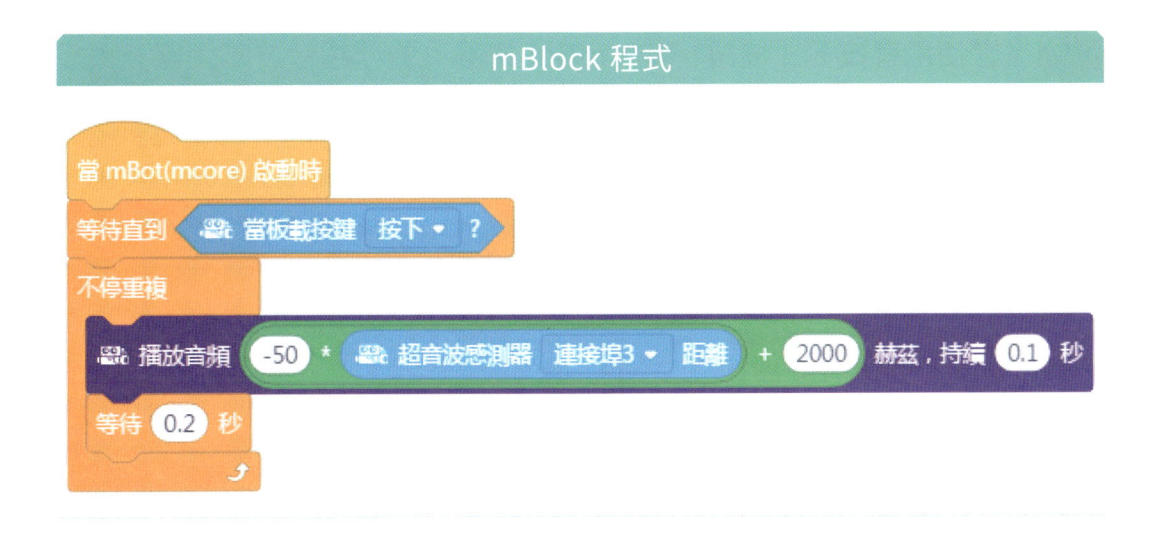

mBlock 程式

```
當 mBot(mcore) 啟動時
等待直到 <當板載按鍵 按下▼ ?>
不停重複
    播放音頻 (-50 * 超音波感測器 連接埠3▼ 距離) + 2000 赫茲,持續 0.1 秒
    等待 0.2 秒
```

4-2.3 關係運算子

◎ **定義** 是指一種比較大小的運算式。因此,又稱「比較運算式」。

◎ **示意圖**

比較大小的關係

◎ **使用時機** 「選擇結構」中的「條件式」。

◎ **目的** 用來判斷「條件式」是否成立。

◎ **關係運算子的拼圖之種類**

拼圖	功能	條件式	執行結果
◁=▷	等於	將變數 Boolean▼ 的值設為 5 = 15	False
◁<▷	小於	將變數 Boolean▼ 的值設為 5 < 15	True
◁>▷	大於	將變數 Boolean▼ 的值設為 5 > 15	False

注意 關係運算子的優先順序都相同。

Scratch 3.0 (mBlock 5 含 AI) 程式設計

實作一　當使用者按下「按鈕」時，mBot 機器人的「超音波感測器」會反覆偵測前方 5 公分是否有障礙物，如果有，則停止，否則繼續前進。

解答

流程圖

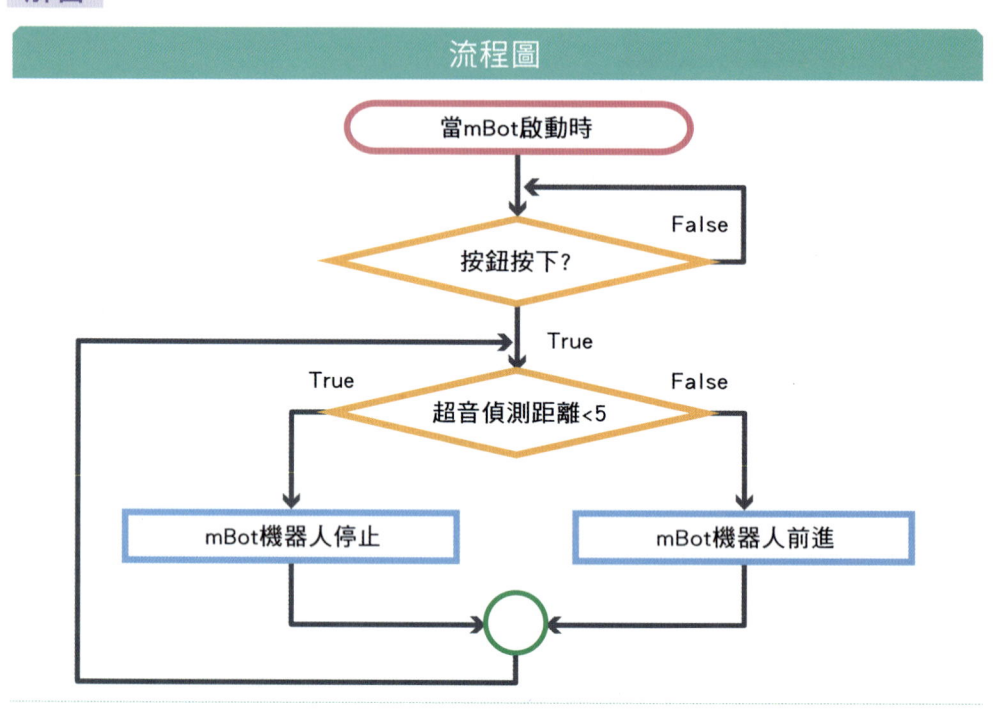

當 mBot 啟動時
↓
按鈕按下？ — False（迴圈）
↓ True
超音偵測距離 <5
- True → mBot 機器人停止
- False → mBot 機器人前進

mBlock 程式

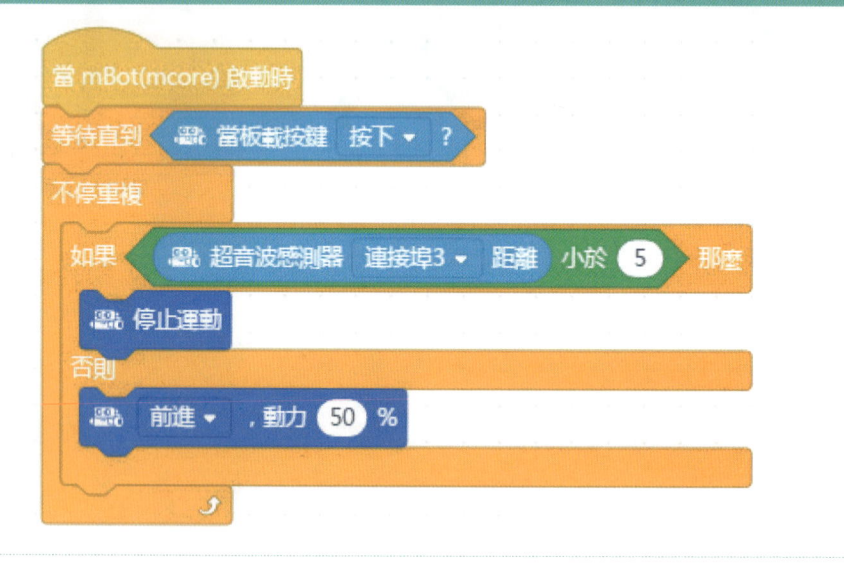

```
當 mBot(mcore) 啟動時
等待直到 < 當板載按鍵 按下 ? >
不停重複
    如果 < 超音波感測器 連接埠3 距離 小於 5 > 那麼
        停止運動
    否則
        前進, 動力 50 %
```

Chapter 04　資料與運算

實作二　當使用者按下「按鈕」時，mBot 機器人的「光線感測器」會反覆偵測目前光線的亮度，如果大於 500，則前進，否則停止。

解答

流程圖

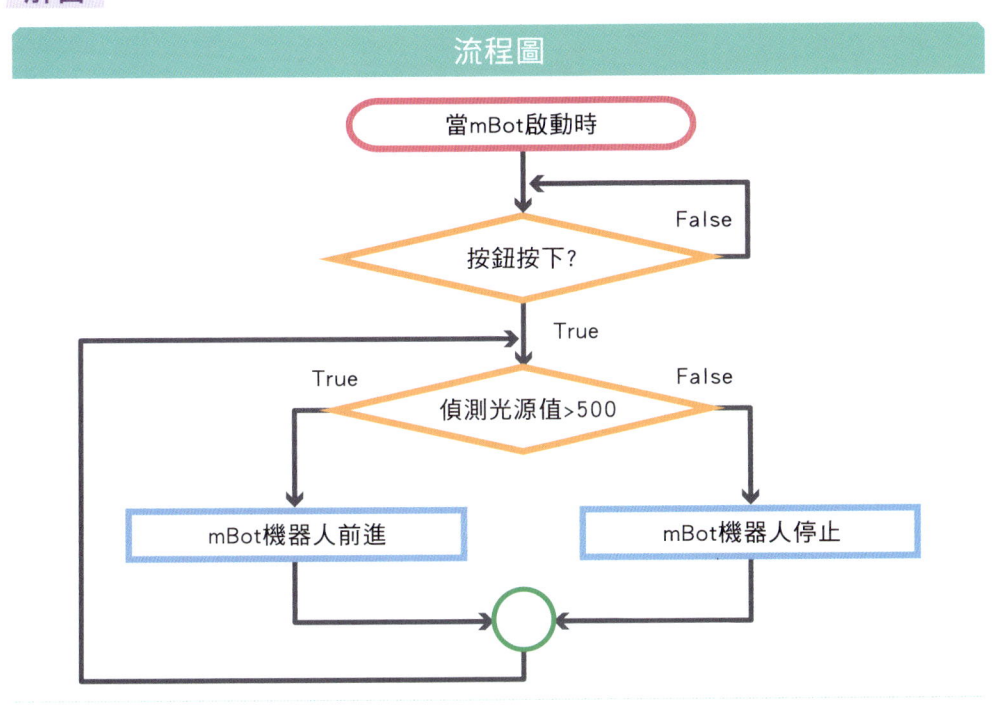

```
當mBot啟動時
    ↓
  按鈕按下? ──False──┐
    │ True          │
    ↓               │
  偵測光源值>500    │
  True ↓ False      │
  ┌────┴────┐      │
mBot前進  mBot停止  │
  └────┬────┘      │
       ○──────────┘
```

mBlock 程式

```
當 mBot(mcore) 啟動時
等待直到  當板載按鍵 按下 ?
不停重複
    如果  光線感測器 板載 光線強度 大於 500  那麼
        前進 , 動力 50 %
    否則
        停止運動
```

註　「光線感測器」偵測的光值範圍：0~1023。值愈高，代表亮度愈高。

65

Scratch 3.0 (mBlock 5 含 AI) 程式設計

實作三 當使用者按下「按鈕」時，mBot 機器人的「巡線感應器」會反覆偵測地板是否為黑色或白色線，如果偵測黑色線，則停止，否則前進。

解答

流程圖

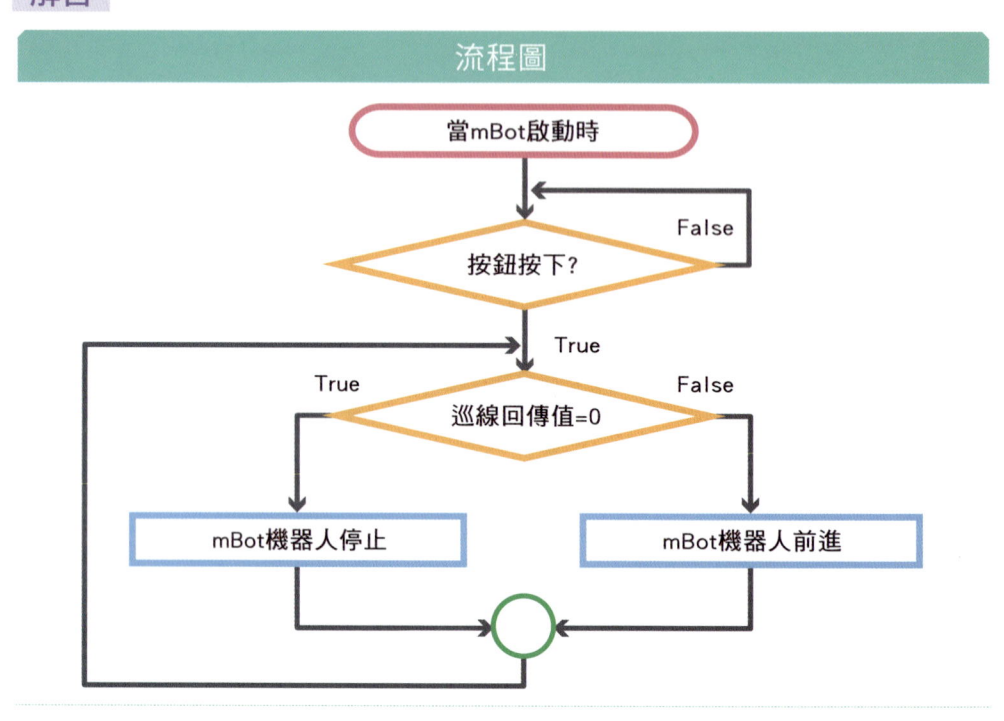

```
當mBot啟動時
    ↓
按鈕按下? ──False──┐
    │ True         │
    ↓              │
巡線回傳值=0        │
  True / False     │
    ↓      ↓       │
mBot機器人停止  mBot機器人前進
    └──────┬──────┘
           ○──────┘
```

mBlock 程式

當 mBot(mcore) 啟動時
等待直到 < 當板載按鍵 按下 ？ >
不停重複
　如果 < 循線感測器 連接埠2 數值 等於 0 > 那麼
　　停止運動
　否則
　　前進，動力 50 %

> **註** mBot 巡線感測器，只能判斷黑色與白色，判斷所得回傳值有四種情況：詳細說明，請參考第七章。
>
> | Sensor1（左邊）偵測到顏色 | Sensor2（右邊）偵測到顏色 | 回傳值 |
> |---|---|---|
> | 黑色 | 黑色 | 0 |
> | 黑色 | 白色 | 1 |
> | 白色 | 黑色 | 2 |
> | 白色 | 白色 | 3 |

4-2.4 邏輯運算子

◎ 引言 是由數學家布林（Boolean）所發展出來的，包括：AND（且）、OR（或）、NOT（反）…等。

◎ 定義 它是一種比較複雜的運算式，又稱為布林運算。

◎ 適用時機 在「選擇結構」中，「條件式」有兩個（含）以上的條件時。

◎ 目的 結合「邏輯運算子」與「比較運算子」，以加強程式的功能。

◎ 拼圖程式

◆ 關係運算子的拼圖之種類
設 A = True, B = False

拼圖	功能	運算式	執行結果
且	AND（且）	A And B	False
或	OR（或）	A Or B	True
不成立	NOT（反）	Not A	False

Scratch 3.0 (mBlock 5 含 AI) 程式設計

實作一　當按下「按鈕」時,「巡線感測器」偵測到黑色或「光線感測器」偵測到暗光時,mBot 機器人就會停止,否則就會前進。

解答

流程圖

```
當mBot啟動時
     ↓
   按鈕按下? ──False──┐
     │ True          │
     ↓←──────────────┘
  巡線回傳值=0
     or       ──True──→ mBot機器人停止
  光源值<500
     │ False
     ↓
  mBot機器人前進
     ↓
     ●────────────────┘
     (迴圈回到判斷)
```

mBlock 程式

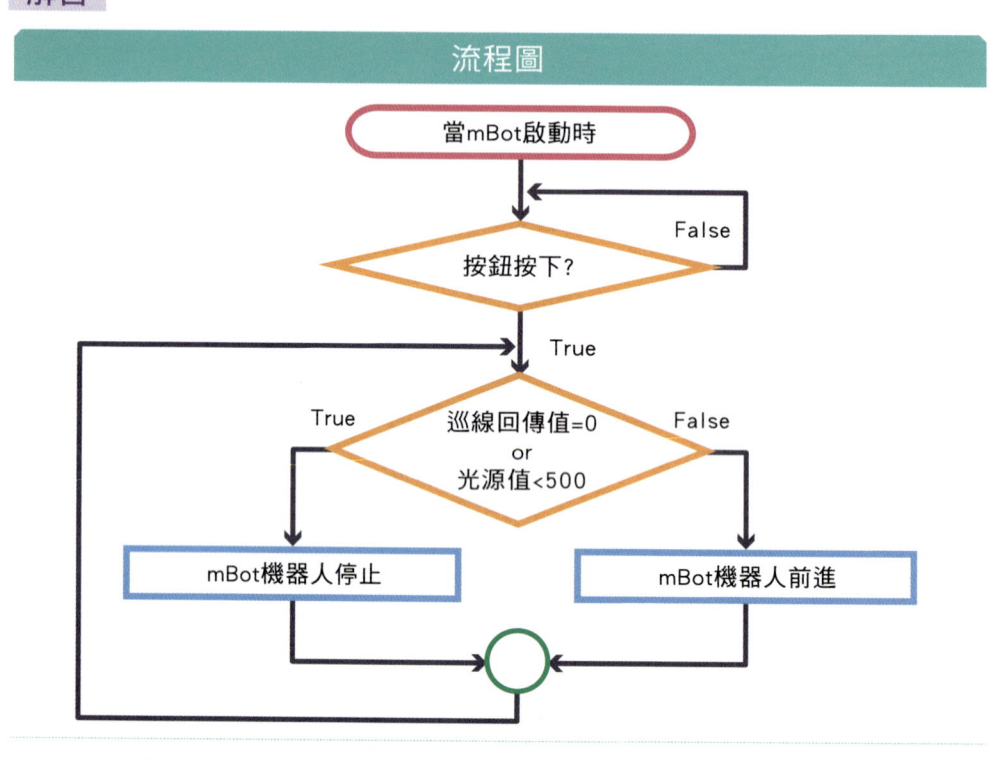

```
當 mBot(mcore) 啟動時
等待直到 <當板載按鍵 按下▼ ?>
不停重複
    如果 <循線感測器 連接埠2▼ 數值 等於 0> 或 <光線感測器 板載▼ 光線強度 小於 500> 那麼
        停止運動
    否則
        前進▼ , 動力 50 %
```

68

Chapter 04 　資料與運算

實作二 　當按下「按鈕」時,「巡線感測器」偵測到黑色並且「超音波感測器」偵測前方有障礙物時,mBot 機器人就會停止,否則就會前進。

解答

流程圖

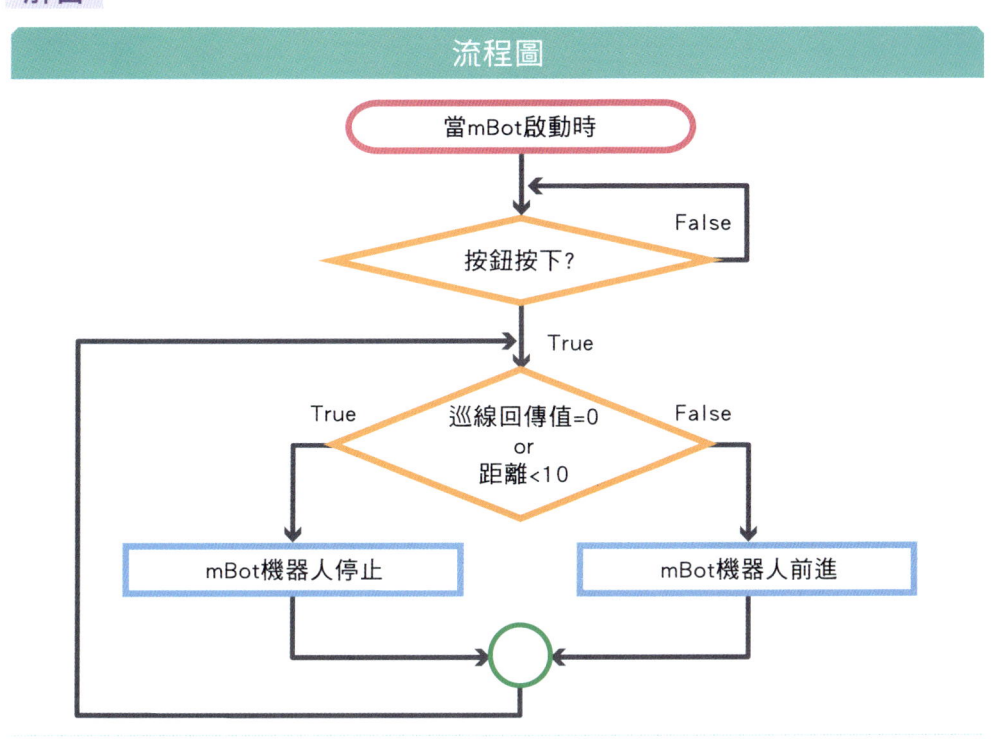

```
當mBot啟動時
    ↓
按鈕按下? ──False──→（迴圈）
    ↓ True
巡線回傳值=0
    or       ──True──→ mBot機器人停止
距離<10     ──False──→ mBot機器人前進
```

mBlock 程式

```
當 mBot(mcore) 啟動時
等待直到  當板載按鍵 按下▼ ?
不停重複
    如果  循線感測器 連接埠2▼ 數值 等於 0  或  超音波感測器 連接埠3▼ 距離 小於 10  那麼
        停止運動
    否則
        前進▼ ,動力 50 %
```

69

Scratch 3.0 (mBlock 5 含 AI) 程式設計

實作三 當按下「按鈕」時,「超音波感測器」偵測前方沒有障礙物時,mBot 機器人就會前進,否則就會停止。

解答

流程圖

```
            當mBot啟動時
                 │
                 ▼  ◄─────────── False
           ┌─ 按鈕按下? ─┐
                 │ True
                 ▼
      True ┌─ Not距離<10 ─┐ False
           ▼               ▼
     mBot機器人前進      mBot機器人停止
           └───────┬───────┘
                   ○
```

mBlock 程式

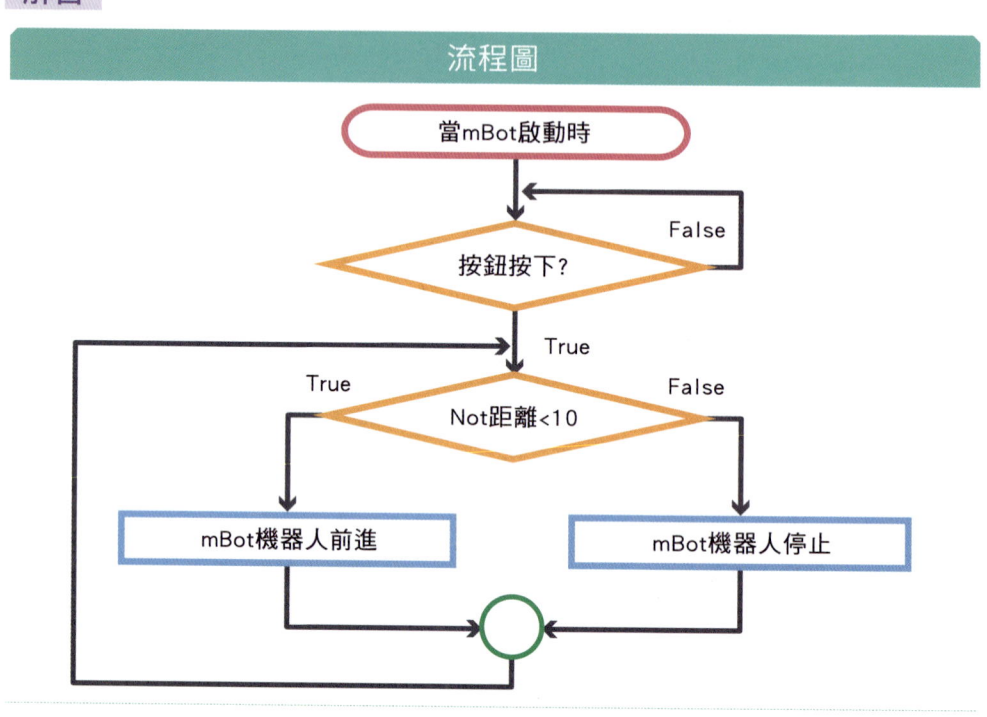

```
當 mBot(mcore) 啟動時
等待直到 <當板載按鍵 按下 ?>
不停重複
    如果 <超音波感測器 連接埠3 距離 小於 10> 不成立 那麼
        前進 ▼ , 動力 50 %
    否則
        停止運動
```

4-2.5 字串運算子

◎ **功能** 用來連結數個字串或字串的相關運算。

◎ **目的** 更有彈性的輸出字串資料。

◆ 字串運算子的拼圖之種類

拼圖	功能	範例
組合字串 蘋果 和 香蕉	合併字串	當 ▶ 被點一下 變數 String ▼ 設為 組合字串 My 和 mBot
	執行結果	String My mBot
字串 蘋果 的第 1 字母	取出第 1 個字元	當 ▶ 被點一下 變數 String ▼ 設為 字串 mBot 的第 1 字母
	執行結果	String m
清單 蘋果 的資料數量	計算字串字數	當 ▶ 被點一下 變數 String ▼ 設為 清單 My mBot 的資料數量
	執行結果	String 7

Scratch 3.0 (mBlock 5 含 AI) 程式設計

實作一 當按下「按鈕」時,「巡線感測器」偵測到黑色或白色線的回傳值,透過「合併字串」拼圖來顯示結果。

解答

流程圖

```
當mBot啟動時
    ↓
String=0
    ↓
判斷按鈕被按下 ──False──┐
    ↓ True              │
String=String合併巡線回傳值
    ↓                   │
等待1秒 ─────────────────┘
```

mBlock 程式

當 ▶ 被點一下
變數 String ▼ 設為 0
等待直到 〈 當板載按鍵 按下 ▼ ?〉
不停重複
　變數 String ▼ 設為 組合字串 String 和 循線感測器 連接埠2 ▼ 數值
　等待 1 秒

◎ 執行結果

String 0333330033

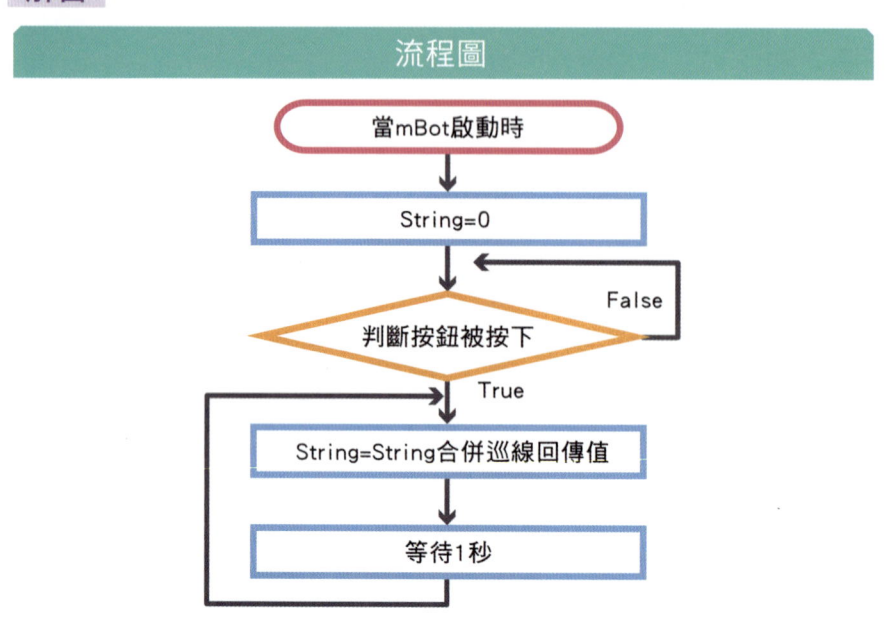

註 mBot 巡線感測器,只能判斷黑色與白色,判斷所得回傳值有四種情況:詳細說明,請參考第七章。

Sensor1（左邊）偵測到顏色	Sensor2（右邊）偵測到顏色	回傳值
黑色	黑色	0
黑色	白色	1
白色	黑色	2
白色	白色	3

實作二

當按下「按鈕」時,「巡線感測器」偵測到黑色或白色線的回傳值,透過兩個 LED 燈來表示,並透過「字串長度」拼圖來顯示偵測的次數。

回傳值	LED2	LED1
0	不亮	不亮
1	不亮	亮
2	亮	不亮
3	亮	亮

解答

流程圖

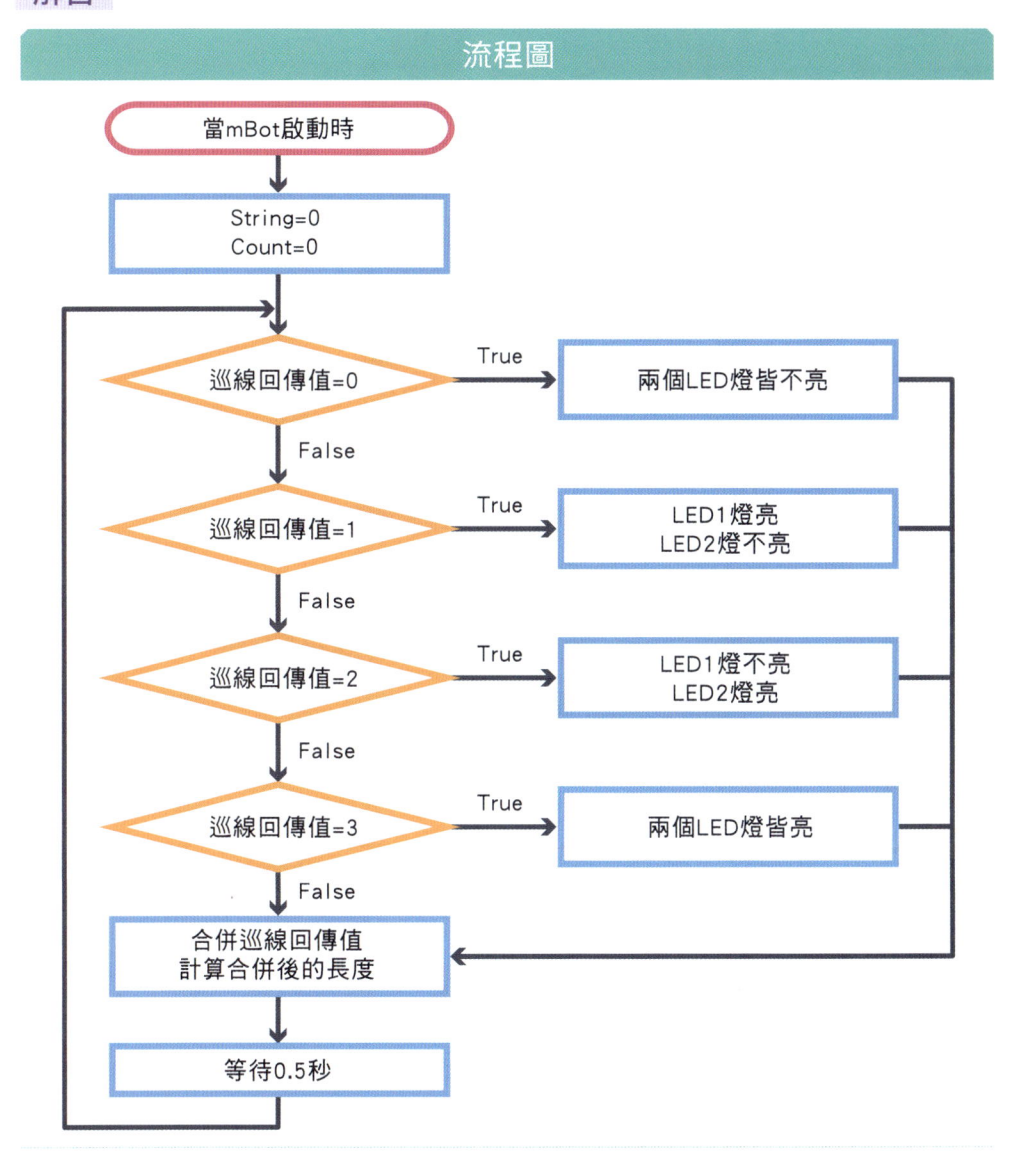

- 當 mBot 啟動時
- String=0, Count=0
- 巡線回傳值=0 → True：兩個LED燈皆不亮
- 巡線回傳值=1 → True：LED1燈亮、LED2燈不亮
- 巡線回傳值=2 → True：LED1燈不亮、LED2燈亮
- 巡線回傳值=3 → True：兩個LED燈皆亮
- False：合併巡線回傳值、計算合併後的長度
- 等待0.5秒

mBlock 程式

```
當 ▶ 被點一下
變數 String ▼ 設為 0
變數 Count ▼ 設為 0
不停重複
    如果 循線感測器 連接埠2 ▼ 數值 等於 0 那麼
        LED燈位置 全部 ▼ 的配色數值為 紅 0 綠 0 藍 0
    如果 循線感測器 連接埠2 ▼ 數值 等於 1 那麼
        LED燈位置 左邊 ▼ 的配色數值為 紅 0 綠 0 藍 0
        LED燈位置 右邊 ▼ 的配色數值為 紅 30 綠 0 藍 0
    如果 循線感測器 連接埠2 ▼ 數值 等於 2 那麼
        LED燈位置 左邊 ▼ 的配色數值為 紅 30 綠 0 藍 0
        LED燈位置 右邊 ▼ 的配色數值為 紅 0 綠 0 藍 0
    如果 循線感測器 連接埠2 ▼ 數值 等於 3 那麼
        LED燈位置 左邊 ▼ 的配色數值為 紅 30 綠 0 藍 0
        LED燈位置 右邊 ▼ 的配色數值為 紅 30 綠 0 藍 0
    變數 String ▼ 設為 組合字串 String 和 循線感測器 連接埠2 ▼ 數值
    變數 Count ▼ 設為 清單 String 的資料數量
    等待 0.5 秒
```

◎ 執行結果

String 03333333333
Count 11

4-2.6 數學運算子

◎ **功能** 用來處理各種數學上的運算。

◎ **目的** 讓 mBot 機器人具有數學運算的能力。

◆ **數學運算子的拼圖之種類**

拼圖	功能	常見範例
從 1 到 10 隨機選取一個數	亂數	會跳舞的機器人→請參考第三章範例。（利用「亂數值」來決定馬達的方向與速度）
◯ 除以 ◯ 的餘數	取餘數	求奇數或偶數 1. 利用「按鈕」按下的次數值，來控制 LED 左右的亮與不亮。 2. 自動開關。（奇數：開，偶數：關）
將 ◯ 四捨五入	四捨五入	將各種感測器的偵測值「整數化」
絕對值 ▼ 數值 ◯	數學函數	絕對值 無條件捨去 無條件進位 平方根 sin cos tan asin acos atan ln log

Scratch 3.0 (mBlock 5 含 AI) 程式設計

實作一 利用「超音波感測器」偵測前方的距離，使用「四捨五入」拼圖的比較範例。

解答

未使用「四捨五入」	使用「四捨五入」
當 ▶ 被點一下 變數 距離 ▼ 設為 超音波感測器 連接埠3 ▼ 距離	當 ▶ 被點一下 變數 距離 ▼ 設為 將 超音波感測器 連接埠3 ▼ 距離 四捨五入

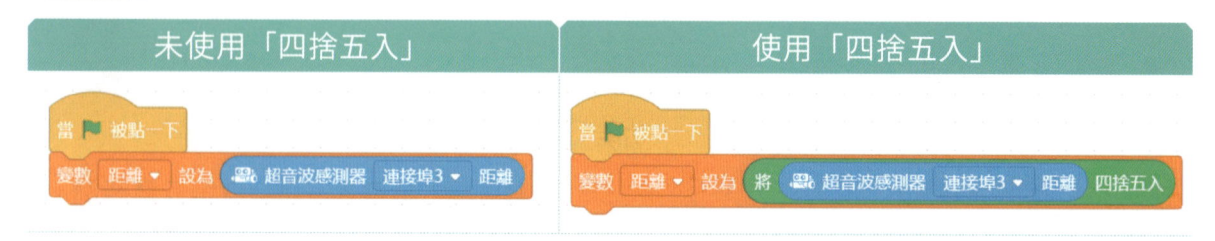

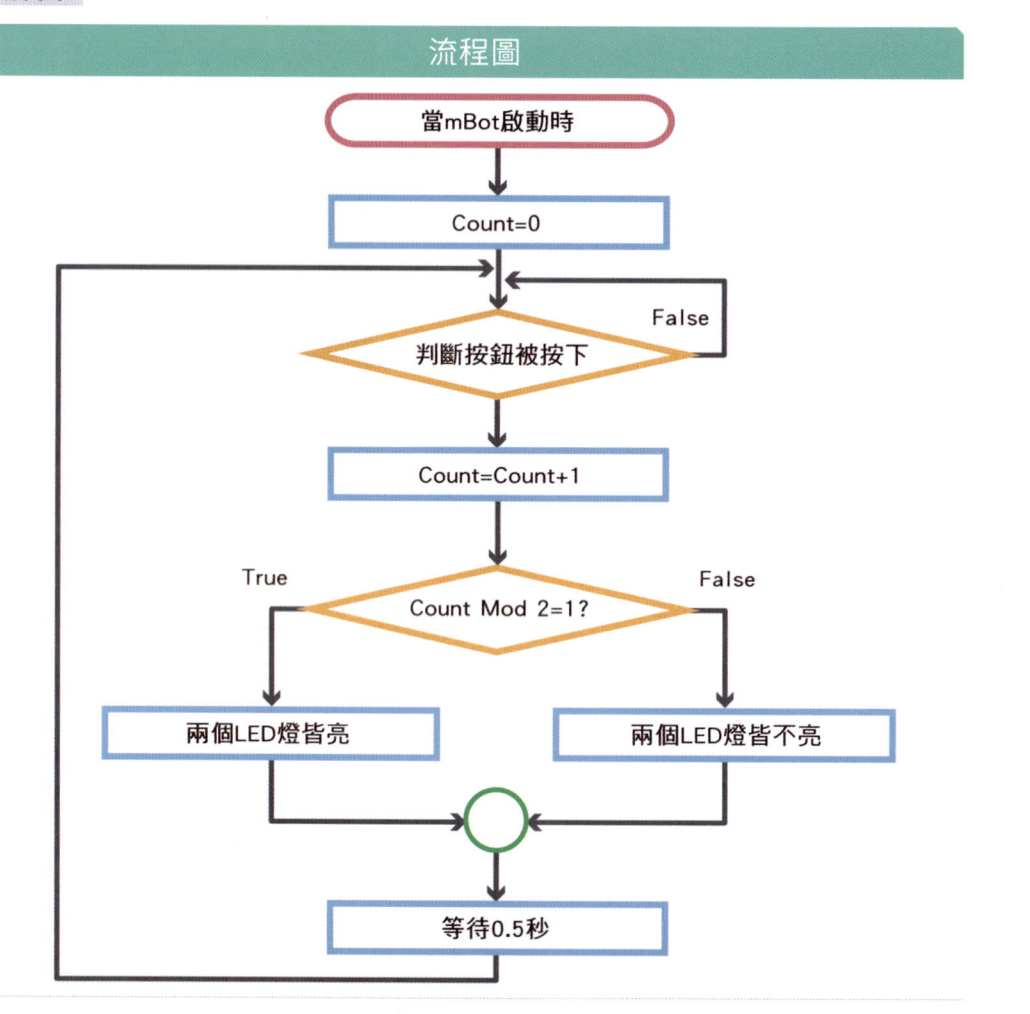

◎ 執行結果

未使用「四捨五入」	使用「四捨五入」
距離 80.38	距離 80

實作二 利用「按鈕」按下的次數值，來控制 LED 左右的亮與不亮。（奇數亮，偶數不亮）

解答

流程圖

- 當mBot啟動時
- Count=0
- 判斷按鈕被按下？
  - False → 回到判斷
  - True → Count=Count+1
- Count Mod 2=1？
  - True → 兩個LED燈皆亮
  - False → 兩個LED燈皆不亮
- 等待0.5秒
- 回到判斷按鈕被按下

mBlock 程式

```
當 ▶ 被點一下
變數 Count ▼ 設為 0
不停重複
    等待直到  當板載按鍵 按下 ▼ ?
    變數 Count ▼ 改變 1
    如果  Count 除以 2 的餘數 等於 1  那麼
        LED燈位置 全部 ▼ 的配色數值為 紅 20 綠 20 藍 20
    否則
        LED燈位置 全部 ▼ 的配色數值為 紅 0 綠 0 藍 0
```

◎ 執行結果

按「奇數次」	按「偶數次」
LED 左右燈亮	LED 左右燈不亮

4-3　清單（List）

◎ **定義**　是指一群具有「相同名稱」及「資料型態」的變數之集合。

◎ **特性**
1. 佔用連續記憶體空間。
2. 用來表示有序串列之一種方式。
3. 各元素的資料型態皆相同。
4. 支援隨機存取（Random Access）與循序存取（Sequential Access）。
5. 插入或刪除元素時較為麻煩，因為須挪移其他元素。

◎ **使用時機**　每間隔一段時間或距離來暫時儲存環境的連續變化值。

◎ **例如**　利用溫度感測器，每間隔一小時，記錄溫度 1 次，並儲存到清單中。

◎ **示意圖**

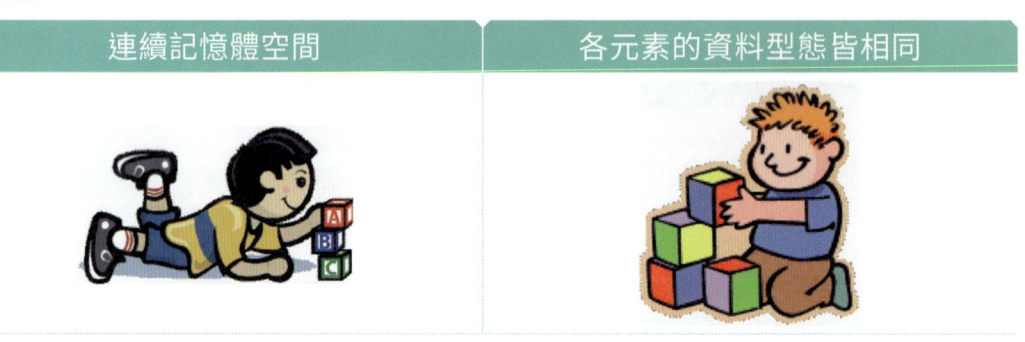

連續記憶體空間	各元素的資料型態皆相同

4-3.1　建立清單

在撰寫 mBlock 拼圖程式時，如果時常要收集連續性的資料時，因此，必須要先學會如何宣告清單陣列。接下來，利用以下步驟來說明。

Step 1　程式區／資料和指令／做一個清單

Step 2　宣告一個清單名稱為：隨機清單

📄 **說明**　在 Step 2 中，瞭解變數分為兩種：
1. 適用所有的角色：代表「全域性變數」，在本書中以此為主。
2. 僅適用本角色：代表「區域性變數」

Chapter 04　資料與運算

Step 3 ▶ 顯示「清單」的相關拼圖積木及內容

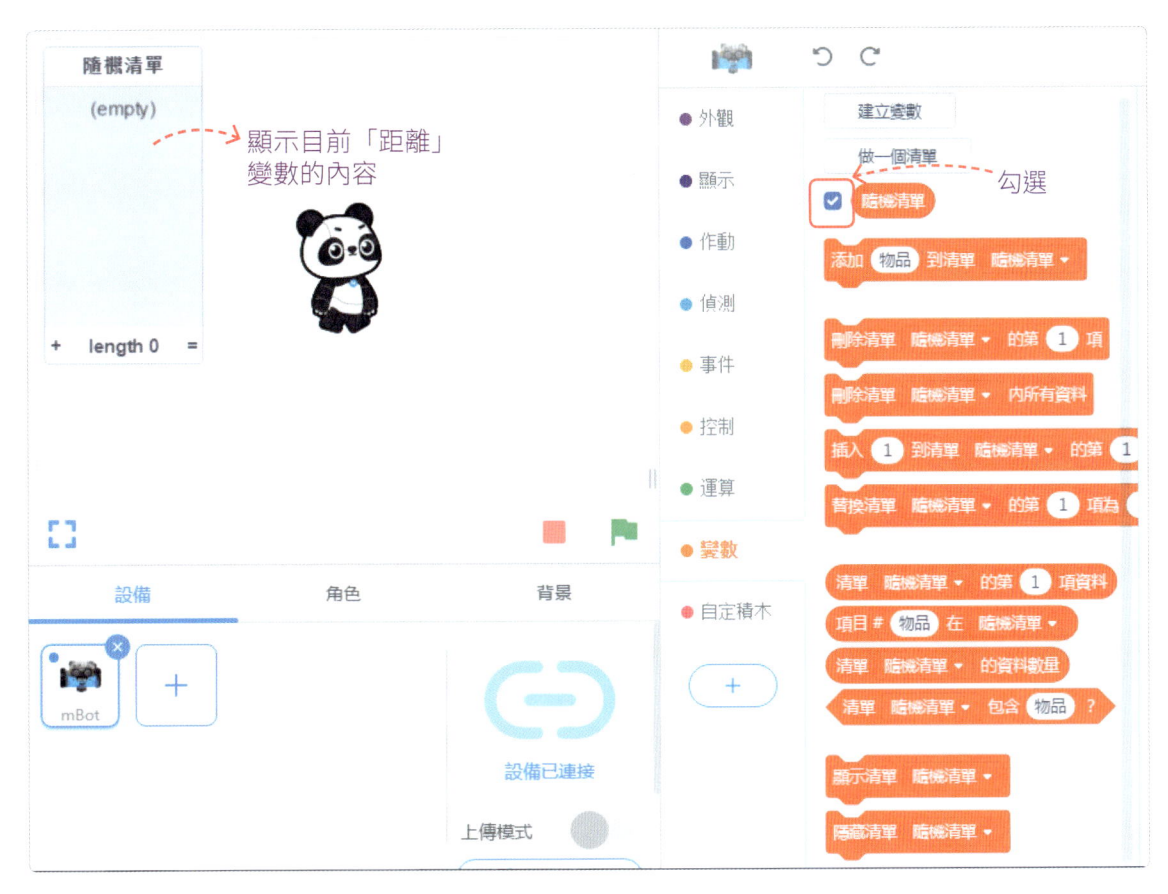

📄 說明　此時，在舞台區中的左上角，會顯示目前清單的內容。

Step 4 ▶ 手動增加及刪除「隨機清單」的元素。

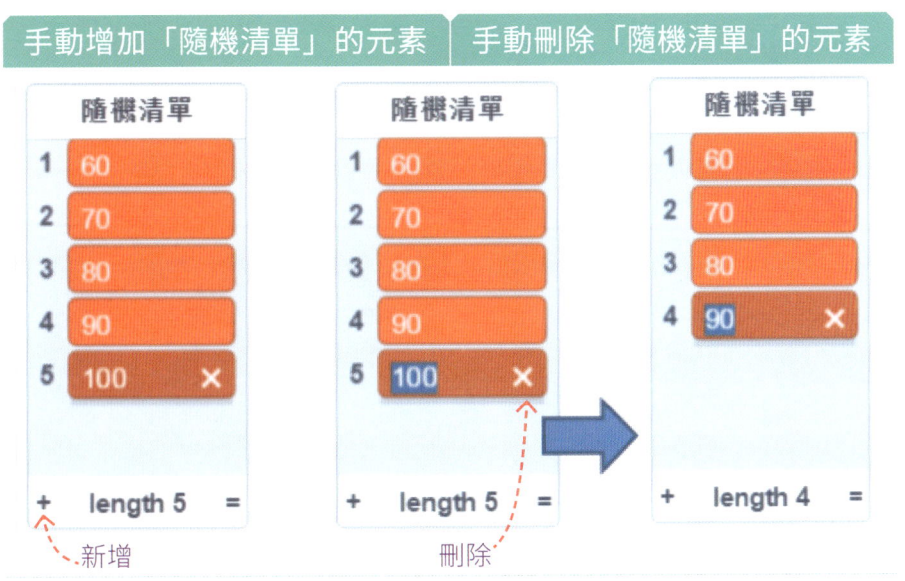

79

4-3.2 刪除清單

在前一單元中，我們可以利用 mBlock 拼圖程式來建立所需要的「清單」，但是，當我們不需要時也可以刪除舊有的清單。接下來，利用以下步驟來說明。

◎ 刪除清單的步驟

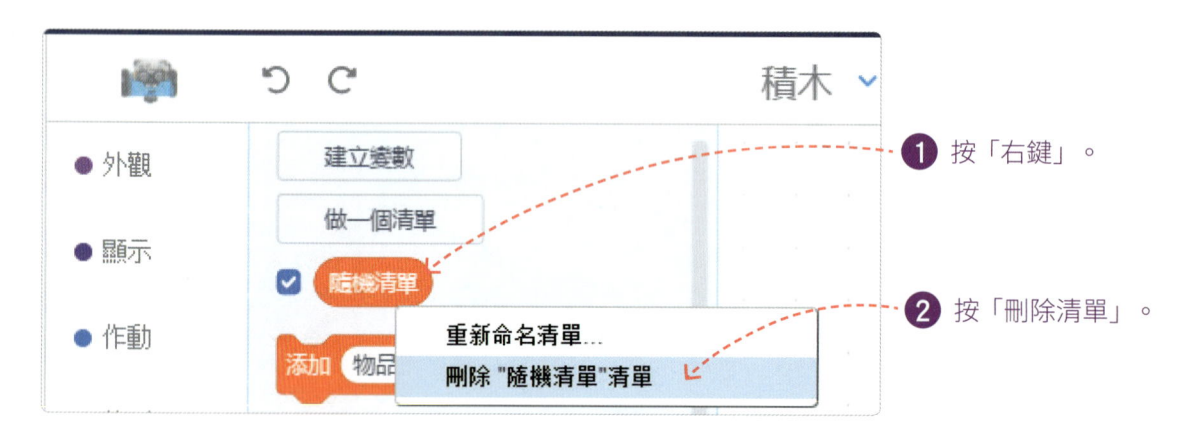

① 按「右鍵」。

② 按「刪除清單」。

4-4 清單的綜合運算

在完成前一單元之後,它會自動產生指定的「清單名稱」及一系列清單相關拼圖積木。如下表所示:

◎ 清單的相關拼圖積木

拼圖	功能
☑ 隨機清單	清單名稱
添加 物品 到清單 隨機清單▼	「新增」資料到清單中
刪除清單 隨機清單▼ 的第 1 項	從清單中「刪除」指定的資料項
刪除清單 隨機清單▼ 內所有資料	「刪除」清單中全部資料項
插入 1 到清單 隨機清單▼ 的第 1 項	「插入」資料到清單中指定位置
替換清單 隨機清單▼ 的第 1 項為 1	「更新」清單中指定位置的內容
清單 隨機清單▼ 的第 1 項資料	「取得」清單中指定位置的內容
項目 # 物品 在 隨機清單▼	「取得」資料項在清單中位置
清單 隨機清單▼ 的資料數量	計算某一清單中的元素個數
清單 隨機清單▼ 包含 物品 ?	判斷清單中是否有「包含」某一資料項
顯示清單 隨機清單▼	「顯示」清單內容在舞台區中
隱藏清單 隨機清單▼	「隱藏」清單內容不在舞台區

Scratch 3.0 (mBlock 5 含 AI) 程式設計

實作一 當使用者按下「按鈕」時,每一秒會隨機產生一個亂數值（0~100）儲存到清單中,並顯示出來。假設共產生 6 個。

解答

流程圖

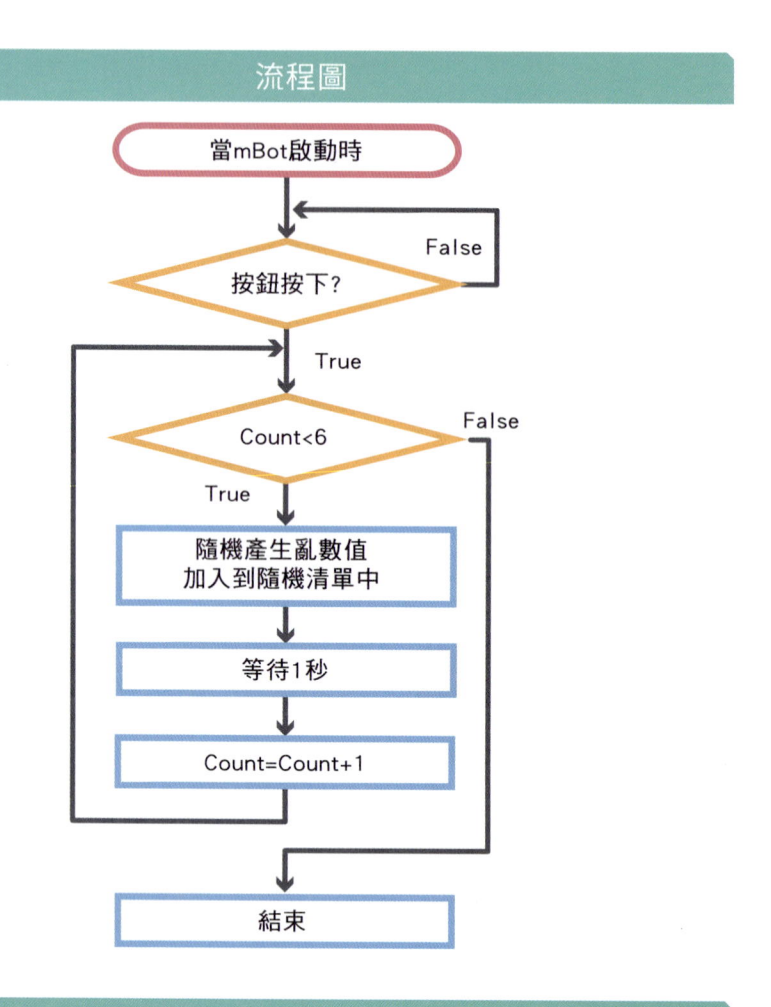

```
當mBot啟動時
    ↓
  按鈕按下? ──False──┐
    ↓ True          │
    ←───────────────┘
    ↓
  Count<6 ──False──┐
    ↓ True          │
隨機產生亂數值      │
加入到隨機清單中    │
    ↓               │
  等待1秒           │
    ↓               │
Count=Count+1       │
    └───────────────┤
                    ↓
                   結束
```

mBlock 程式

```
當 ▶ 被點一下
等待直到 〈當板載按鍵 按下 ▼ ?〉
重複 6 次
    變數 Rand ▼ 設為 從 1 到 100 隨機選取一個數
    添加 Rand 到清單 隨機清單 ▼
    等待 1 秒
```

◎ 執行結果

隨機清單
1 12
2 34
3 45
4 15
5 75
6 1

length 6

Rand 1

實作二 當使用者按下「按鈕」時，每一秒「超音波感測器」會自動偵測前方的距離，再儲存到清單中，並顯示出來。假設共產生 6 個。

解答

流程圖

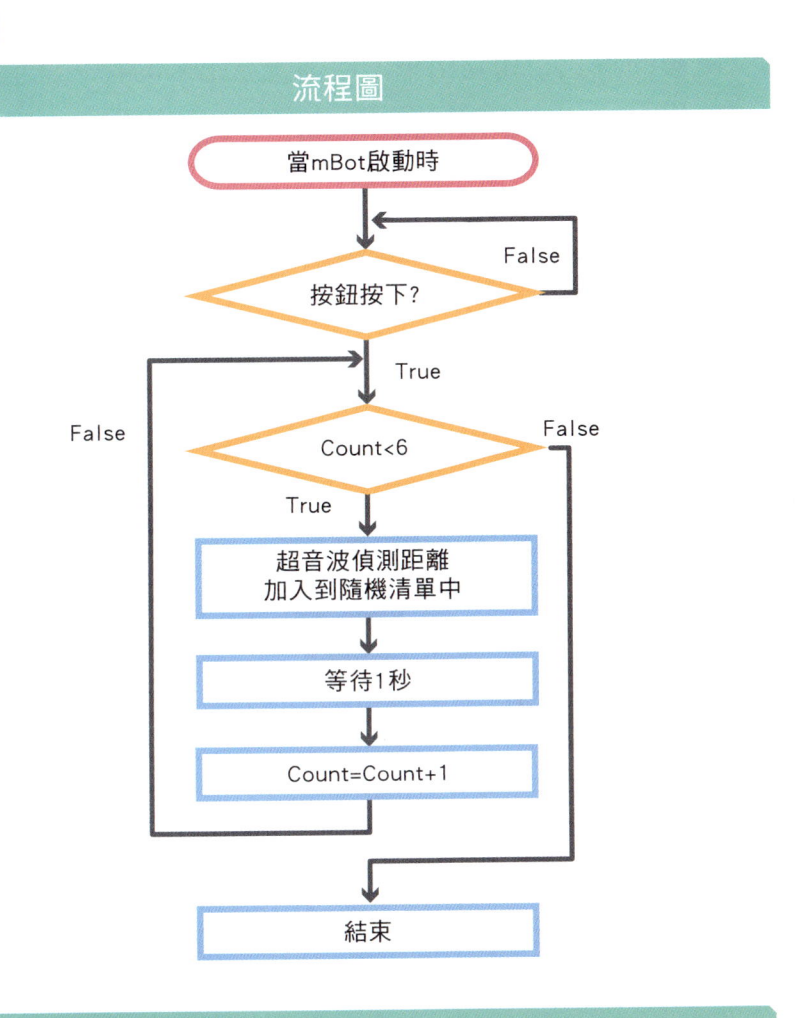

```
當mBot啟動時
    ↓
  按鈕按下? ──False──┐
    ↓ True          │
  ┌──────────────→  │
  │   Count<6  ──False──→ 結束
  │     ↓ True
  │  超音波偵測距離
  │  加入到隨機清單中
  │     ↓
  │   等待1秒
  │     ↓
  │  Count=Count+1
  └─────┘
```

mBlock 程式

當 ▶ 被點一下
等待直到 當板載按鍵 按下 ?
重複 6 次
　變數 Rand 設為 從 1 到 100 隨機選取一個數
　添加 Rand 到清單 隨機清單
　等待 1 秒

◎ 執行結果

隨機清單
1　78.24
2　72.38
3　75.48
4　157.57
5　128.97
6　135.97
+ length 6 =

距離 135.97

4-5 副程式（新增積木指令）

當我們在撰寫程式時，都不希望重複撰寫類似的程式。因此，最簡單的作法，就是把某些會「重複的程式」獨立出來，這個獨立出來的程式就稱做副程式（Subroutine）或函式（Function），而在 mBlock 中稱為「新增積木指令」。

◎ **定義** 是指具有獨立功能的程式區塊。

◎ **作法** 把一些常用且重複撰寫的程式碼，集中在一個獨立程式中。

◎ **示意圖**

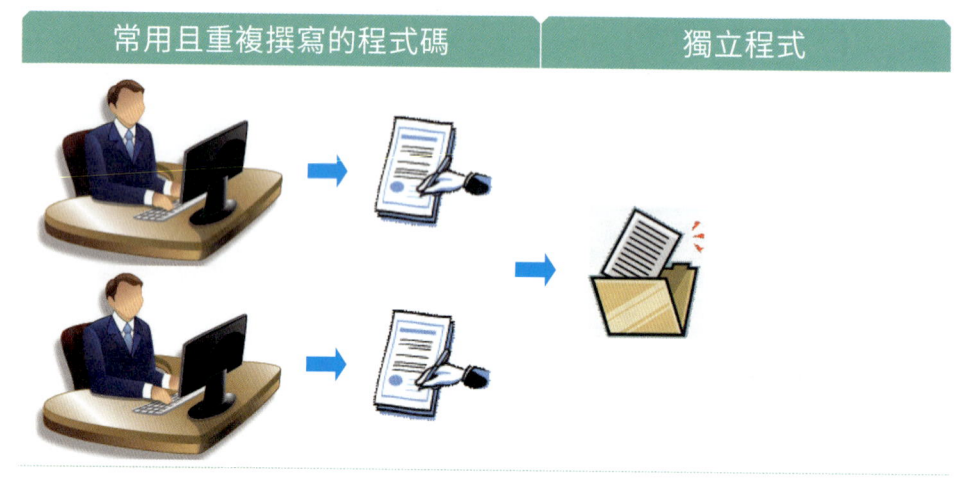

常用且重複撰寫的程式碼	獨立程式

◎ **副程式的運作原理**

一般而言，「原呼叫的程式」稱之為「主程式」，而「被呼叫的程式」稱之為「副程式」。當主程式在呼叫副程式的時候，會把「實際參數」傳遞給副程式的「形式參數」，而當副程式執行完成之後，又會回到主程式呼叫副程式的「下一行程式」開始執行下去。

◎ **圖解說明**

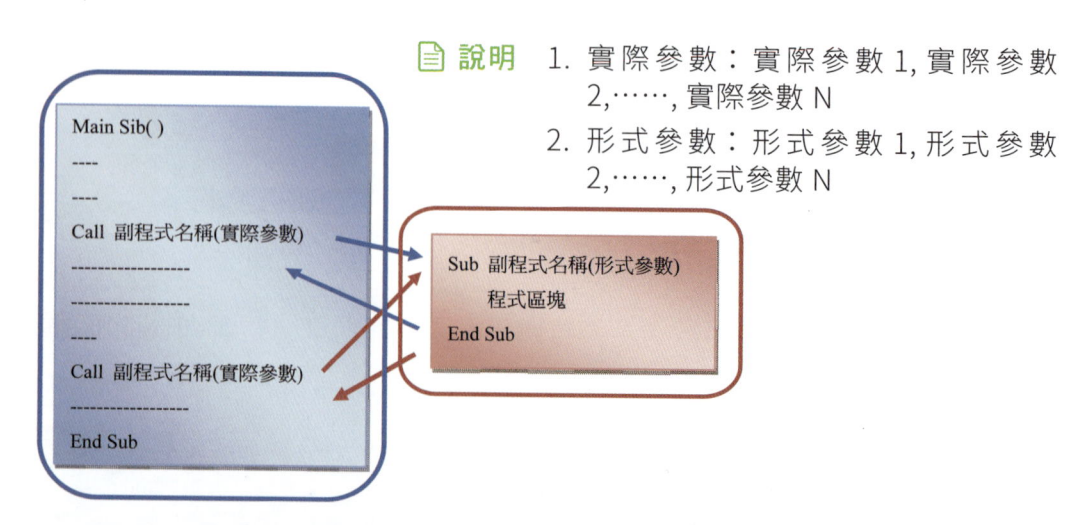

📄 **說明**
1. 實際參數：實際參數 1, 實際參數 2,……, 實際參數 N
2. 形式參數：形式參數 1, 形式參數 2,……, 形式參數 N

```
Main Sib( )
-----
-----
Call 副程式名稱(實際參數)
------------------
------------------
-----
Call 副程式名稱(實際參數)
------------------
End Sub
```

```
Sub 副程式名稱(形式參數)
    程式區塊
End Sub
```

◎ 拼圖程式

主程式	副程式

形式參數

實際參數

◎ 優點

1. 可以使程式更簡化，因為把重複的程式模組化。
2. 增加程式可讀性。
3. 提高程式維護性。
4. 節省程式所佔用的記憶體空間。
5. 節省重複撰寫程式的時間。

◎ 缺點

降低執行效率，因為程式會 Call 來 Call 去。

4-5.1 建立副程式

在撰寫 mBlock 拼圖程式時，都會希望將獨立的功能寫成「副程式」，以便爾後的維護工作。接下來，再進一步說明如何建立副程式。

Step 1 ▶ 程式區／資料和指令／新增積木指令

Step 2 ▶ 填入副程式名稱：我的副程式

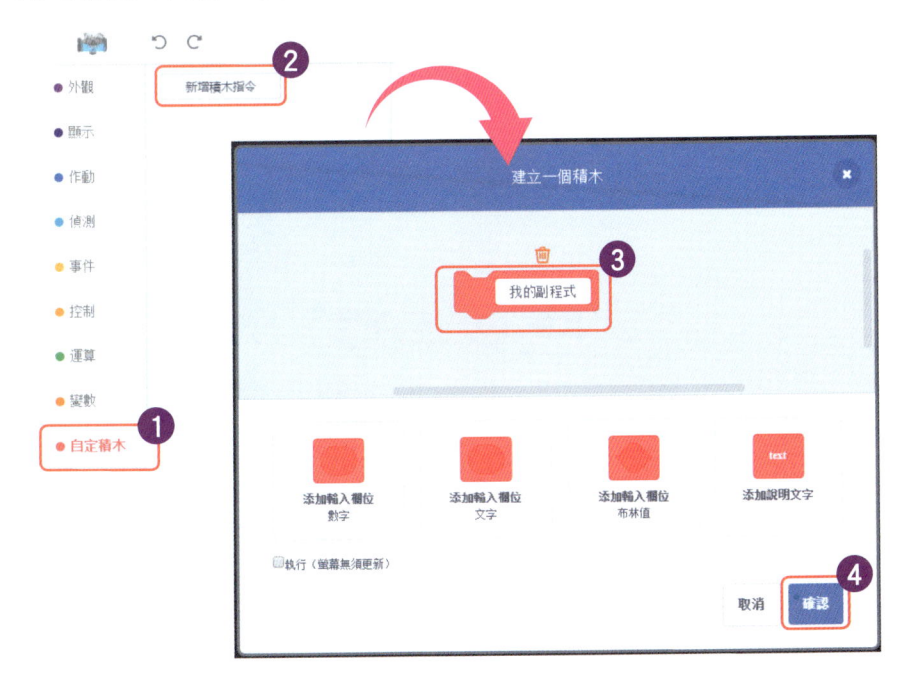

建立完成之後，顯示如下：

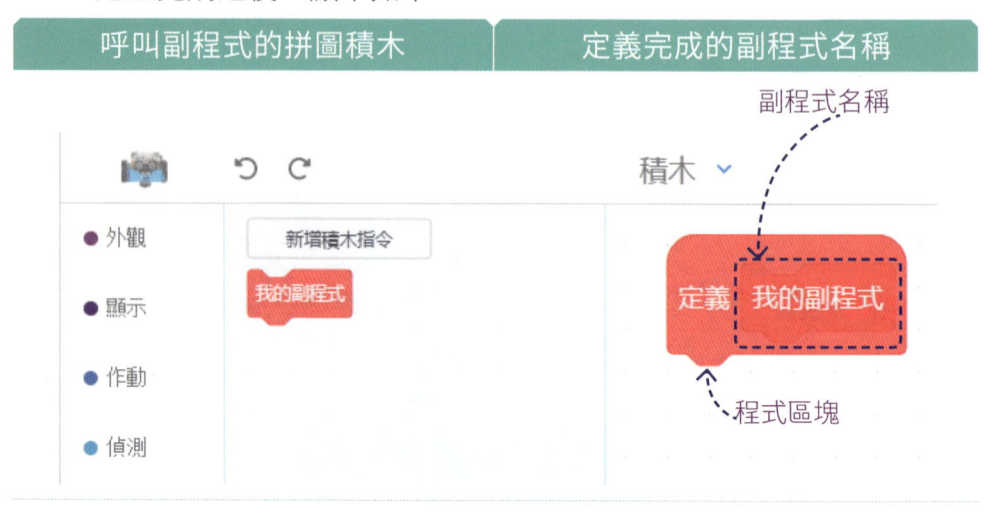

| 呼叫副程式的拼圖積木 | 定義完成的副程式名稱 |

4-5.2　無參數的副程式呼叫

◎ **定義**　「主程式」呼叫時，沒有傳遞任何的參數給「副程式」，而當「副程式」執行完畢之後，也不回傳值給「主程式」。

◎ **作法**　先撰寫「副程式」，再由「主程式」呼叫之。

實作　請設計一個主程式呼叫一支副程式，如果成功的話，顯示「副程式測試 ok！」

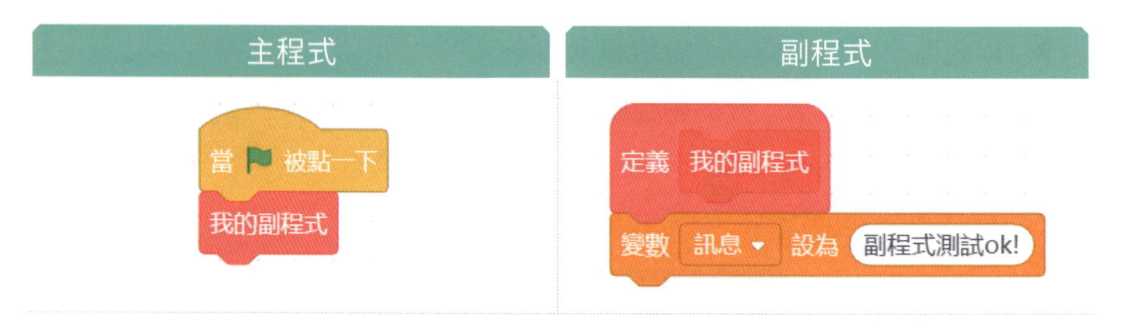

| 主程式 | 副程式 |

◎ 執行結果

4-5.3 有參數的副程式呼叫

◎ **定義** 「主程式」呼叫時，會傳遞多個參數給「副程式」，但是，當「副程式」執行完畢之後，不回傳值給「主程式」。

◎ **目的** 提高副程式的實用性與彈性。

◎ **作法** 在呼叫「副程式」的同時，「主程式」會傳遞參數給「副程式」。

◎ **定義具有參數的副程式**

調整中（加入兩個數字參數）

實作 請寫一個主程式將「二科成績」傳遞給副程式計算成績的總分。

主程式	副程式

◎ **執行結果**

總分 130

Chapter 4 課後評量

1. 當使用者按下「按鈕」時,每一秒會隨機產生一個分數(0～100)儲存到清單中,並顯示出來清單內容及計算總分數及平均分數。假設共產生 6 門課程。

2. 當使用者按下「按鈕」時,每一秒會隨機產生一個骰子點數(1～6)儲存到清單中,並顯示每一次出現的點數。假設共投擲 10 次。

Chapter 05
程式流程控制

學習目標
1. 讓讀者瞭解設計樂高機器人程式中的三種流程控制結構。
2. 讓讀者瞭解迴圈結構及分岔結構的使用時機及運用方式。

內容節次
5-1　流程控制的三種結構
5-2　循序結構（Sequential）
5-3　分岔結構（Switch）
5-4　迴圈結構（Loop）

5-1 流程控制的三種結構

當我們在撰寫 mBlock 拼圖程式時,往往會依照題目的需求,可能會撰寫一連串的拼圖命令方塊,並且當某一事件發生時,它會根據「不同情況」來選擇不同的執行動作,而且要反覆的檢查環境變化。因此,我們想要完成以上的程序,就必須要學會拼圖程式的流程控制的三種結構。

◎ 流程控制的三種結構

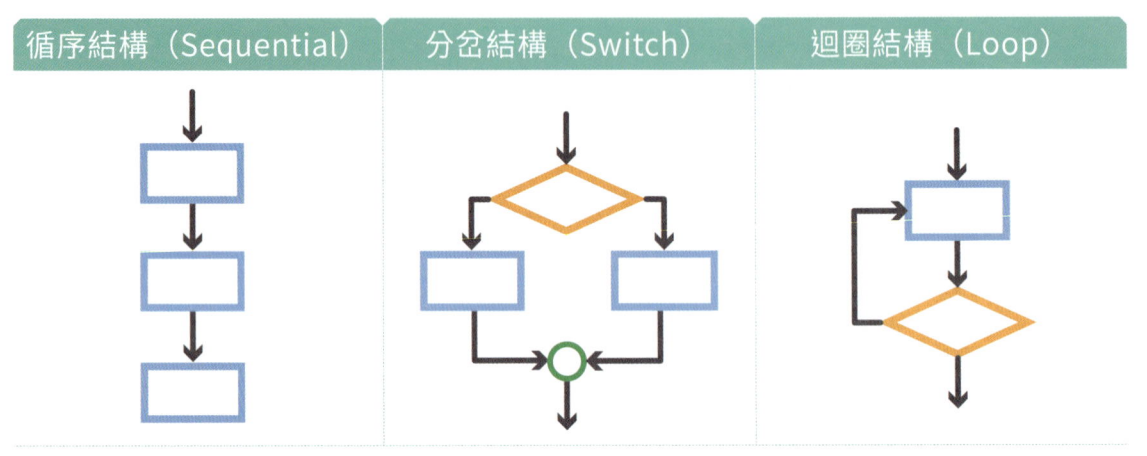

循序結構(Sequential)	分岔結構(Switch)	迴圈結構(Loop)

說明 mBot 程式都是由以上三種基本結構組合而成的。

1. 循序結構(Sequential):是指程式由上至下,逐一執行。

範 例 等待使用者按下「按鈕」時,mBot 機器人前進 3 秒後停止,再發出「嗶」聲。

解答

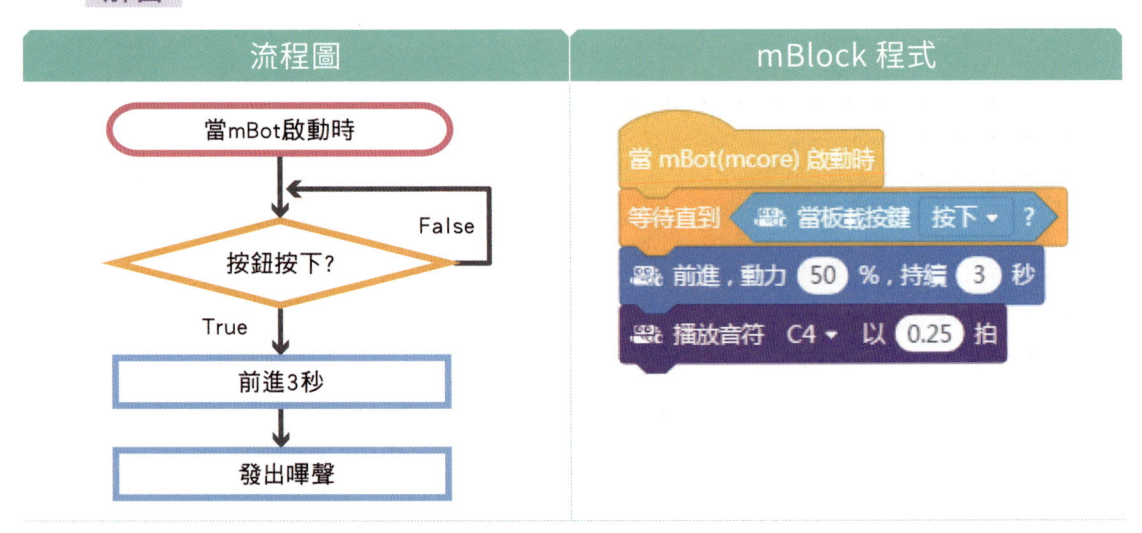

流程圖	mBlock 程式
當mBot啟動時 → 按鈕按下? (False 迴圈 / True) → 前進3秒 → 發出嗶聲	當 mBot(mcore) 啟動時 / 等待直到 當板載按鍵 按下? / 前進,動力 50 %,持續 3 秒 / 播放音符 C4 以 0.25 拍

2. 分岔結構(Switch):是指根據「條件式」來選擇不同的執行路徑。

範 例 等待使用者按下「按鈕」時,如果「光線感測器」的光值大於 500 時,則 mBot 機器人前進,否則只會「嗶」一聲。

解答

流程圖

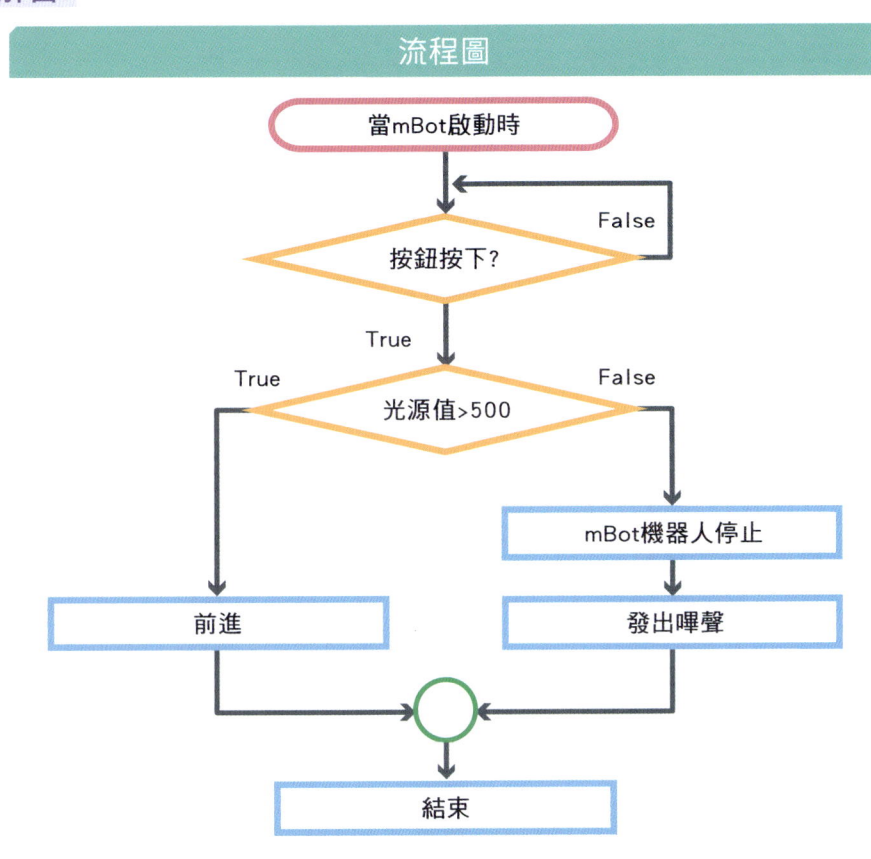

```
當mBot啟動時
    ↓
  按鈕按下? ──False──┐
    │True          │
    │←─────────────┘
    ↓
  光源值>500
  True ↓     False ↓
                mBot機器人停止
                    ↓
   前進           發出嗶聲
    ↓               ↓
    └──────→○←─────┘
            ↓
          結束
```

mBlock 程式

```
當 mBot(mcore) 啟動時
等待直到 < 當板載按鍵 按下 ？ >
如果 < 光線感測器 板載 光線強度 大於 500 > 那麼
    前進 ,動力 50 %
否則
    停止運動
    播放音符 C4 以 0.25 拍
```

📄 **說明**

1. 關於「光線感測器」的詳細介紹,請參考第八章。
2. 如果單獨使用分岔結構(Switch),只能偵測一次,無法反覆偵測執行。

◎ **解決方法** 搭配「迴圈結構(Loop)」,可以讓你反覆操作此機器人的動作。

3. 迴圈結構(Loop):是指某一段「拼圖方塊」反覆執行多次。

Scratch 3.0 (mBlock 5 含 AI) 程式設計

範 例 等待使用者按下「按鈕」時，如果「光線感測器」的光值大於 500 時，則 mBot 機器人前進，否則會「嗶」一聲，反覆此動作。

解答

流程圖

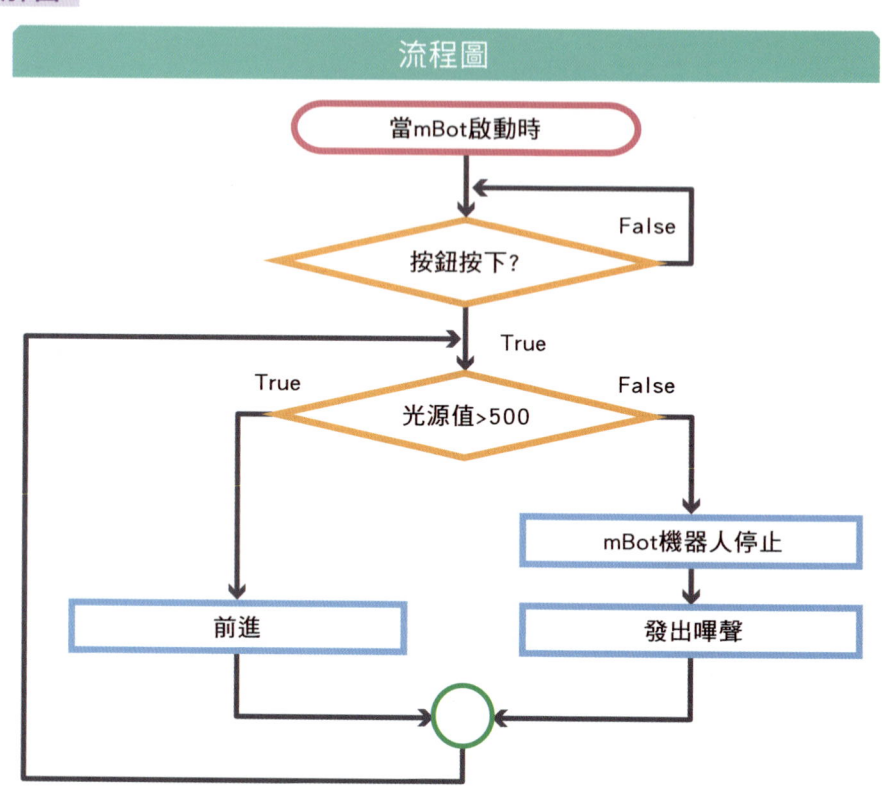

```
        當mBot啟動時
             ↓ ←──────────────┐
        按鈕按下? ──False──────┘
             ↓ True
             ↓ ←──────────────────────────┐
   True ── 光源值>500 ── False              │
        ↓                  ↓                │
                      mBot機器人停止        │
        ↓                  ↓                │
       前進              發出嗶聲           │
        └──────────→ ○ ←──────────────────┘
```

mBlock 程式

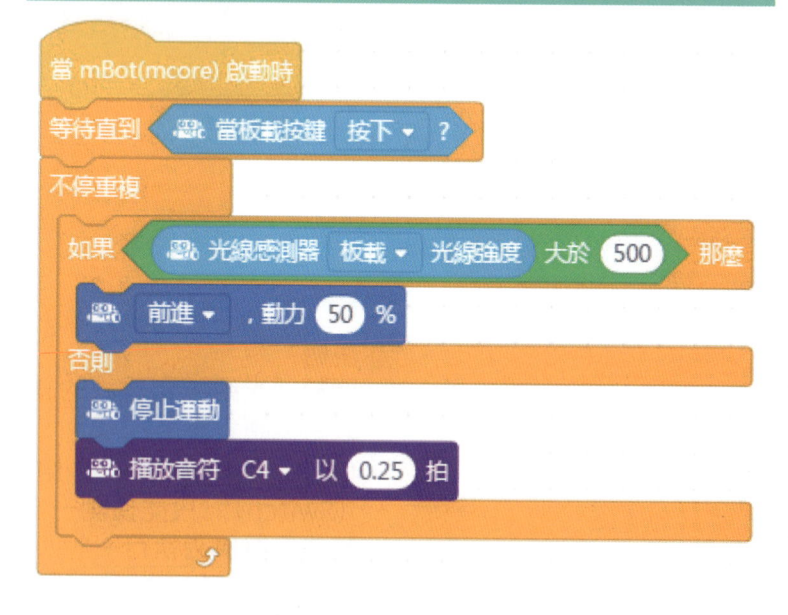

```
當 mBot(mcore) 啟動時
等待直到 <當板載按鍵 按下 ?>
不停重複
  如果 <光線感測器 板載 光線強度 大於 500> 那麼
    前進 , 動力 50 %
  否則
    停止運動
    播放音符 C4 以 0.25 拍
```

說明

從上面的拼圖程式，我們就可以瞭解「反覆執行」某一特定的「判斷事件」就必須使用「迴圈（Loop）＋分岔（Switch）」結構。

5-2 循序結構（Sequential）

◎ **定義** 是指程式由上而下，逐一執行一連串的拼圖程式，期間並沒有分岔及迴圈的情況，稱之。

◆ 常用的拼圖方塊

① 持續前一動作或行為	② 等待某一條件成立	③ 停止指定程式
等待 1 秒	等待直到	停止 全部 ▼ ✓ 全部 這個程式 出場角色的其他程式

範 例 當 mBot 機器人的「按鈕」被壓下時，就會開始向前走，等待「超音波感測器」偵測前方有牆壁時，機器人就會回頭，並向前走，直到「巡線感測器」偵測黑線時，機器人就會停止。

◎ mBlock 拼圖程式

解答

流程圖	mBlock 程式
當mBot啟動時 → 判斷按鈕被按下(False迴圈) → True → 前進 → 偵測距離<10(False迴圈) → True → 回頭 → 前進 → 偵測到黑線(False迴圈) → True → mBot機器人停止	當 mBot(mcore) 啟動時 等待直到 當板載按鍵 按下 ▼ ? 前進 ▼ ，動力 50 % 等待直到 超音波感測器 連接埠3 ▼ 距離 小於 10 左輪動力 50 %，右輪動力 -50 % 等待 1.25 秒 前進 ▼ ，動力 50 % 等待直到 循線感測器 連接埠2 ▼ 數值 等於 0 停止運動

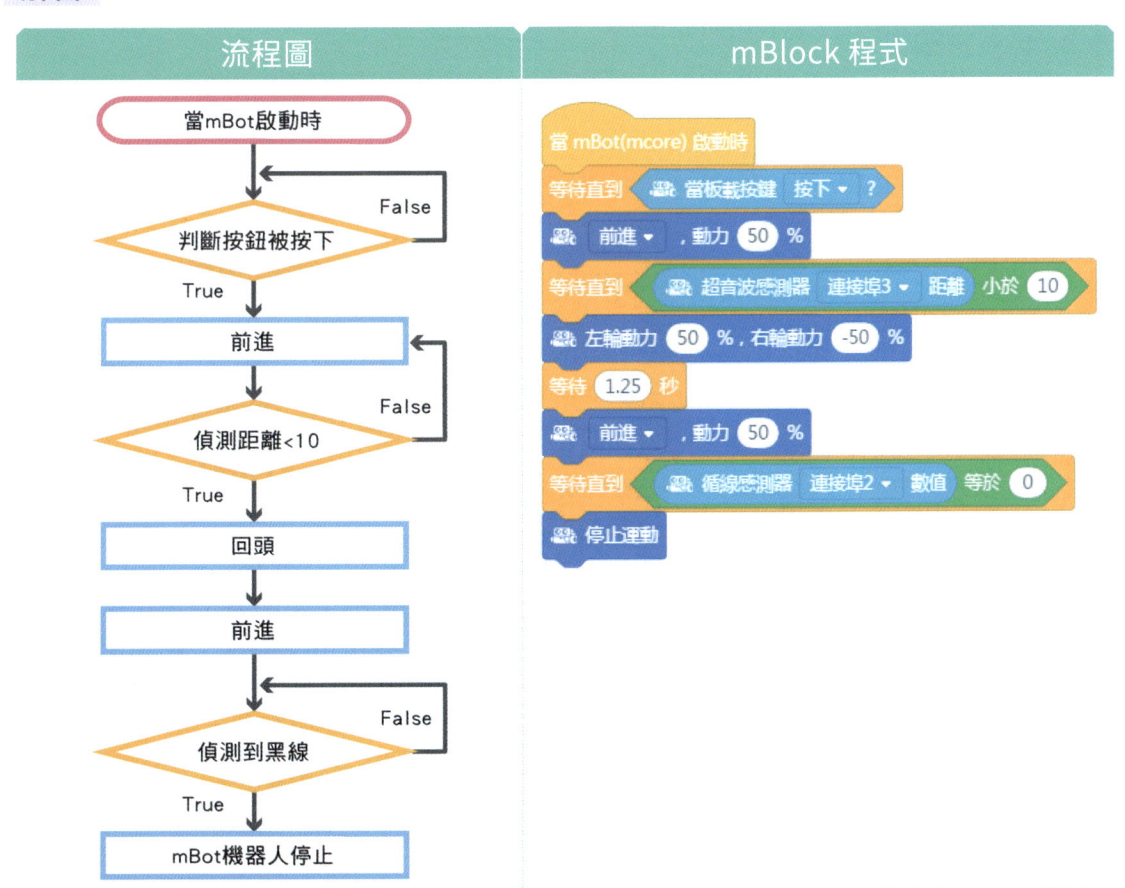

93

◎ **優點**
1. 由上至下，非常容易閱讀。
2. 結構比較單純，沒有複雜的變化。

◎ **缺點**
1. 無法表達複雜性的條件結構。
2. 雖然可以表達重複性的迴圈結構，但是往往要撰寫較長的拼圖程式。

◎ **適用時機** 1. 不需進行判斷的情況。 2. 沒有重複撰寫的情況。

◎ **圖解說明**

情況一 讓機器人馬達前進3秒後，自動停止	情況二 讓機器人馬達前進3秒後，向右轉，再向前走3秒	情況三 讓機器人繞一個正方形

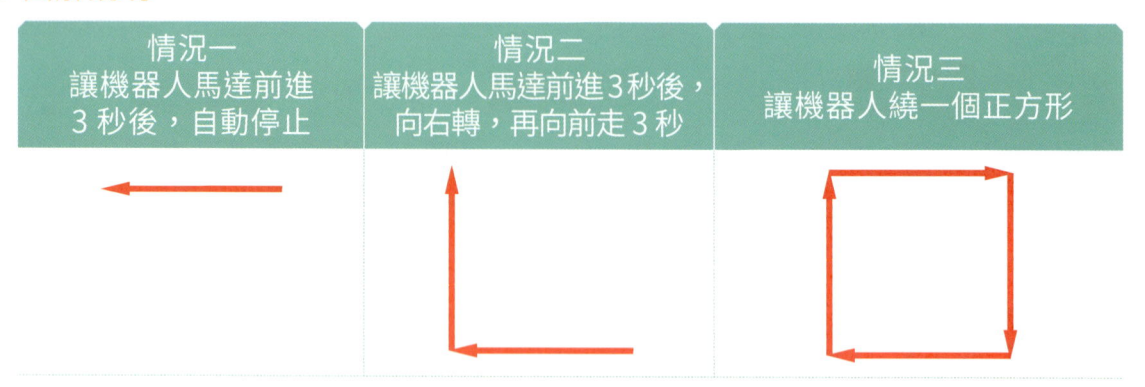

在上圖中，「情況三」作法雖然可以使用「循序結構」，但是，拼圖程式會較長，並且非常不夠專業。因此，最好改使用「迴圈結構」。

◎ **機器人繞一個正方形的兩種方法之比較：**

◆ **mBlock 拼圖程式**

【第一種方法】循序結構（沒有使用迴圈）

當 mBot(mcore) 啟動時
等待直到 當板載按鍵 按下 ?
前進, 動力 50 %, 持續 3 秒   第一次
右轉, 動力 50 %, 持續 0.65 秒
前進, 動力 50 %, 持續 3 秒   第二次
右轉, 動力 50 %, 持續 0.65 秒
前進, 動力 50 %, 持續 3 秒   第三次
右轉, 動力 50 %, 持續 0.65 秒
前進, 動力 50 %, 持續 3 秒   第四次
右轉, 動力 50 %, 持續 0.65 秒

【第二種方法】使用「Loop 迴圈」結構

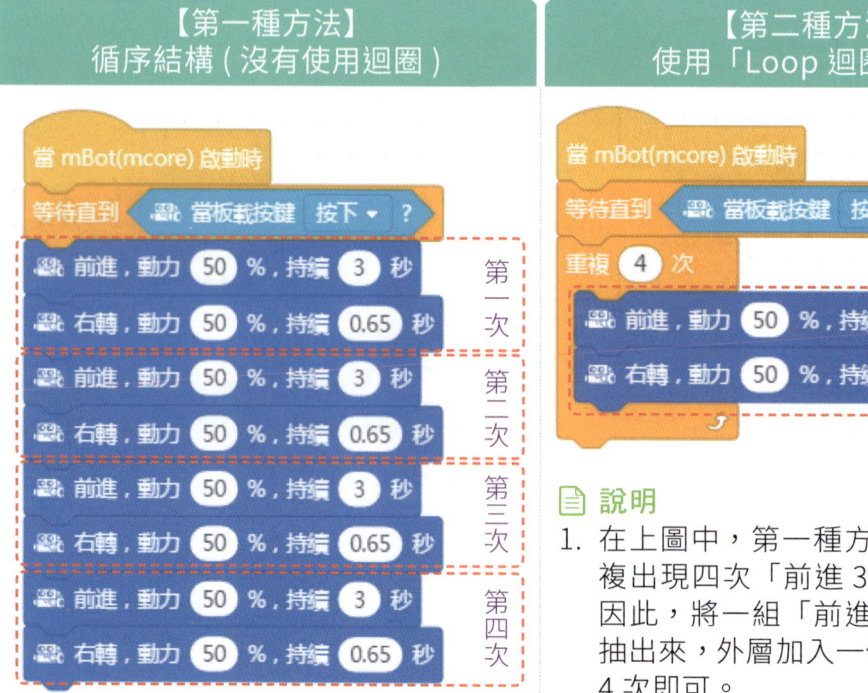

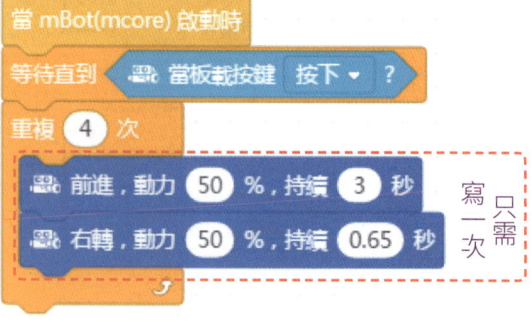

當 mBot(mcore) 啟動時
等待直到 當板載按鍵 按下 ?
重複 4 次
　前進, 動力 50 %, 持續 3 秒   只需寫一次
　右轉, 動力 50 %, 持續 0.65 秒

📑 **說明**

1. 在上圖中，第一種方法拼圖方塊共重複出現四次「前進3秒，向右轉」。因此，將一組「前進3秒，向右轉」抽出來，外層加入一個「Loop 迴圈」4 次即可。

2. 關於迴圈結構的介紹，請參考後面的單元。

5-3　分岔結構（Switch）

是指根據「條件式」來選擇不同的執行路徑。

◎ 示意圖

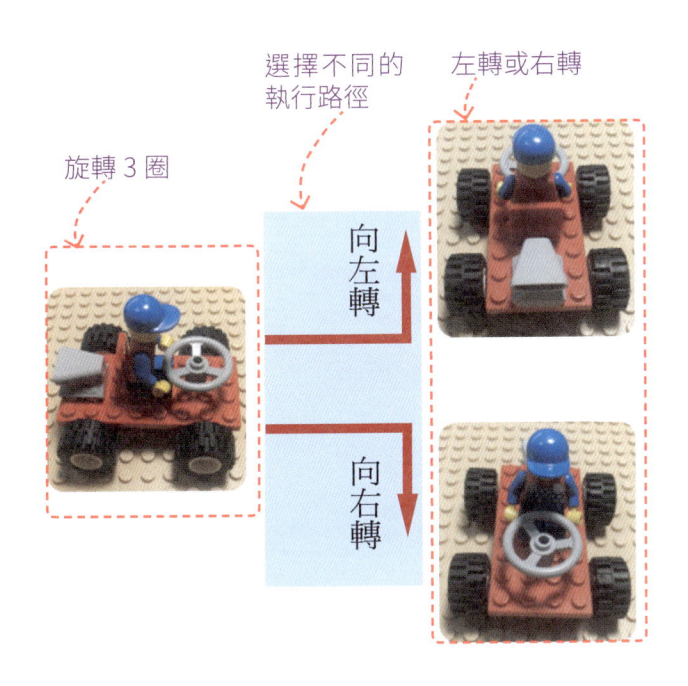

旋轉 3 圈　　選擇不同的執行路徑　　左轉或右轉

向左轉

向右轉

◎ 常用的拼圖方塊

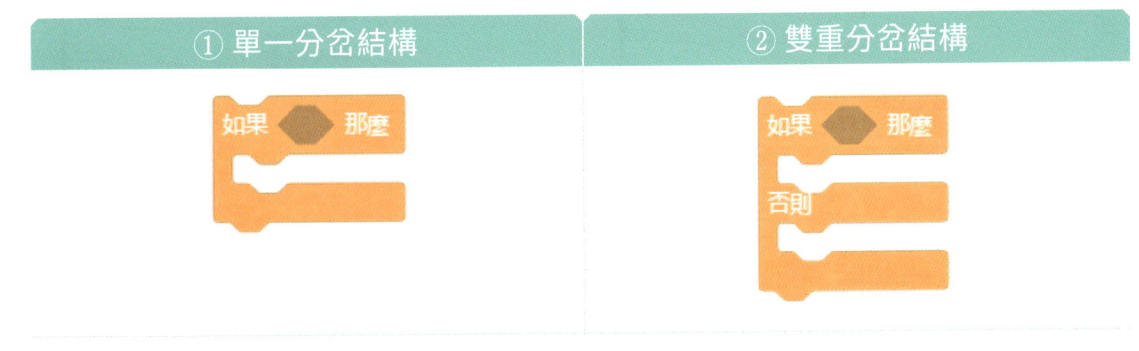

① 單一分岔結構	② 雙重分岔結構
如果　那麼	如果　那麼　否則

◎ **優點**　可以判斷出各種不同的情況。

◎ **缺點**　當條件式過多時，結構比較複雜，初學者較難馬上了解。

◎ **適用時機**　當條件式有二種或二種以上。

5-3.1 單一分岔結構

是指「如果…就…」。亦即只會執行「條件成立」時的敘述。

◎ 分類

　1.單行敘述

　　　指當條件式成立之後，所要執行的敘述式只有一行。

◎ 拼圖程式

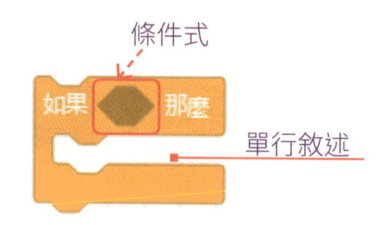

條件式
如果　那麼
單行敘述

◎ 流程圖

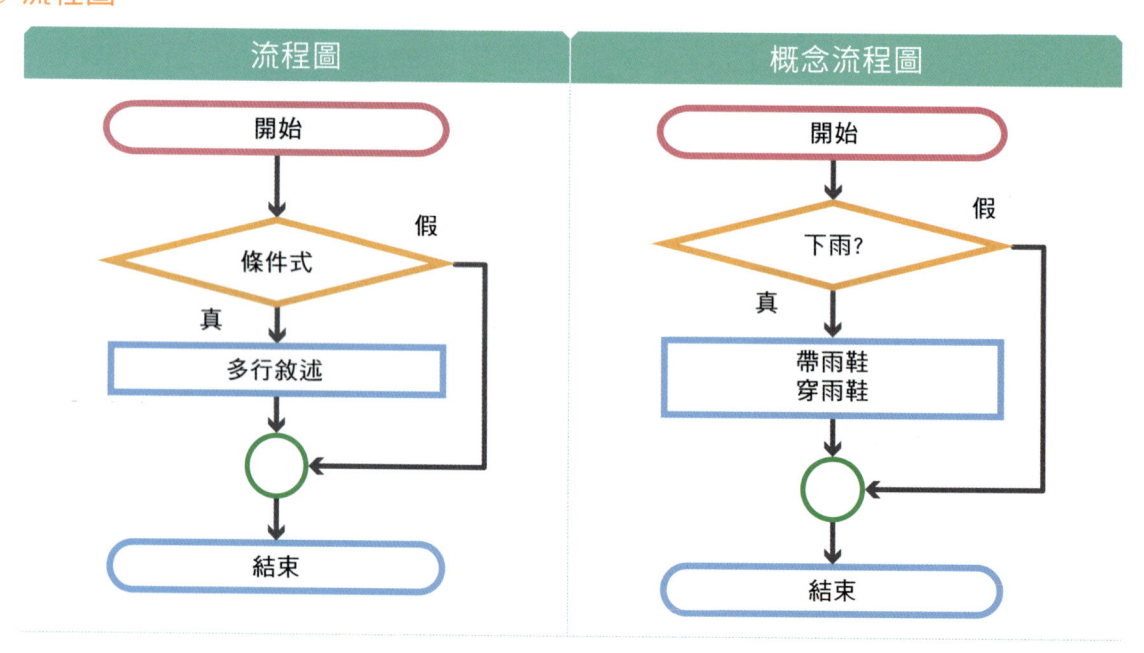

流程圖	概念流程圖
開始 → 條件式（真→多行敘述，假→）→ 結束	開始 → 下雨?（真→帶雨鞋 穿雨鞋，假→）→ 結束

範例 1　如果「按鈕」被按時，LED 左燈就會亮紅燈。

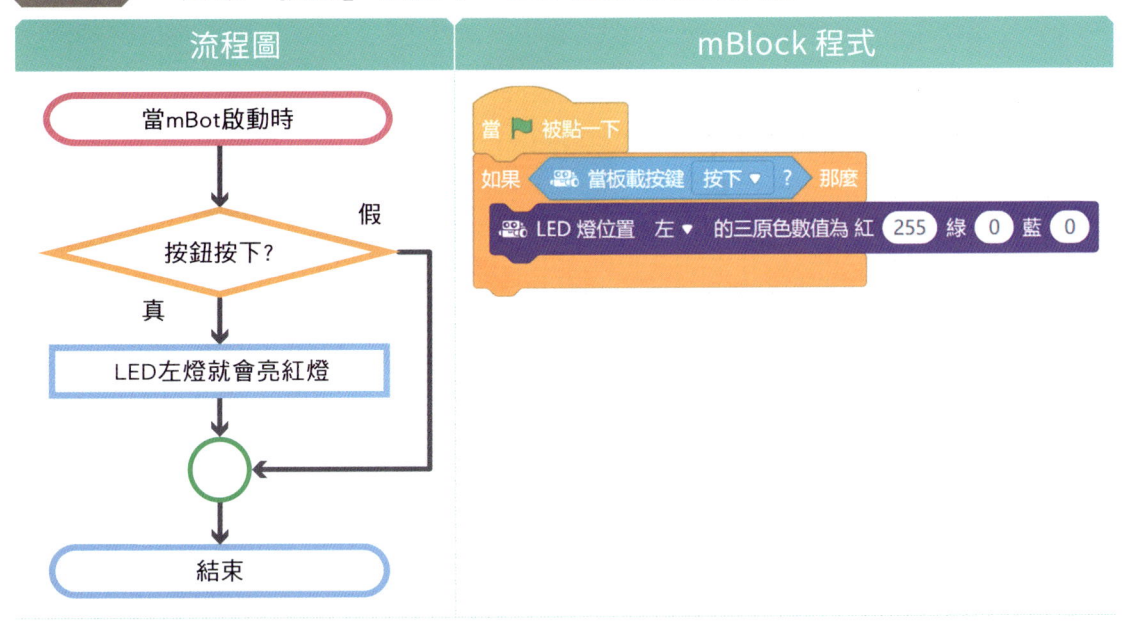

流程圖	mBlock 程式
當mBot啟動時 → 按鈕按下? → 真 → LED左燈就會亮紅燈 → 結束（假則跳過）	當 ▶ 被點一下 如果 當板載按鍵 按下▼ ? 那麼 　LED 燈位置 左▼ 的三原色數值為 紅 255 綠 0 藍 0

2.多行敘述

　　指當條件式成立之後，所要執行的敘述式超過一行以上。

◎ 拼圖程式

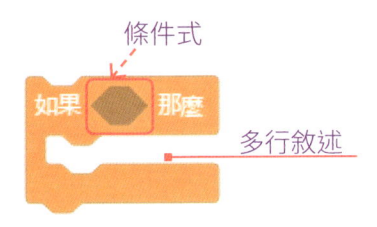

如果 ◆ 那麼　（條件式、多行敘述）

◎ 流程圖

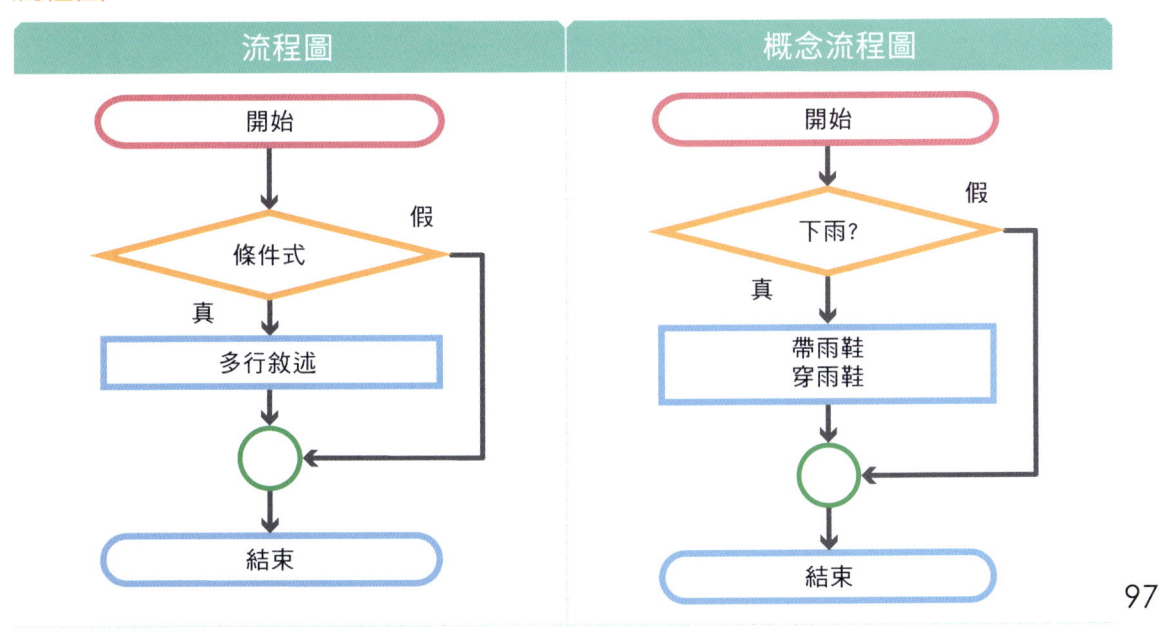

流程圖	概念流程圖
開始 → 條件式 → 真：多行敘述 → 結束（假則跳過）	開始 → 下雨? → 真：帶雨鞋、穿雨鞋 → 結束（假則跳過）

97

Scratch 3.0 (mBlock 5 含 AI) 程式設計

範例 2 如果「按鈕」被按時，LED1 與 LED2 都會亮紅燈。

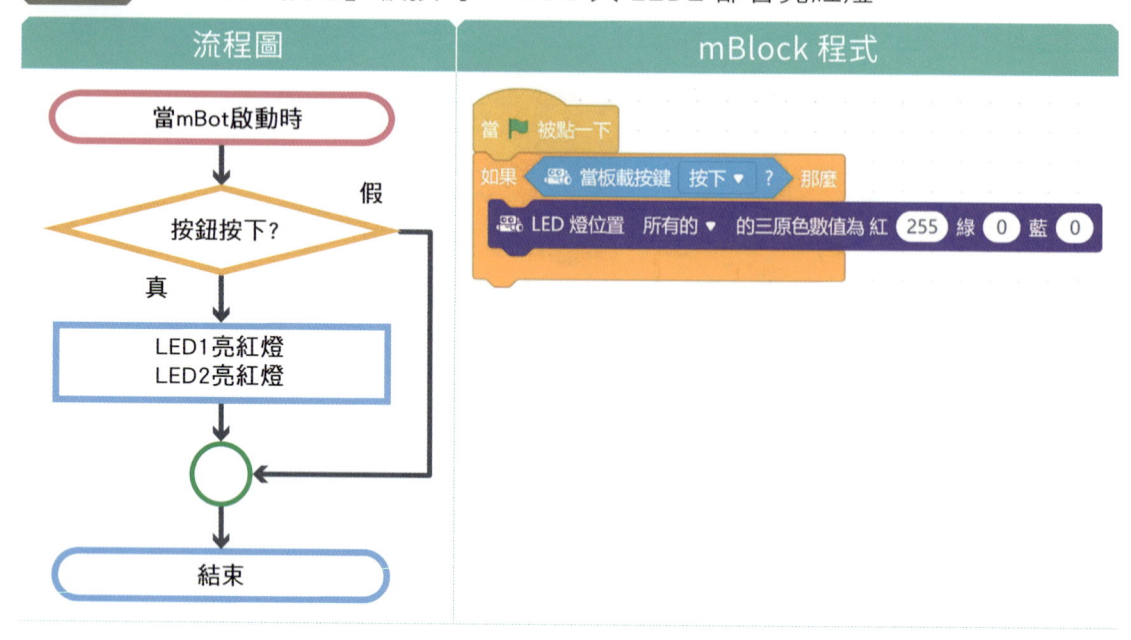

流程圖	mBlock 程式
當mBot啟動時 → 按鈕按下？ (真)→ LED1亮紅燈 LED2亮紅燈 → 結束；(假)→ 結束	當 ▶ 被點一下 如果 當板載按鍵 按下▼ ？ 那麼 LED 燈位置 所有的▼ 的三原色數值為 紅 255 綠 0 藍 0

範例 3 如果「按鈕」已按下時，LED1 與 LED2 都會亮紅燈，如果「按鈕」已鬆開時，LED1 與 LED2 就不亮。

◎ mBlock 拼圖程式

流程圖

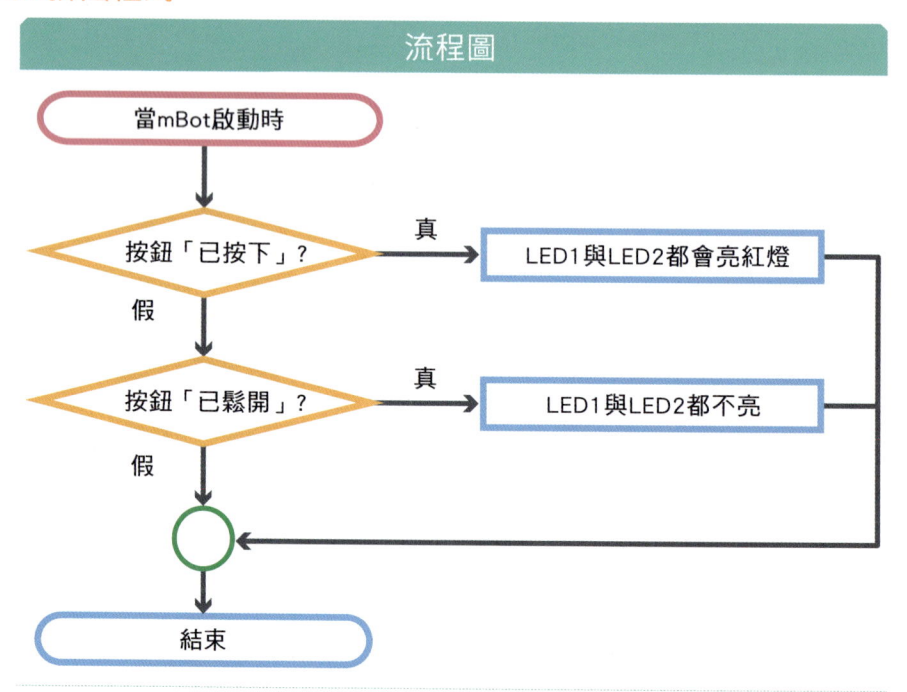

當mBot啟動時 → 按鈕「已按下」？ (真)→ LED1與LED2都會亮紅燈；(假)→ 按鈕「已鬆開」？ (真)→ LED1與LED2都不亮；(假)→ 結束

Chapter 05　程式流程控制

mBlock 程式

當 ▶ 被點一下
如果 〈當板載按鍵 按下▼ ?〉 那麼
　LED燈位置 全部▼ 的配色數值為 紅 255 綠 0 藍 0
如果 〈當板載按鍵 鬆開▼ ?〉 那麼
　LED燈位置 全部▼ 的配色數值為 紅 0 綠 0 藍 0

📄 說明

如果單獨使用分岔結構（Switch），只能偵測一次，無法反覆執行。其解決方法就是要搭配「迴圈結構（Loop）」，就可以讓你反覆操作此機器人的動作。

範例 4　承上一題，加入「迴圈結構（Loop）」，可以讓我們反覆操作此機器人的動作。

◎ mBlock 拼圖程式

流程圖

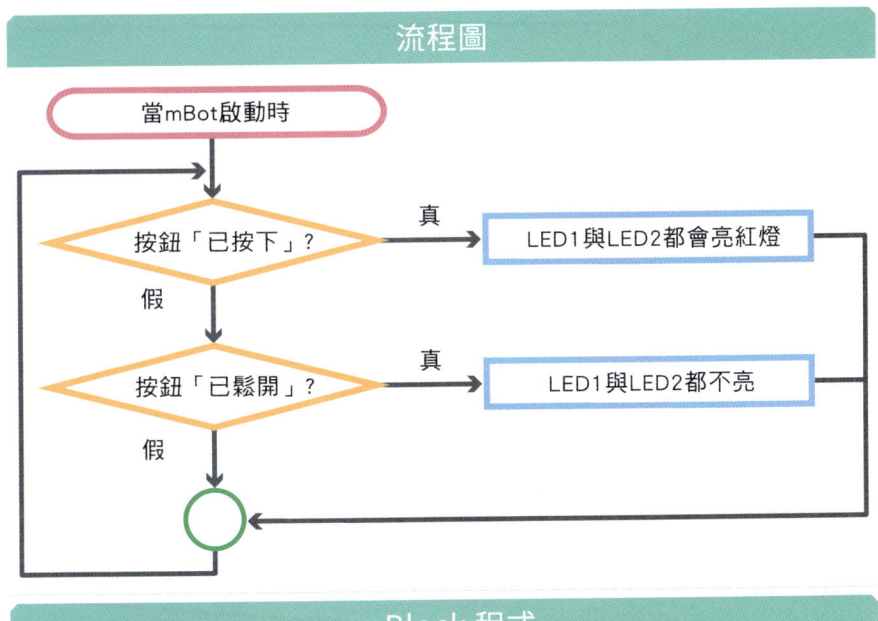

當mBot啟動時
↓
按鈕「已按下」？ ——真→ LED1與LED2都會亮紅燈
↓假
按鈕「已鬆開」？ ——真→ LED1與LED2都不亮
↓假
（迴圈回到開頭）

mBlock 程式

當 ▶ 被點一下
不停重複
　如果 〈當板載按鍵 按下▼ ?〉 那麼
　　LED燈位置 全部▼ 的配色數值為 紅 255 綠 0 藍 0
　如果 〈當板載按鍵 鬆開▼ ?〉 那麼
　　LED燈位置 全部▼ 的配色數值為 紅 0 綠 0 藍 0

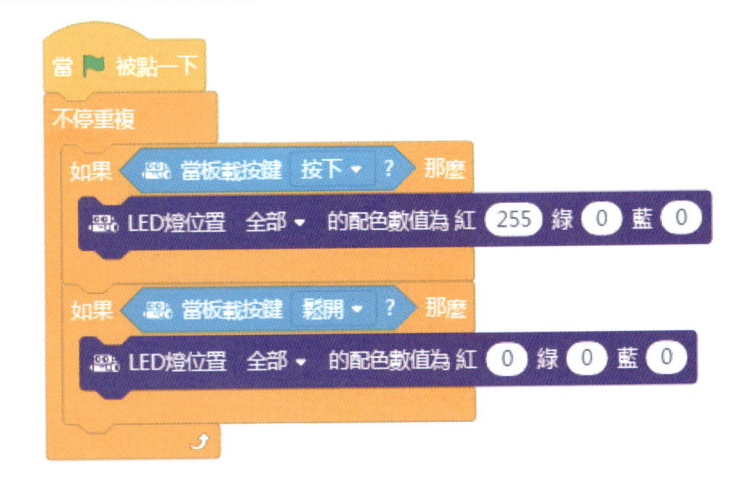

Scratch 3.0 (mBlock 5 含 AI) 程式設計

範例 5　如果「按鈕」已按下時，機器人前進一下，如果「按鈕」已鬆開時，機器人就會後退一下，反覆操作。

◎ mBlock 拼圖程式

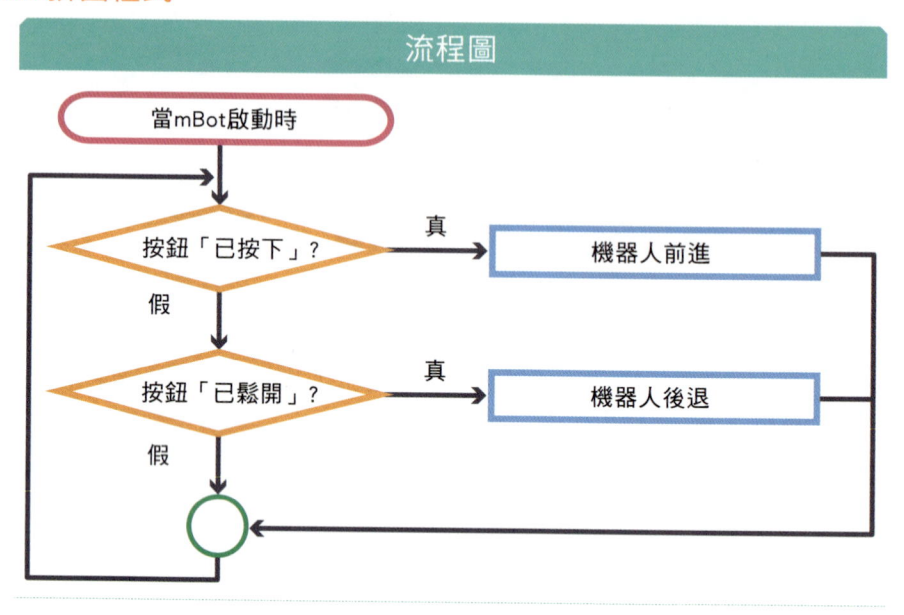

流程圖

```
當mBot啟動時
   ↓
按鈕「已按下」? ──真──→ 機器人前進
   │假                      │
   ↓                        │
按鈕「已鬆開」? ──真──→ 機器人後退
   │假                      │
   ↓←──────────────────────┘
   ○
```

mBlock 程式

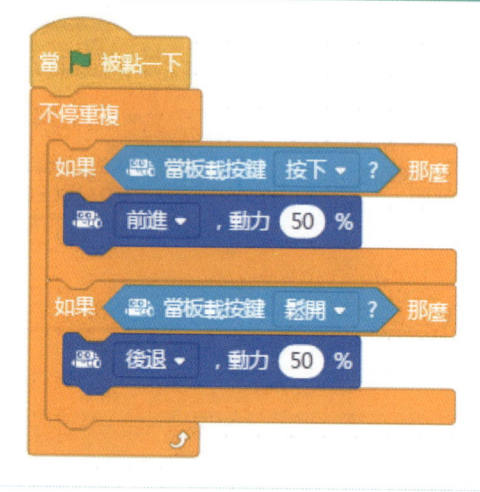

當 🚩 被點一下
不停重複
　如果〈當板載按鍵 按下 ?〉那麼
　　前進 ，動力 50 %
　如果〈當板載按鍵 鬆開 ?〉那麼
　　後退 ，動力 50 %

5-3.2 雙重選擇結構

◎ **定義** 是指依照「條件式」成立與否,來執行不同的敘述。

◎ **例如** 判斷「前進」與「後退」、判斷「左轉」與「右轉」…等情況。

◎ **示意圖**

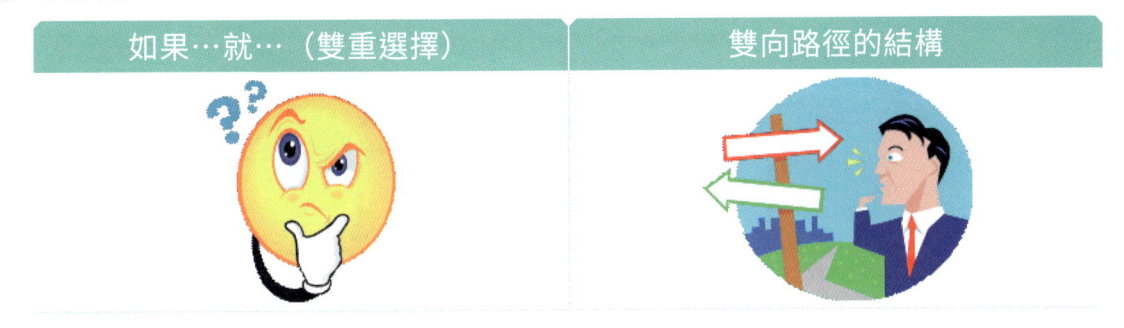

如果…就…(雙重選擇)	雙向路徑的結構

◎ **使用時機** 當條件只有二種情況。

◎ **拼圖程式**

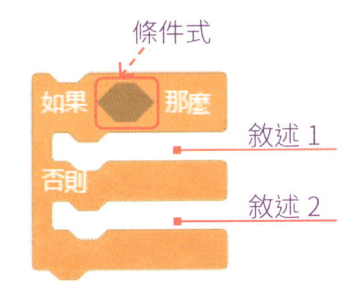

◎ **流程圖**

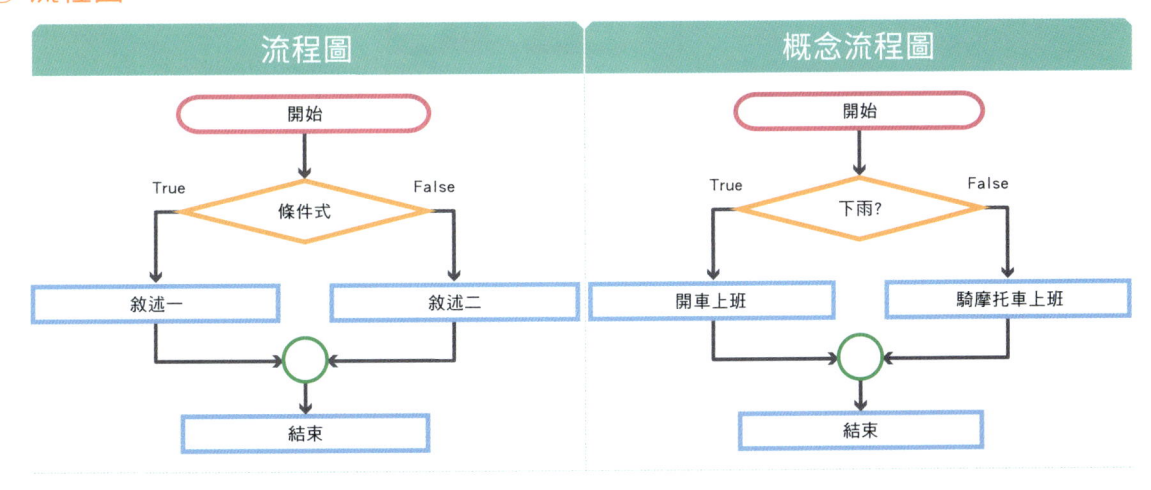

Scratch 3.0 (mBlock 5 含 AI) 程式設計

實作一　如果「按鈕」已按下時，LED1 與 LED2 都會亮紅燈，否則就不亮。

◎ mBlock 拼圖程式

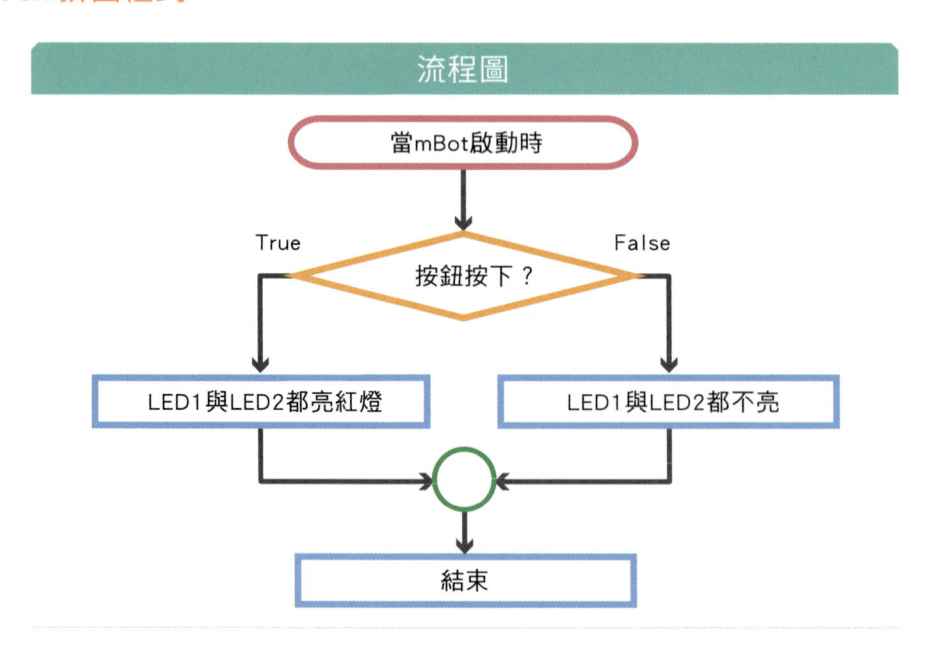

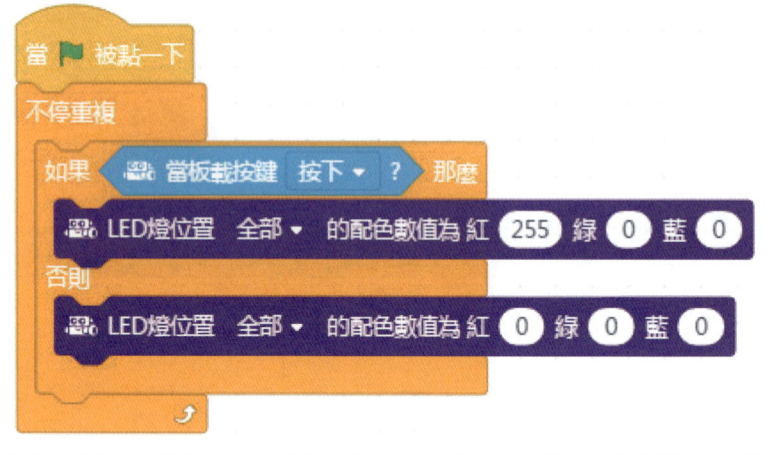

流程圖

```
        當mBot啟動時
             ↓
    True         False
        ＜按鈕按下？＞
       ↓              ↓
  LED1與LED2都亮紅燈   LED1與LED2都不亮
       ↓              ↓
           ○
           ↓
          結束
```

mBlock 程式

```
當 ▶ 被點一下
不停重複
  如果 〈當板載按鍵 按下 ?〉 那麼
    LED燈位置 全部▼ 的配色數值為 紅 255 綠 0 藍 0
  否則
    LED燈位置 全部▼ 的配色數值為 紅 0 綠 0 藍 0
```

📄 **說明**

如果單獨使用分岔結構（Switch），只能偵測一次，無法反覆執行。其解決方法就是要搭配「迴圈結構（Loop）」，就可以讓你反覆操作此機器人的動作。

102

實作二 承上一題,加入「迴圈結構(Loop)」,可以讓我們反覆操作此機器人的動作。

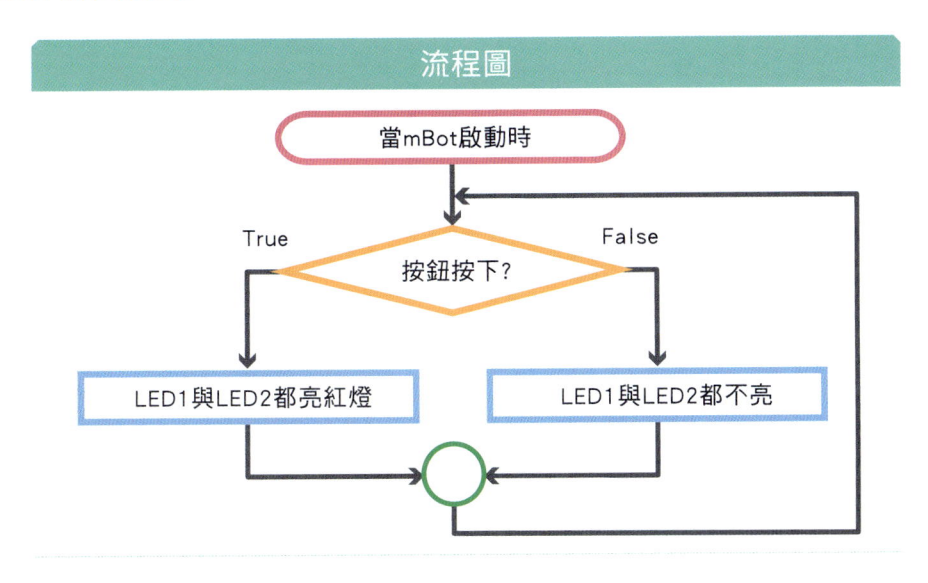

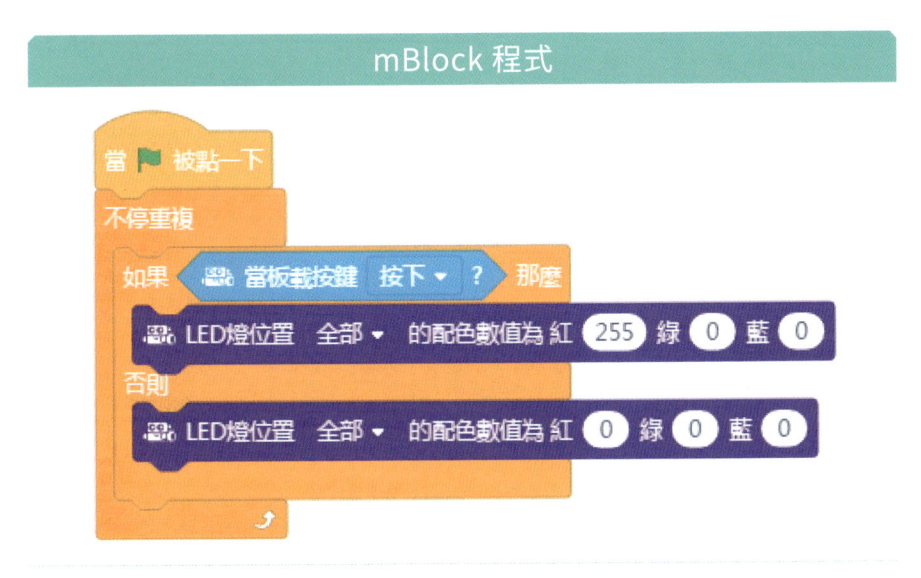

◎ mBlock 拼圖程式

流程圖

```
當mBot啟動時
    ↓
 按鈕按下?
  True ↓ False
LED1與LED2都亮紅燈    LED1與LED2都不亮
         ↓         ↓
         （迴圈回到判斷）
```

mBlock 程式

```
當 ▶ 被點一下
不停重複
    如果  當板載按鍵 按下 ?  那麼
        LED燈位置 全部 的配色數值為 紅 255 綠 0 藍 0
    否則
        LED燈位置 全部 的配色數值為 紅 0 綠 0 藍 0
```

103

實作三 承上一題，加入音效，亦即當使用者按下「按鈕」時，就會發出警告聲，並亮兩顆 LED 紅燈。

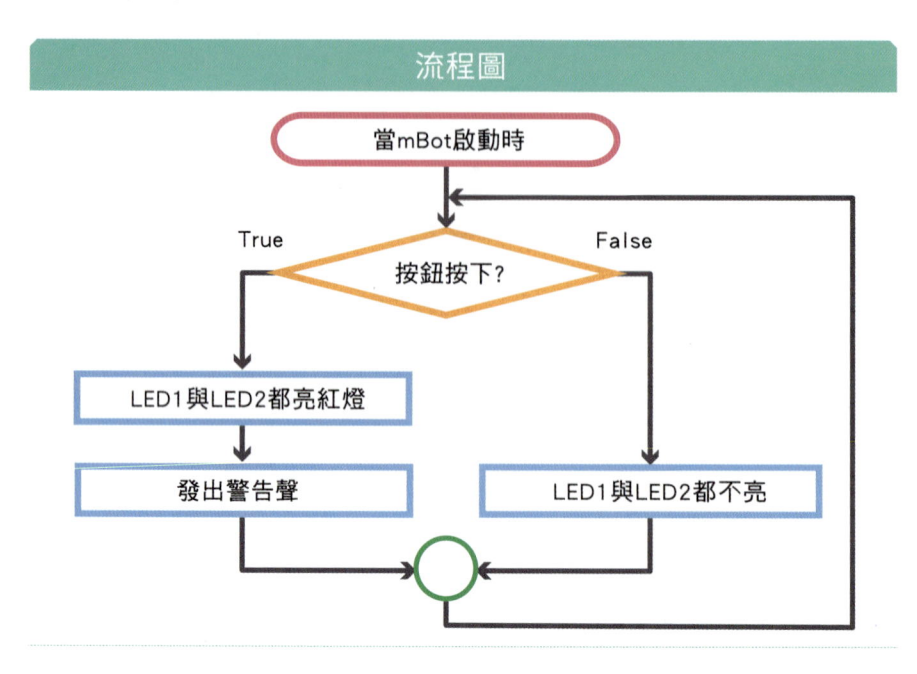

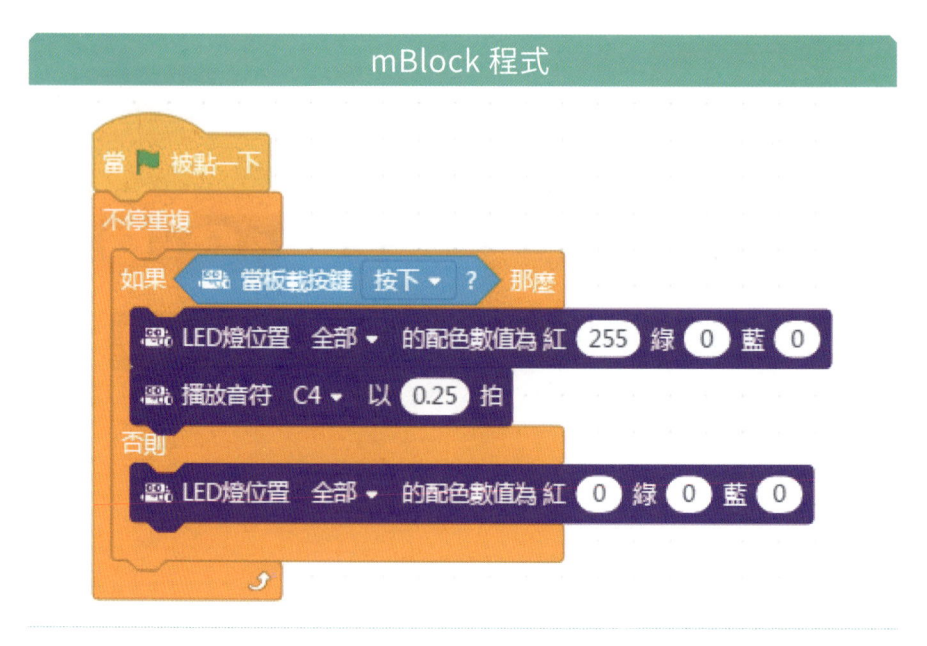

◎ mBlock 拼圖程式

流程圖

當 mBot 啟動時
→ 按鈕按下？
- True → LED1 與 LED2 都亮紅燈 → 發出警告聲
- False → LED1 與 LED2 都不亮

mBlock 程式

```
當 ▶ 被點一下
不停重複
    如果 <當板載按鍵 按下?> 那麼
        LED燈位置 全部▼ 的配色數值為 紅 255 綠 0 藍 0
        播放音符 C4▼ 以 0.25 拍
    否則
        LED燈位置 全部▼ 的配色數值為 紅 0 綠 0 藍 0
```

5-4 迴圈結構（Loop）

電腦是人類發明的，其目的就是用來協助人類處理重複性的問題，其作法就是使用「迴圈結構」。

◎ **定義** 是指重複執行某一段「拼圖方塊」。

◆ **常用的拼圖方塊**

① 計數迴圈	② 條件迴圈	③ 無窮迴圈
重複 10 次	重複直到 ◆	不停重複

◎ **優點** 容易表達複雜性的條件結構。
◎ **缺點** 當使用到巢狀迴圈時，結構比較複雜，初學者較難馬上了解。
◎ **適用時機** 處理重複性或有規則的動作。

5-4.1 計數迴圈

◎ **定義** 是指依照「計數器」的設定值，來依序重複執行。
◎ **使用時機** 已知程式的執行次數固定且重複時，使用此種迴圈最適合。
◎ **例如** 鬧鐘與碼表
◎ **分類** 巢狀迴圈
◎ **拼圖程式**

基本迴圈	巢狀迴圈
重複 10 次	重複 10 次 重複 10 次

一、基本迴圈

◎ **定義**　是指單層次的迴圈結構，在程式語言中，它是最基本的迴圈敘述。

◎ **使用時機**　適用於「單一變數」的重複變化。

◎ **典型例子 1**　1+2+3+…+10

◎ **典型例子 2**　計時器或倒數計時

◎ **典型例子 3**　機器人走正方形（請參考第三章）

範例 1　當使用者每按一下「按鈕」時，動態顯示 1 加到 10，並顯示出來。

◎ mBlock 拼圖程式

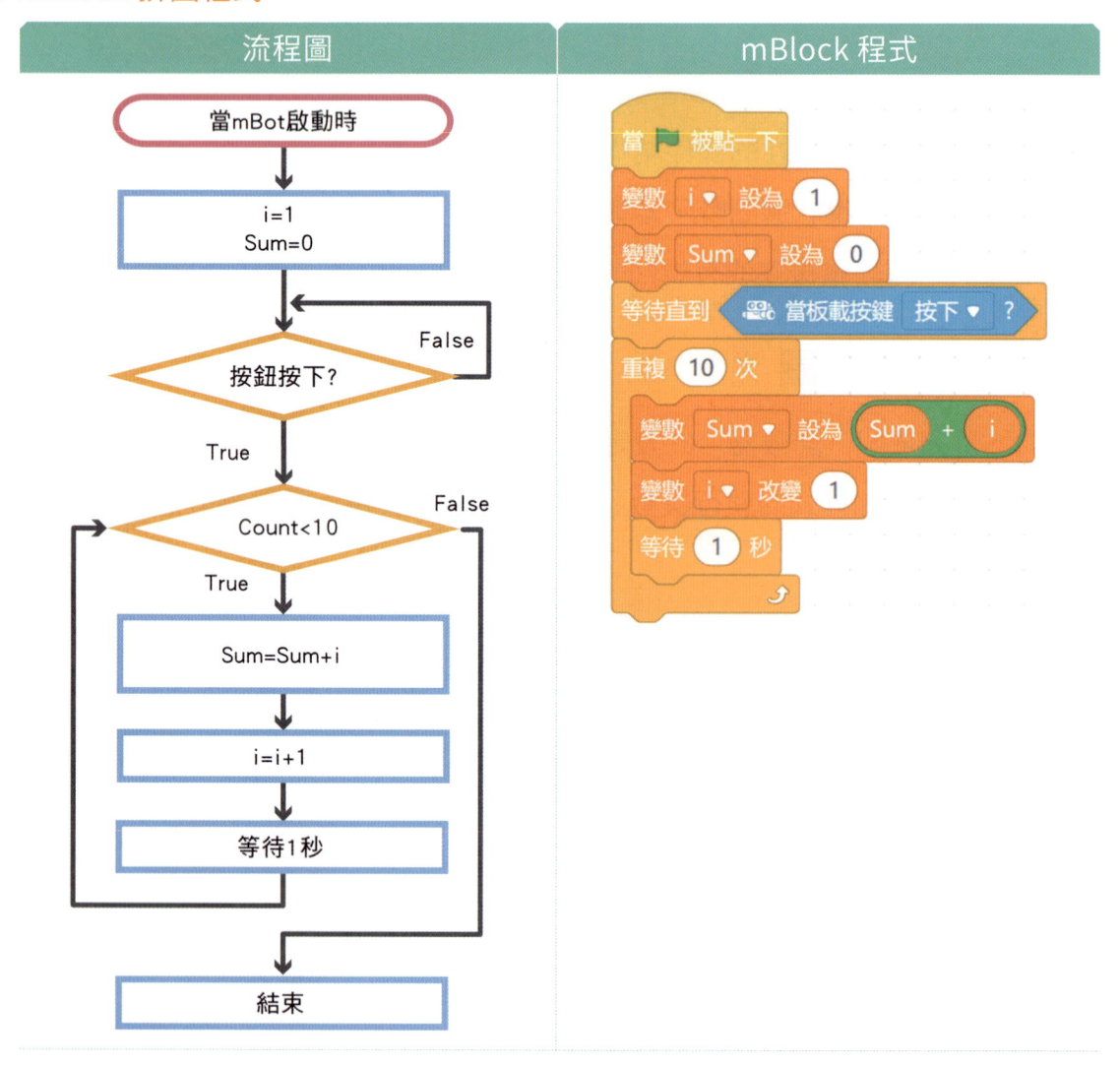

流程圖	mBlock 程式
當mBot啟動時 → i=1, Sum=0 → 按鈕按下? (False迴圈) → True → Count<10? (False→結束) → True → Sum=Sum+i → i=i+1 → 等待1秒 → 迴圈回到Count<10	當▶被點一下 變數 i 設為 1 變數 Sum 設為 0 等待直到 當板載按鍵 按下? 重複 10 次 　變數 Sum 設為 Sum + i 　變數 i 改變 1 　等待 1 秒

106

範例 2 　當使用者每按一下「按鈕」時，從 10 進行倒數，直到 0 時發出「嗶聲」，並顯示出來。

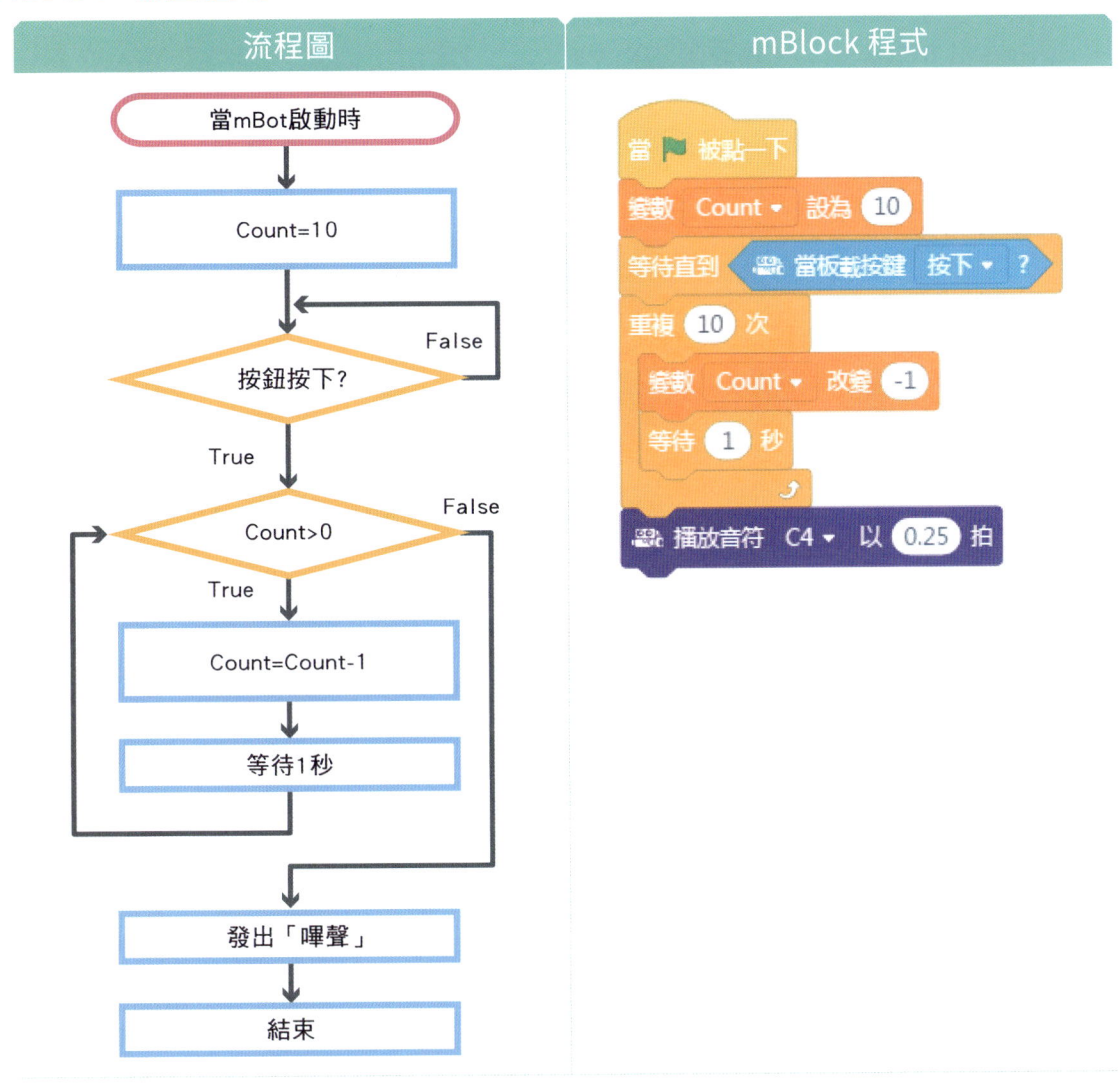

◎ mBlock 拼圖程式

流程圖	mBlock 程式
當mBot啟動時 → Count=10 → 按鈕按下? (False 迴圈) → True → Count>0? (False → 發出「嗶聲」→ 結束) → True → Count=Count-1 → 等待1秒 → 迴圈	當 ▶ 被點一下 變數 Count 設為 10 等待直到 當板載按鍵 按下? 重複 10 次 　變數 Count 改變 -1 　等待 1 秒 播放音符 C4 以 0.25 拍

二、巢狀迴圈

◎ **定義** 是指迴圈內還有其他的迴圈，是一種多層次的迴圈結構。

◎ **概念** 它像鳥巢一樣，是由一層層組合而成。

◎ **使用時機** 適用於「兩個或兩個以上變數」的重複變化。

範例 3 當使用者按一下「按鈕」時，動態顯示電子碼表數值由 1～100。

◎ mBlock 拼圖程式

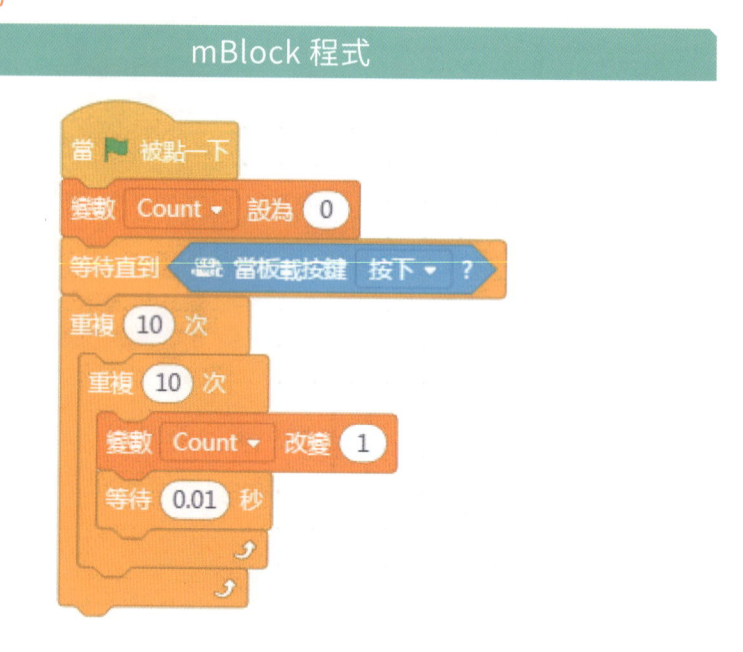

```
mBlock 程式

當 ▶ 被點一下
變數 Count ▼ 設為 0
等待直到  當板載按鍵 按下 ▼ ?
重複 10 次
    重複 10 次
        變數 Count ▼ 改變 1
        等待 0.01 秒
```

5-4.2 條件迴圈

◎ **定義** 是指不能預先知道迴圈的次數。

◎ **使用時機** 無法得知程式的執行次數時，使用此種迴圈最適合。

◎ **例如** 機器人往前走，直到超音波感測器偵測到障礙物，才會停止。

◎ 拼圖程式

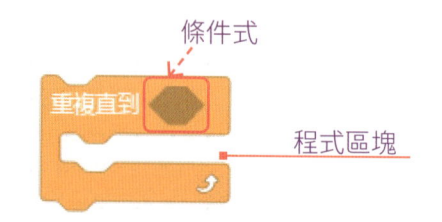

條件式 → 重複直到 ◆
程式區塊 →

📄 **說明**
當「條件式」成立，就會跳出迴圈，否則就會不斷重複執行「程式區塊」的指令。

◎ 流程圖

流程圖

開始 → 條件式
- 真 → 結束
- 假 → 敘述區塊 → (回到條件式)

概念流程圖

開始 → 繼續下雨？
- 真 → 結束
- 假 → 戶外走走 → (回到繼續下雨？)

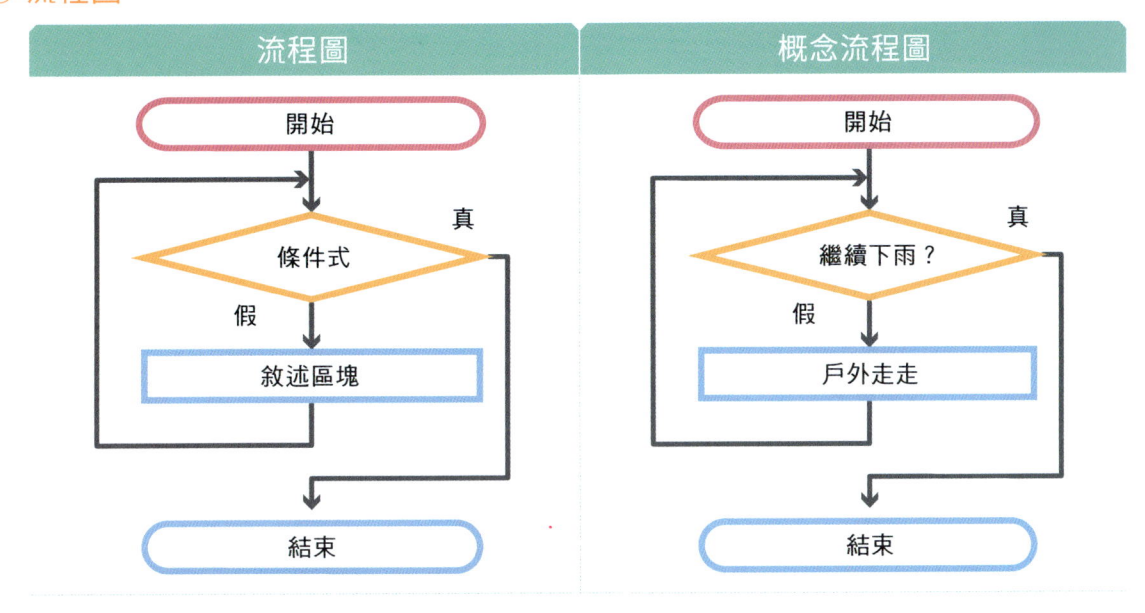

實作一 當使用者按下「按鈕」時，機器人往前走，直到超音波感測器偵測到障礙物，才會停止。

解答

流程圖

當mBot啟動時 → 按鈕按下？
- False → (回到按鈕按下？)
- True → 偵測距離<5
  - True → mBot機器人停止
  - False → mBot機器人前進 → (回到偵測距離<5)

mBlock 程式

```
當 mBot(mcore) 啟動時
等待直到 < 當板載按鍵 按下 ? >
重複直到 < 超音波感測器 連接埠3 距離 小於 5 >
    前進 ▼ ，動力 50 %
停止運動
```

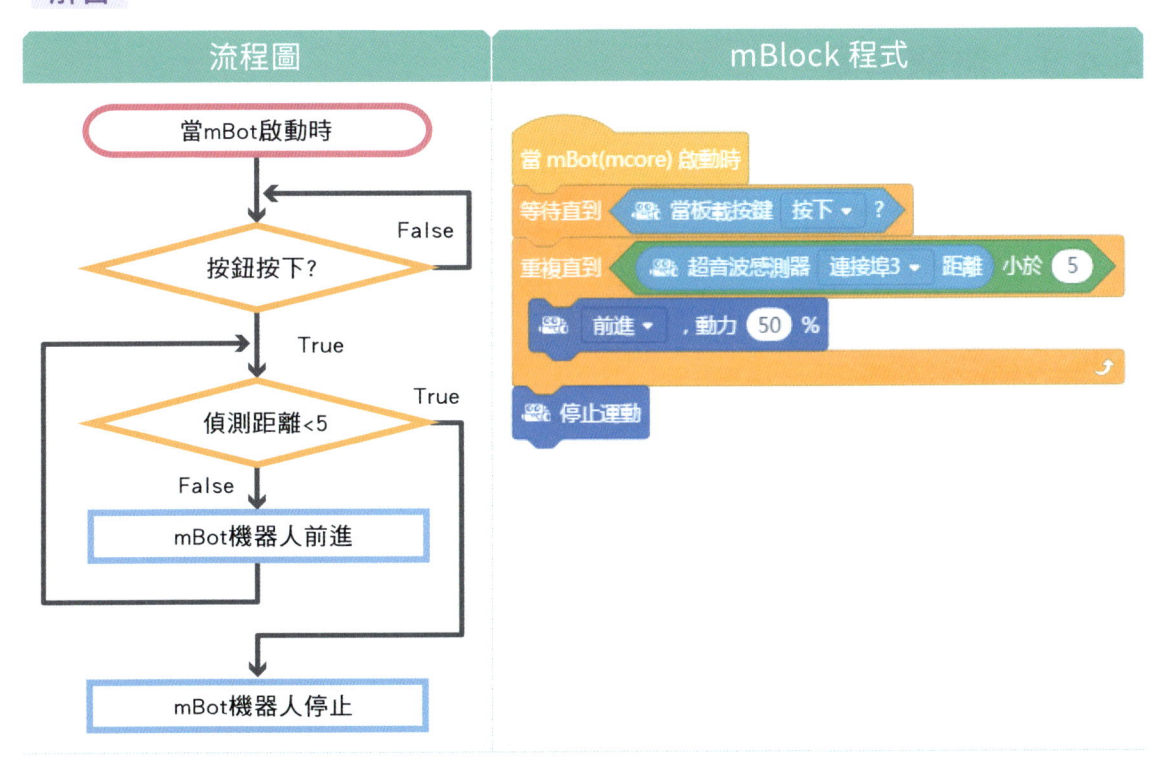

實作一 機器人兩個 LED 燈（RGB 三種顏色）不停閃爍，直到再按下「按鈕」，才會停止。

解答

流程圖	mBlock 程式

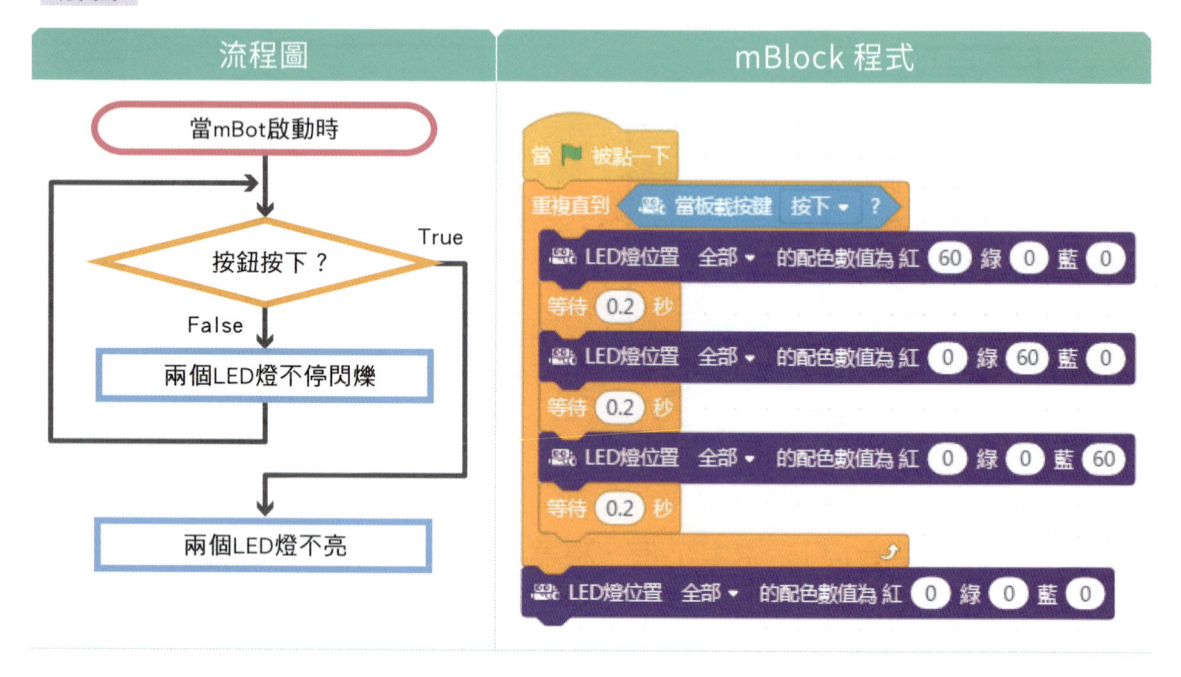

流程圖：
- 當 mBot 啟動時
- 按鈕按下？（False → 兩個 LED 燈不停閃爍 → 回到判斷；True → 兩個 LED 燈不亮）

mBlock 程式：
- 當 ▶ 被點一下
- 重複直到 〈當板載按鍵 按下？〉
  - LED燈位置 全部 的配色數值為 紅 60 綠 0 藍 0
  - 等待 0.2 秒
  - LED燈位置 全部 的配色數值為 紅 0 綠 60 藍 0
  - 等待 0.2 秒
  - LED燈位置 全部 的配色數值為 紅 0 綠 0 藍 60
  - 等待 0.2 秒
- LED燈位置 全部 的配色數值為 紅 0 綠 0 藍 0

5-4.3　無窮迴圈

◎ **定義**　是指當沒有符合某一條件時，迴圈會永遠被執行。

◎ **使用時機**　讓機器人持續偵測某一物件。

◎ **例如**　利用機器人的超音波感測器，持續偵測前方是否有「顧客」經過，如果有則計數器自動加 1。

◎ **拼圖程式**

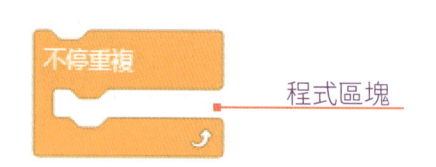

不停重複 ← 程式區塊

📄 **說明**
1. 在迴圈內的「程式區塊」指令會重複被執行。
2. 一般而言，它會搭配分岔結構（Switch）來使用。

◎ 流程圖

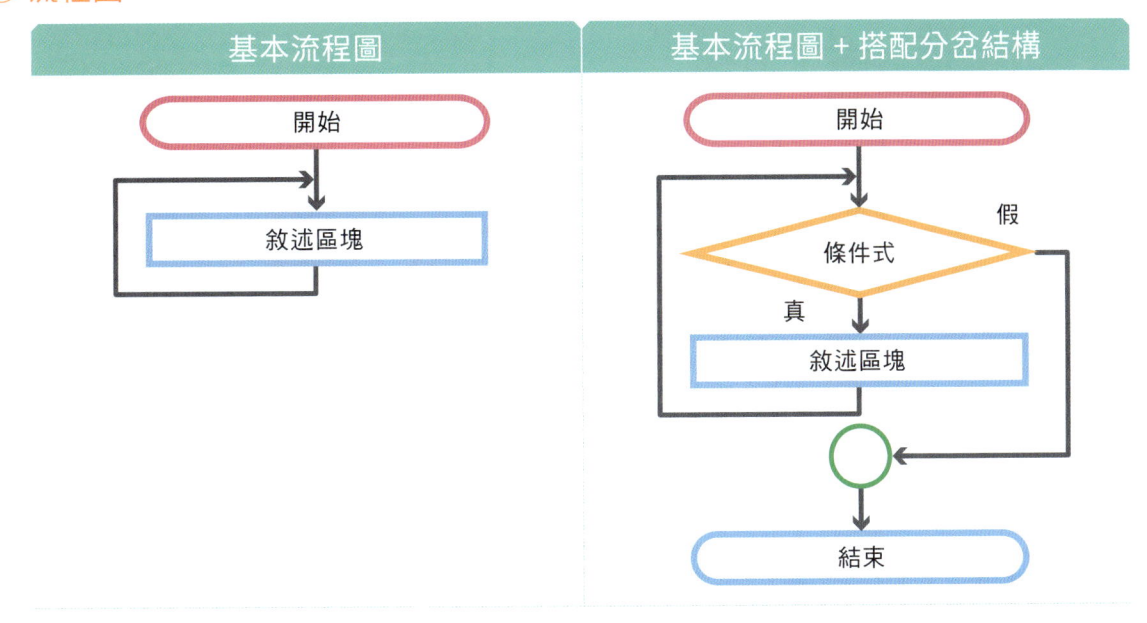

基本流程圖

開始 → 敘述區塊（循環）

基本流程圖 + 搭配分岔結構

開始 → 條件式 → （真）敘述區塊 →（循環回條件式）→（假）結束

實作一　當使用者按下「按鈕」時，機器人會利用超音波感測器，每一秒偵測前方是否有「顧客」入場，如果有則計數器自動加 1。

解答

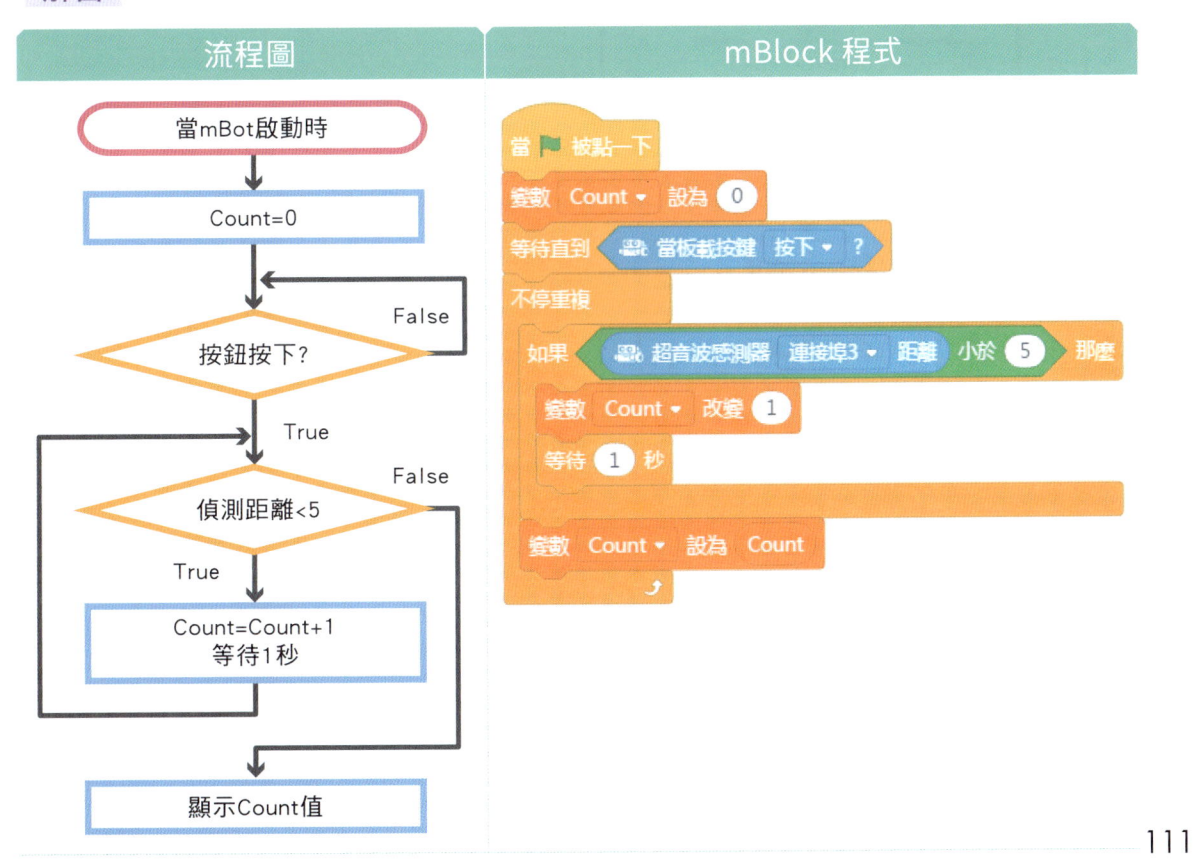

流程圖

當 mBot 啟動時
↓
Count=0
↓
按鈕按下？ — False（循環）
↓ True
偵測距離<5 — False（循環回按鈕按下）
↓ True
Count=Count+1
等待1秒
↓
顯示Count值

mBlock 程式

- 當 ▶ 被點一下
- 變數 Count ▼ 設為 0
- 等待直到 當板載按鍵 按下 ▼ ?
- 不停重複
  - 如果 超音波感測器 連接埠3 ▼ 距離 小於 5 那麼
    - 變數 Count ▼ 改變 1
    - 等待 1 秒
  - 變數 Count ▼ 設為 Count

Scratch 3.0 (mBlock 5 含 AI) 程式設計

實作二 承上一題，如果「顧客」入場人數超過 10 人時，就會發出「警告聲」，亦即「LED 閃爍 + 嗶聲」。

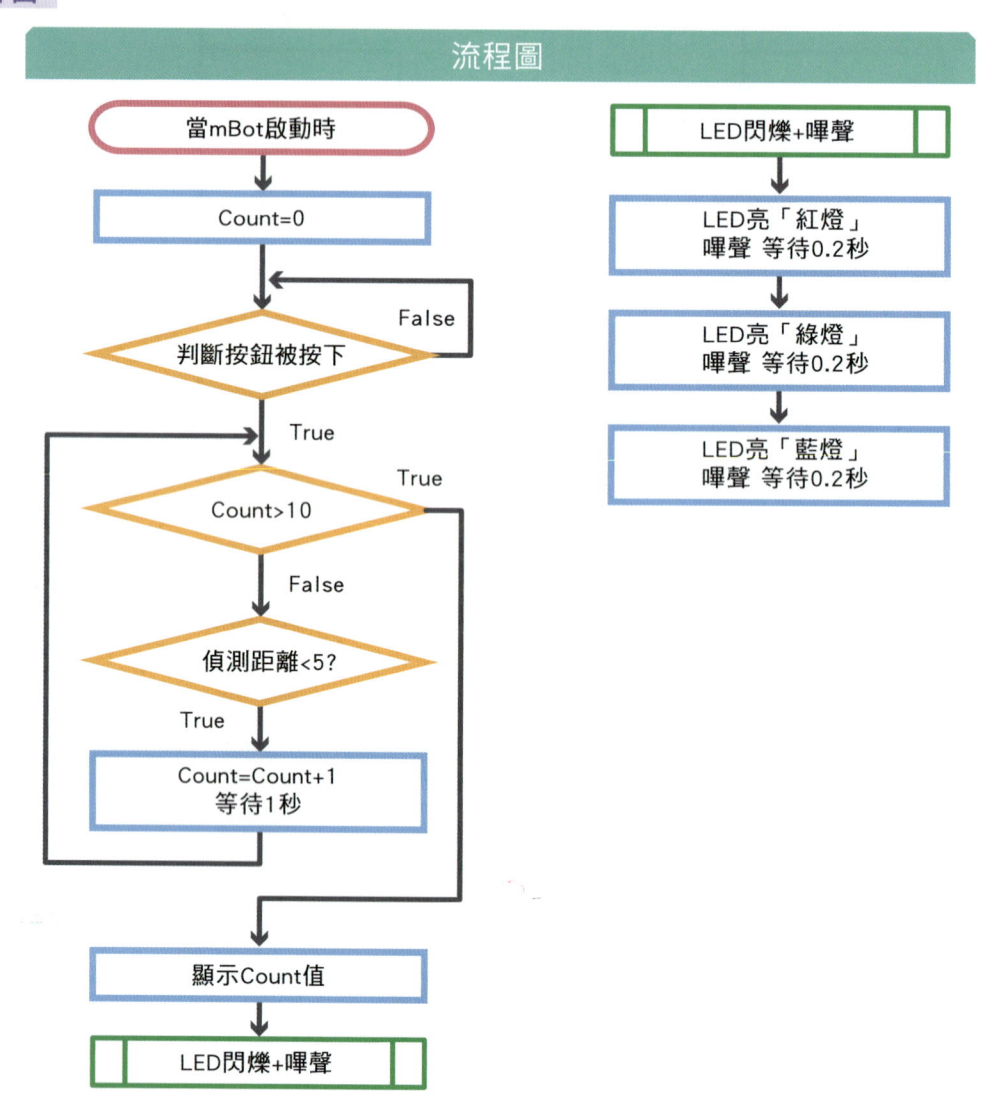

解答

流程圖

```
當mBot啟動時
    ↓
Count=0
    ↓
判斷按鈕被按下 ──False──┐
    │ True            │
    ↓  ←──────────────┘
Count>10 ──True──→ LED閃爍+嗶聲
    │ False              ↓
    ↓                LED亮「紅燈」
偵測距離<5?              嗶聲 等待0.2秒
    │ True                ↓
    ↓                 LED亮「綠燈」
Count=Count+1          嗶聲 等待0.2秒
等待1秒                   ↓
    │                 LED亮「藍燈」
    ↓                  嗶聲 等待0.2秒
顯示Count值
    ↓
LED閃爍+嗶聲
```

Chapter 05　程式流程控制

mBlock 程式（偵測並顯示「顧客」入場）

```
當 ▶ 被點一下
變數 Count ▼ 設為 0
等待直到 < 當板載按鍵 按下 ▼ ? >
不停重複
    重複直到 < Count 大於 10 >
        如果 < 超音波感測器 連接埠3 ▼ 距離 小於 5 > 那麼
            變數 Count ▼ 改變 1
            等待 1 秒
        變數 Count ▼ 設為 Count
    LED閃爍+嗶聲之副程式
```

mBlock 程式（定義「LED 閃爍 + 嗶聲」之副程式）

```
定義 LED閃爍+嗶聲之副程式
LED燈位置 全部 ▼ 的配色數值為 紅 60 綠 0 藍 0
播放音符 C4 ▼ 以 0.25 拍
等待 0.2 秒
LED燈位置 全部 ▼ 的配色數值為 紅 0 綠 60 藍 0
播放音符 C4 ▼ 以 0.25 拍
等待 0.2 秒
LED燈位置 全部 ▼ 的配色數值為 紅 0 綠 0 藍 60
播放音符 C4 ▼ 以 0.25 拍
等待 0.2 秒
```

113

Chapter 5 課後評量

1. 請問在撰寫 mBlock 程式時，常用到哪三種流程控制的控制結構呢？並繪出流程圖。

2. 請個別說明「流程控制」中的三種結構的定義及例子。

3. 請寫出「循序結構（Sequential）」的優、缺點及適用時機。

4. 請寫出「分岔結構（Switch）」的優、缺點及適用時機。

5. 請寫出「迴圈結構（Loop）」的優、缺點及適用時機。

6. 按鈕切換兩顆 LED 交換顯示。

7. 按鈕啟動 LED 交替顯示播放聲音（救護車）。

Chapter 06
機器人走迷宮（超音波感測器）

學習目標
1. 讓讀者瞭解 mBot 機器人輸入端的「超音波感測器」之定義及反射光原理。
2. 讓讀者瞭解 mBot 機器人的「超音波感測器」的各種使用方法。

內容節次
6-1　認識超音波感測器
6-2　偵測超音波感測器的值
6-3　等待模組（Wait）的超音波感測器
6-4　分岔模組（Switch）的超音波感測器
6-5　迴圈模組（Loop）的超音波感測器
6-6　mBot 機器人走迷宮
6-7　超音波感測器控制其他拼圖模組
6-8　看家狗
6-9　自動剎車系統

6-1　認識超音波感測器

◎ **定義**　類似人類的眼睛，可以偵測距離的遠近。

◎ **目的**　可以偵測前方是否有「障礙物」或「目標物」，以讓機器人進行不同的動作。

◎ **外觀圖示**

📄 **說明**　超音波感測器的前端紅色部分為「發射」與「接收」兩端，感測器主要是作為偵測前方物體的距離。

◎ **回傳資訊**　可分為 cm（公分）的距離單位。

◎ **量測距離**　1 ～ 400 公分。

◎ **原理**　利用「聲納」技術，「超音波」發射後，撞到物體表面並接收「反射波」，從「發射」到「接收」的時間差，即可求出「感應器與物體」之間的「距離」。

◎ **原理之圖解說明**

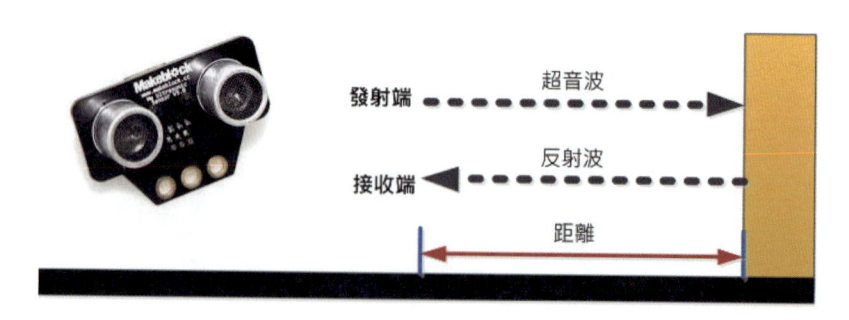

◎ **適用時機**
1. 偵測前方的牆壁　2. 偵測有人靠近機器人　3. 量測距離

6-2 偵測超音波感測器的值

1. 第一種方法：利用變數

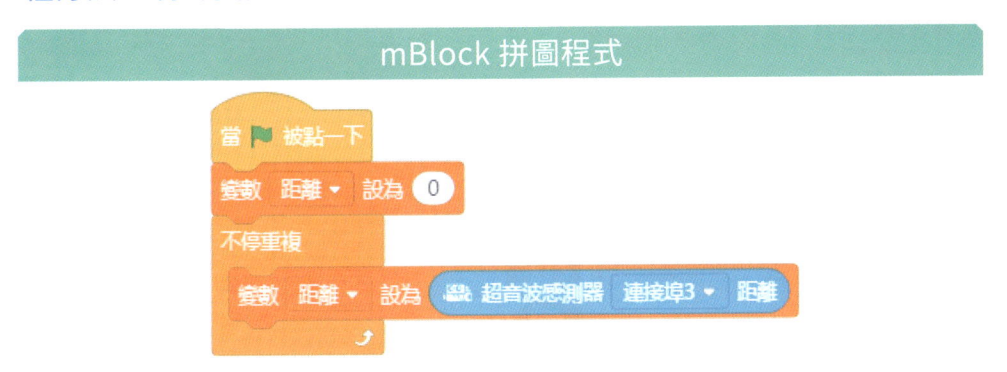

   mBlock 拼圖程式

   當 🏁 被點一下
   變數 距離 ▼ 設為 0
   不停重複
   　變數 距離 ▼ 設為 超音波感測器 連接埠3 ▼ 距離

◎ 測試距離

| 用手放在超音波感測器前方 | 手慢慢地水平移動 |

◎ 測試結果

| 偵測的距離（比較近） | 偵測的距離（比較遠） |

Distance 4.155172　回傳值≒ 4

Distance 20.068966　回傳值≒ 20

2. 第二種方法：勾選「 超音波感測器 連接埠3 ▼ 距離 」

   mBlock 拼圖程式

   ☑ 超音波感測器 連接埠3 ▼ 距離

◎ 測試結果

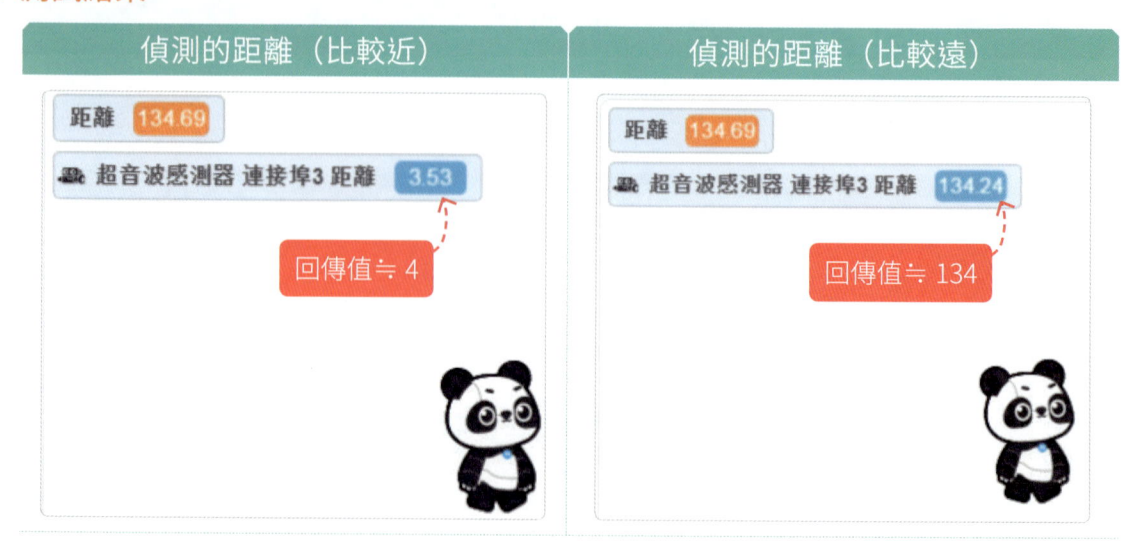

偵測的距離（比較近）	偵測的距離（比較遠）
距離 134.69 超音波感測器 連接埠3 距離 3.53 回傳值≒ 4	距離 134.69 超音波感測器 連接埠3 距離 134.24 回傳值≒ 134

◎ 超音波感測器的三種常用方法

超音波感測器在 mBlock 常被使用下列三種功能區塊（Block）。

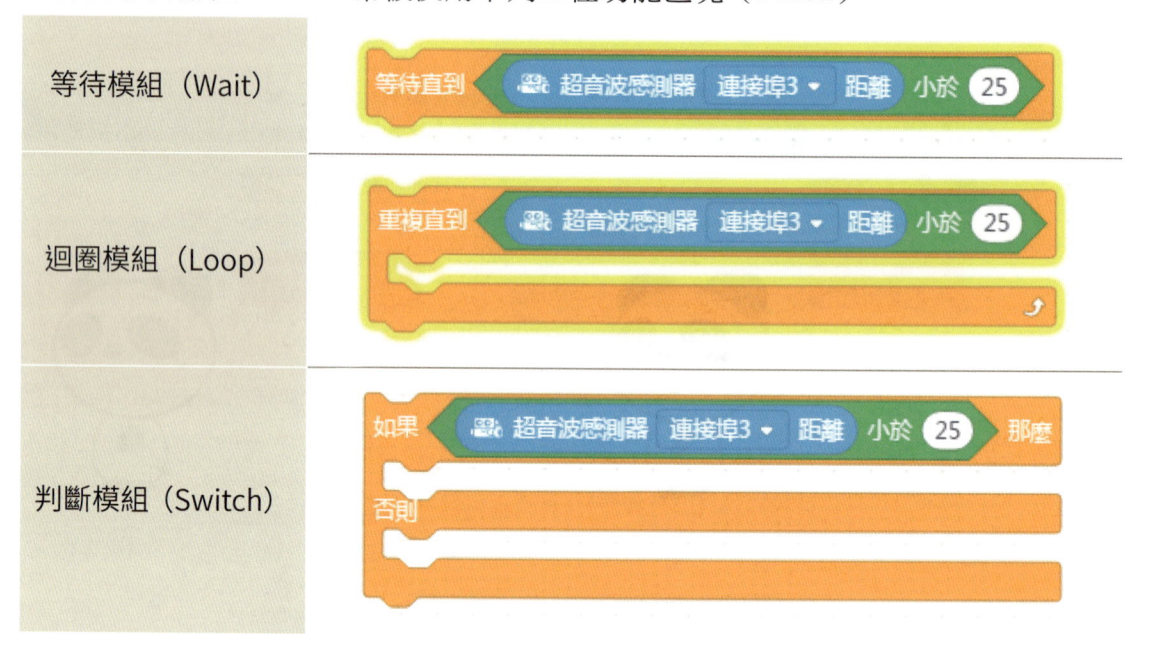

等待模組（Wait）	等待直到 超音波感測器 連接埠3 ▼ 距離 小於 25
迴圈模組（Loop）	重複直到 超音波感測器 連接埠3 ▼ 距離 小於 25
判斷模組（Switch）	如果 超音波感測器 連接埠3 ▼ 距離 小於 25 那麼 否則

6-3 等待模組（Wait）的超音波感測器

◎ **功能** 用來設定等待「超音波感測器」偵測前方障礙物小於「門檻值」時，再繼續執行下一個動作。

◎ **等待模組（Wait）**

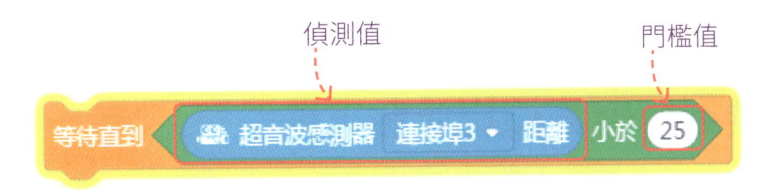

偵測值　　　　門檻值

等待直到〈 超音波感測器　連接埠3　距離　小於 25 〉

📄 **說明** 當等待模組中的「條件式」成立時，才會繼續執行下一個動作，否則，下面的全部指令都不會被執行。

6-3.1　mBot 機器人偵測到障礙物自動停止

在前面單元中，我們已經瞭解「超音波感測器」的適用時機及偵測距離之後，接下來，我們就可以開始來撰寫如何讓 mBot 機器人在行走的過程中，如果有偵測到障礙物就自動停止。

實作　mBot 機器人往前走，直到「超音波感測器」偵測前方 25 公分處有「障礙物」時，就會「停止」。請利用《等待模組（Wait）》

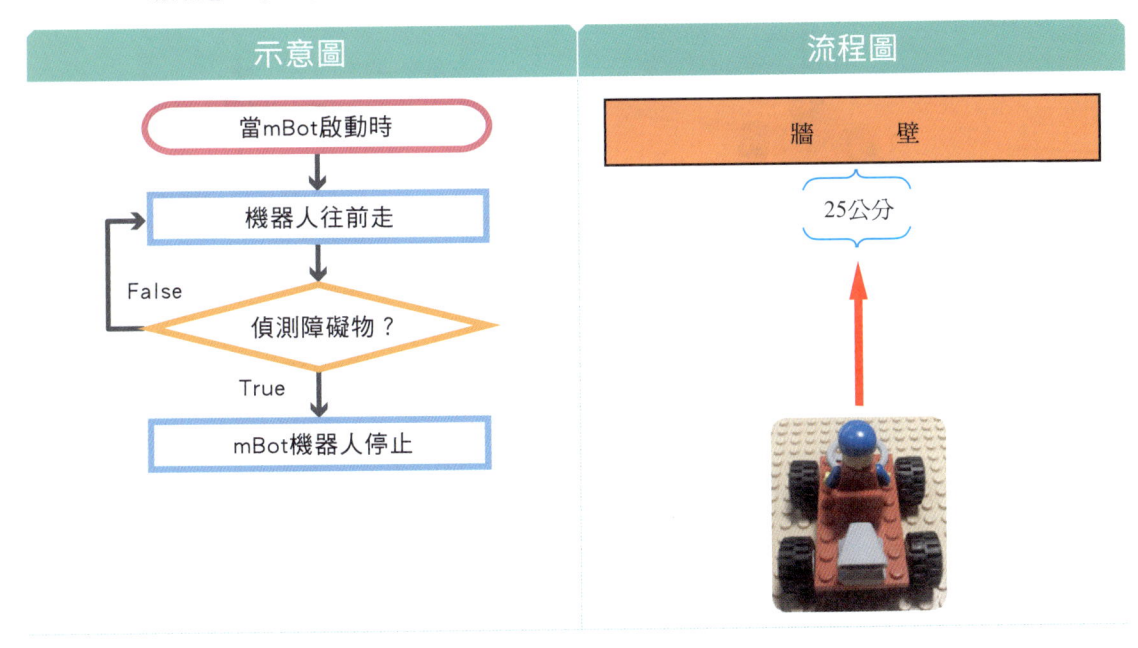

示意圖	流程圖
當mBot啟動時 → 機器人往前走 → 偵測障礙物？ (False 回到機器人往前走；True → mBot機器人停止)	牆壁　25公分

◎ mBlock 拼圖程式

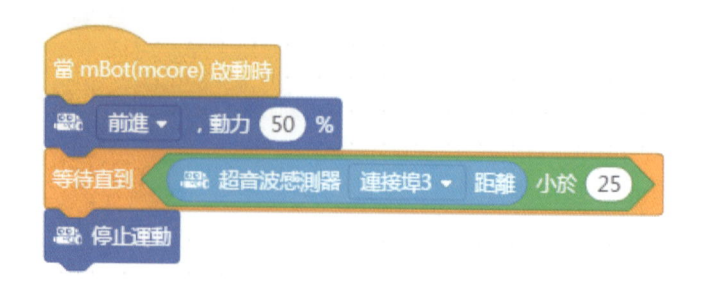

6-3.2　偵測到障礙物停止並發出警鈴聲

在學會如何讓 mBot 機器人在行走的過程中，如果有偵測到障礙物自動停止之後，再新增一個功能，就是它會自動發出警鈴聲。

實作　mBot 機器人往前走，直到「超音波感測器」偵測前方 25 公分處有「障礙物」時，就會「停止」並發出警鈴聲。請利用《等待模組（Wait）》

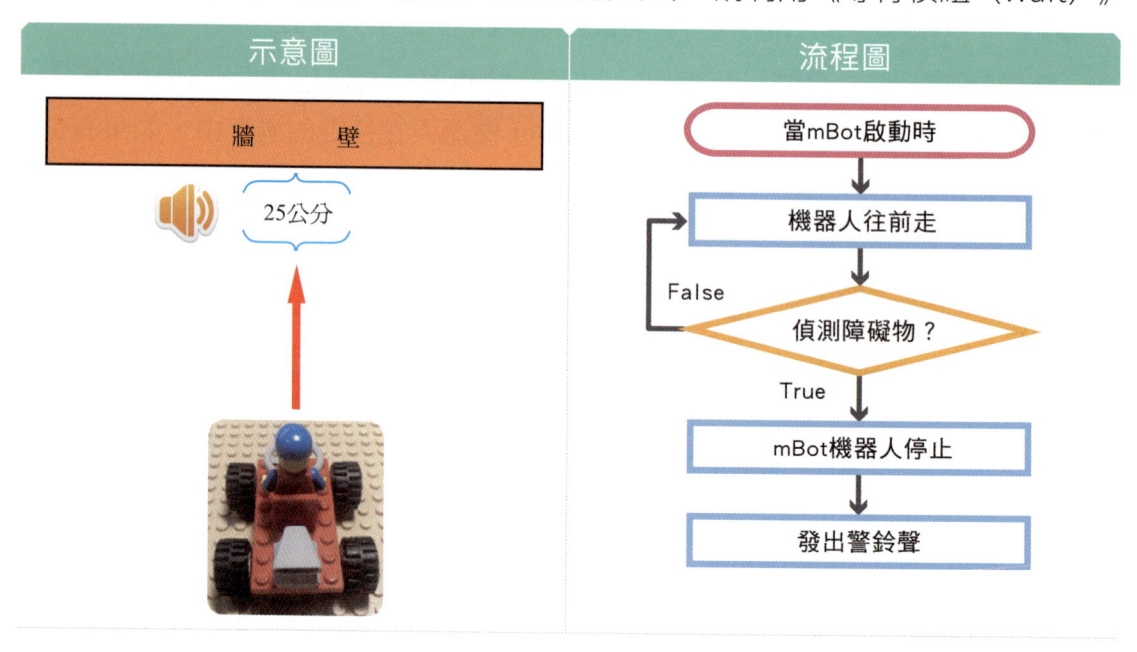

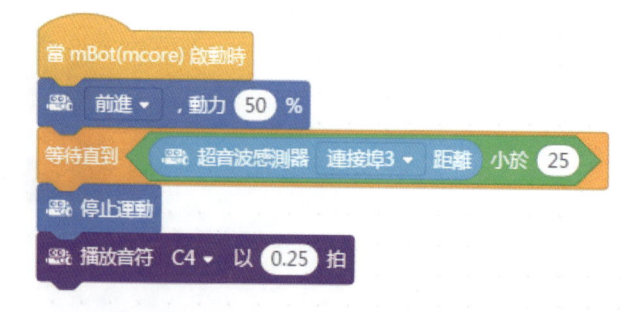

示意圖	流程圖

◎ mBlock 拼圖程式

6-4 分岔模組（Switch）的超音波感測器

◎ **定義** 是指用來判斷「超音波感測器」偵測距離是否小於「門檻值」時，如果「是」，則執行「上面」的分支，否則，就會執行「下面」的分支。

◎ **分岔模組（Switch）**

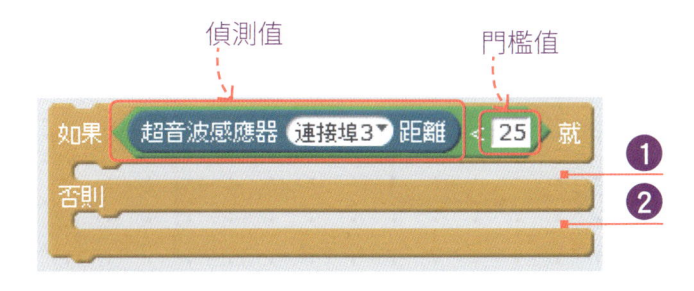

偵測值　　　　門檻值

如果　超音波感應器　連接埠3▼ 距離　< 25　就　①
否則　②

📄 **說明**
① 當條件式「成立」時，則執行「上面」的分支。
② 當條件式「不成立」時，則執行「下面」的分支。
因此，當「偵測值」小於「門檻值」，就會執行「上面」的分支。

6-4.1 利用分岔模組來控制機器人停止

在前面單元中，除了可以利用等待模組（Wait）來讓 mBot 機器人在行走的過程中，如果有偵測到障礙物自動停止。在本單元中，再介紹利用分岔模組（Switch）來達到此功能。

實作 mBot 機器人往前走，直到「超音波感測器」偵測前方 25 公分處有「障礙物」時，就會「停止」。請利用《分岔模組（Switch）》

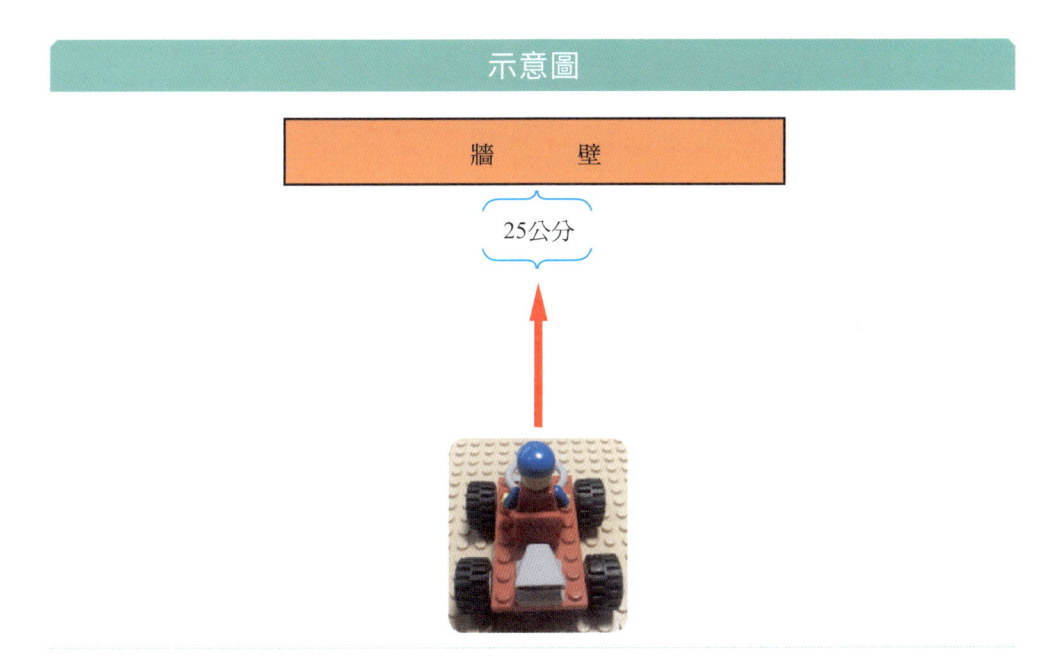

示意圖

牆　壁

25公分

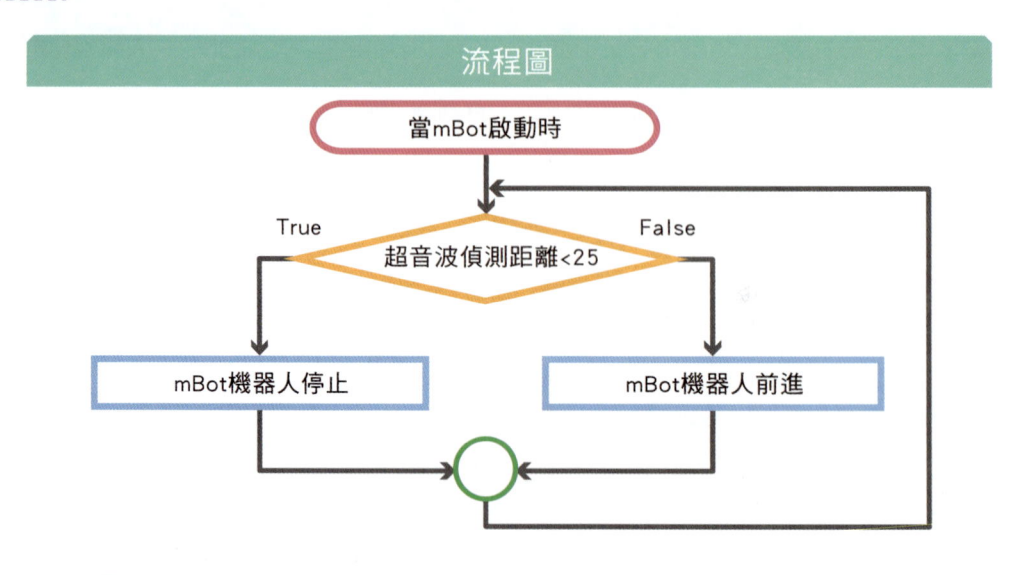

解答

流程圖

- 當mBot啟動時
- 判斷：超音波偵測距離<25
  - True → mBot機器人停止
  - False → mBot機器人前進
- 迴圈回到判斷

mBlock 拼圖程式

```
當 mBot(mcore) 啟動時
不停重複
    如果 〈超音波感測器 連接埠3 距離 小於 25〉 那麼
        停止運動
    否則
        前進, 動力 50 %
```

6-4.2　利用分岔模組來控制機器人停止並發出警鈴聲

在前面單元中，除了可以利用等待模組(Wait)來讓mBot機器人在行走的過程中，如果有偵測到障礙物自動停止。在本單元中，再介紹利用分岔模組(Switch)來新增一個功能，讓它會自動發出警鈴聲。

實作　　mBot機器人往前走，直到「超音波感測器」偵測前方25公分處有「障礙物」時，就會「停止」並發出警鈴聲。請利用《等待模組（Wait）》

示意圖

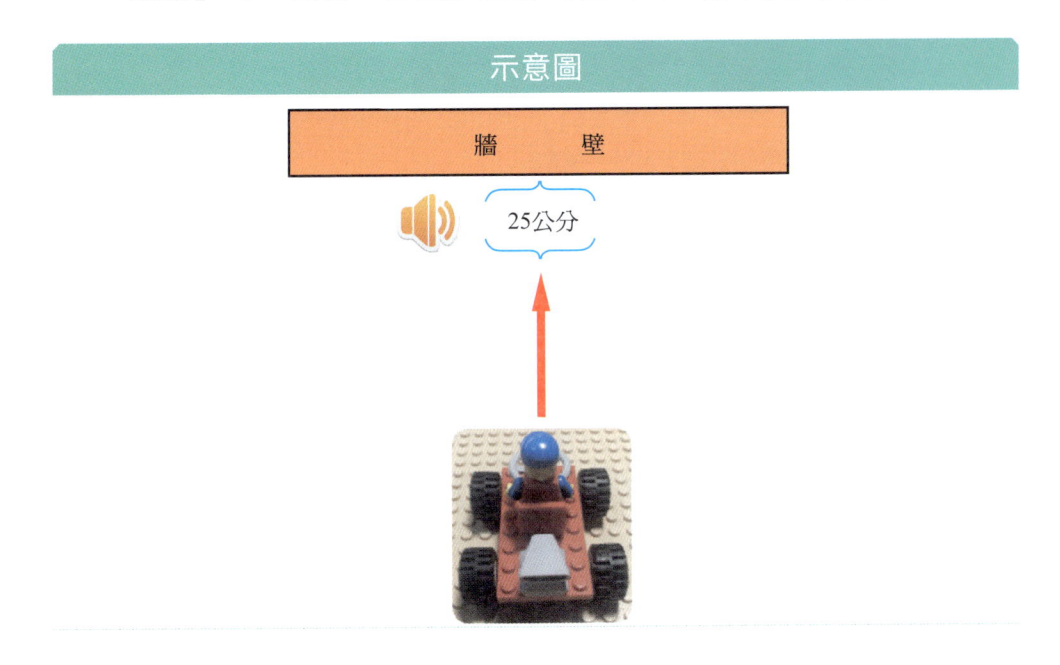

牆　　壁

25公分

解答

流程圖

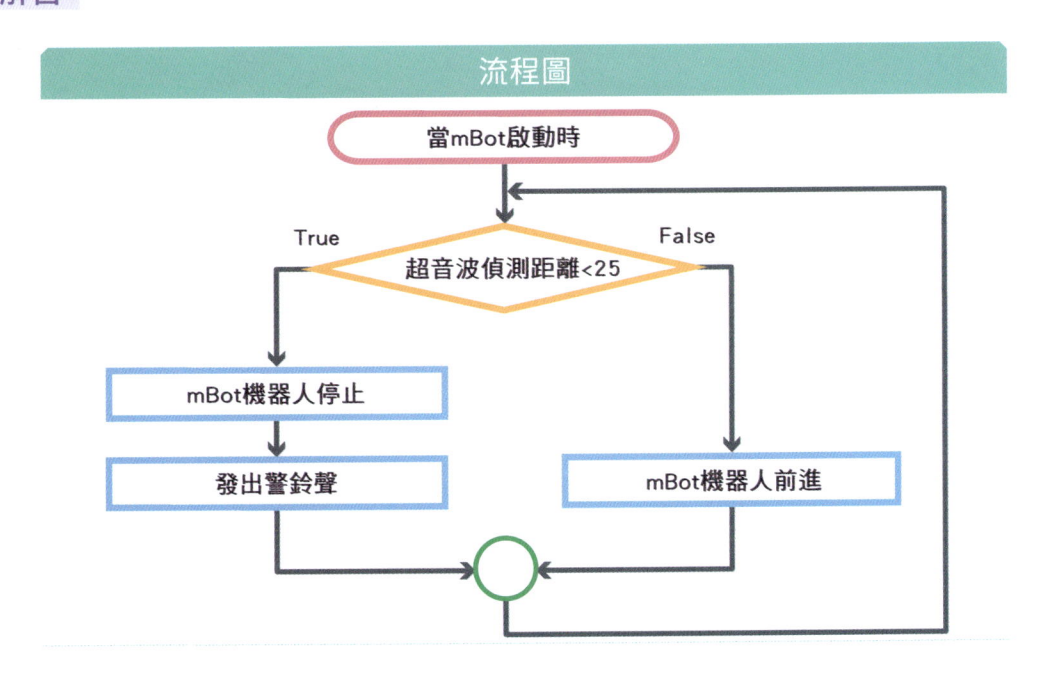

當mBot啟動時

超音波偵測距離<25

- True：mBot機器人停止 → 發出警鈴聲
- False：mBot機器人前進

Scratch 3.0 (mBlock 5 含 AI) 程式設計

mBlock 拼圖程式

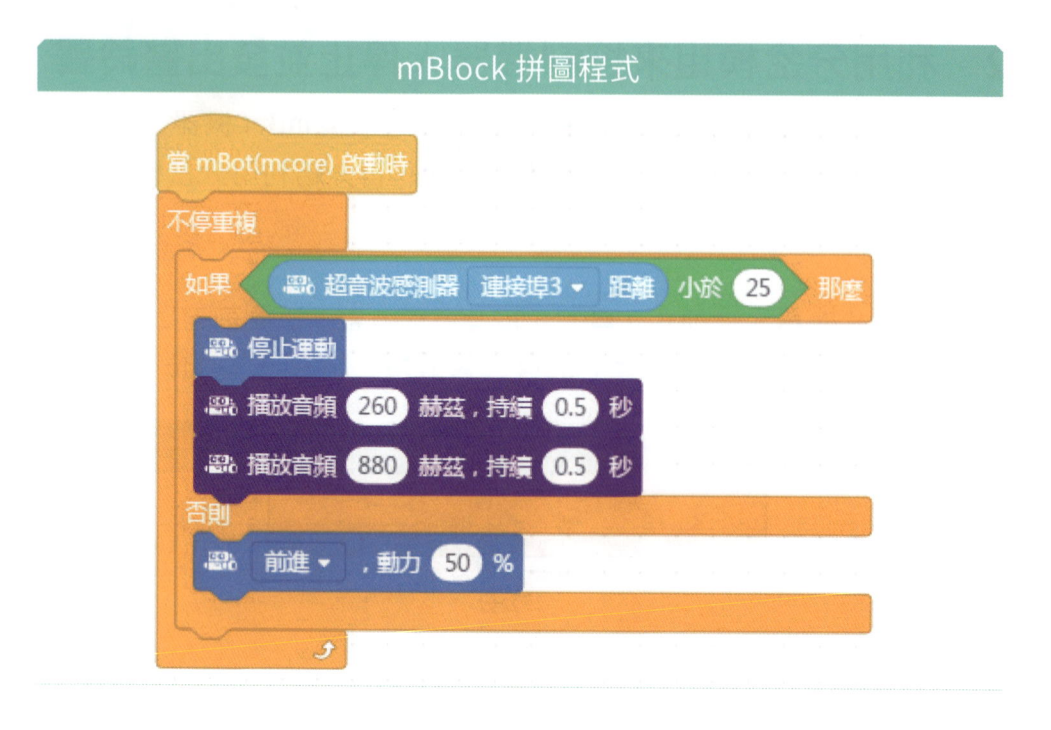

當 mBot(mcore) 啟動時
不停重複
　如果 〈超音波感測器 連接埠3 ▼ 距離〉 小於 (25) 那麼
　　停止運動
　　播放音頻 (260) 赫茲，持續 (0.5) 秒
　　播放音頻 (880) 赫茲，持續 (0.5) 秒
　否則
　　前進 ▼ ，動力 (50) %

6-5　迴圈模組（Loop）的超音波感測器

◎ **定義** 用來等待「超音波感測器」偵測距離小於「門檻值」時，就會結束迴圈。

◎ **迴圈模組（Loop）**

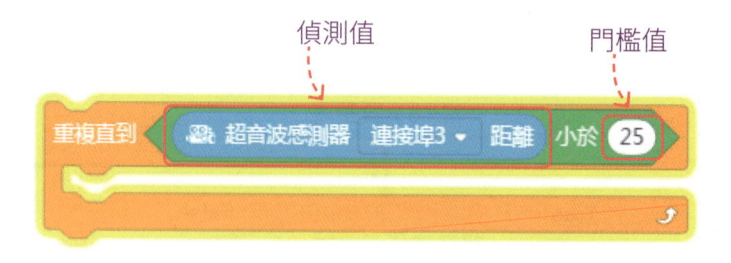

偵測值　　　　　　　　　門檻值

重複直到 〈超音波感測器 連接埠3 ▼ 距離〉 小於 (25)

124

Chapter 06 機器人走迷宮（超音波感測器）

範例 機器人向前走，直到超音波感測器偵測前方有「障礙物」時，就會結束迴圈。

解答

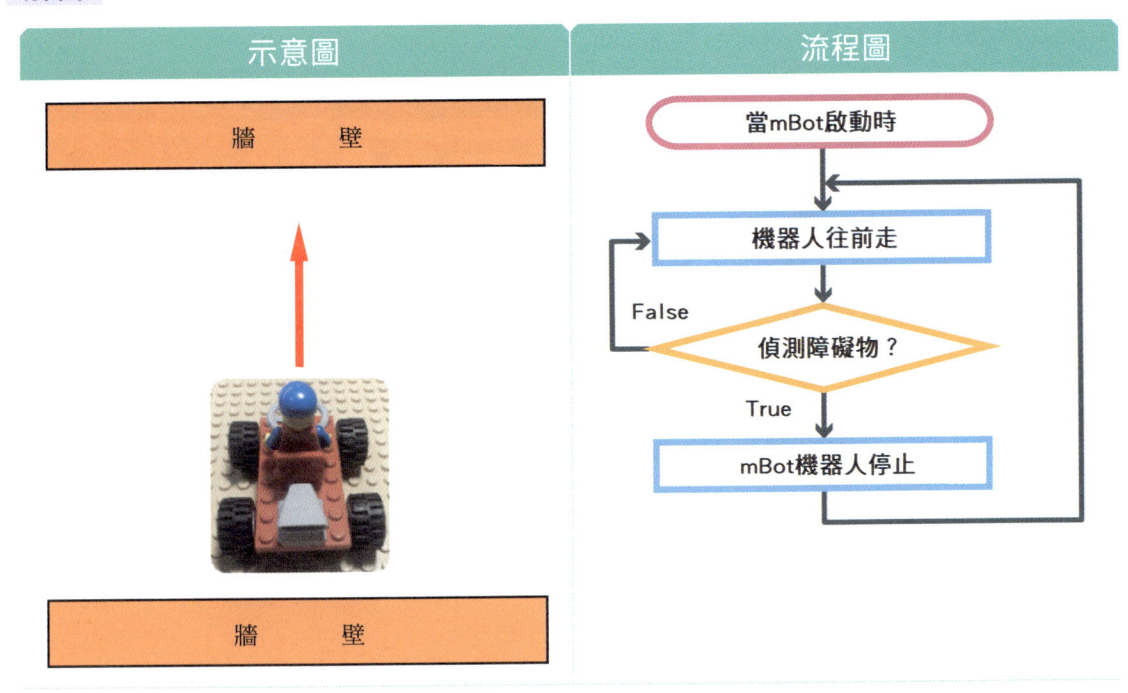

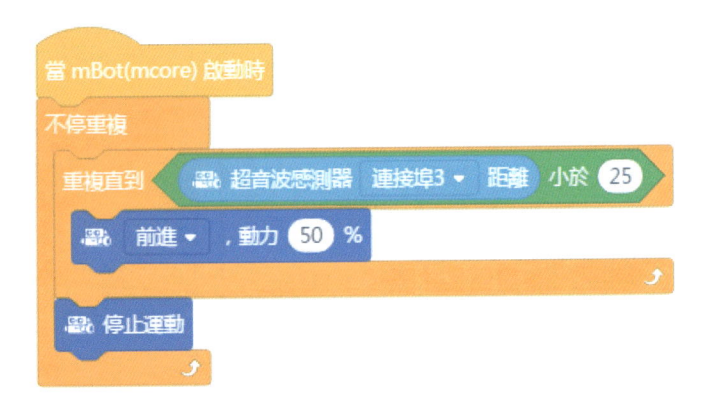

示意圖	流程圖
牆壁（上）／機器人／牆壁（下）	當mBot啟動時 → 機器人往前走 → 偵測障礙物？（False 回到機器人往前走；True → mBot機器人停止）

◎ mBlock 拼圖程式

當 mBot(mcore) 啟動時
不停重複
　重複直到　超音波感測器 連接埠3 距離 小於 25
　　　前進，動力 50 %
　停止運動

125

6-6　mBot 機器人走迷宮

在國際奧林匹克機器人競賽（WRO）經常出現的「機器人走迷宮」，它就是利用超音波感測器來完成。

入口出發	尋找迷宮路徑	順利找到出口

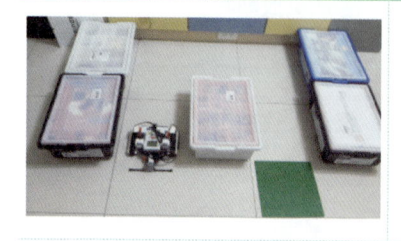

◎ 解析

1. 機器人的「超音波感測器」偵測前方有「障礙物」時，「向右轉」或「向左轉」，否則向前走。
2. 如果單獨使用「等待模組」，只能執行一次，無法反覆執行。

◎ 解決方法

搭配無限制的「迴圈結構（Loop）」，可以讓你反覆操作此機器人的動作。

◎ 常見的兩種情況

第一種情況（出口在右方）	第二種情況（出口在左方）

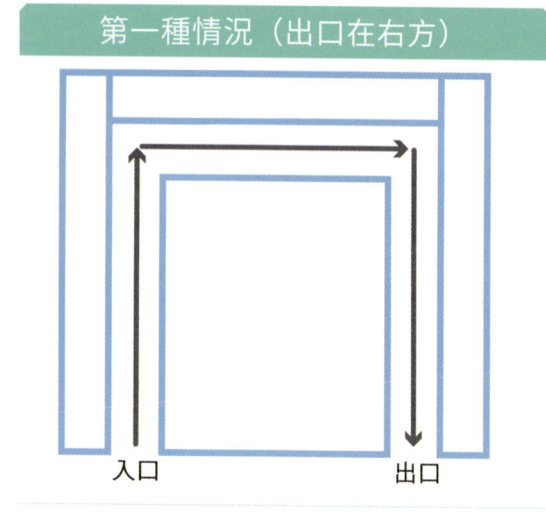

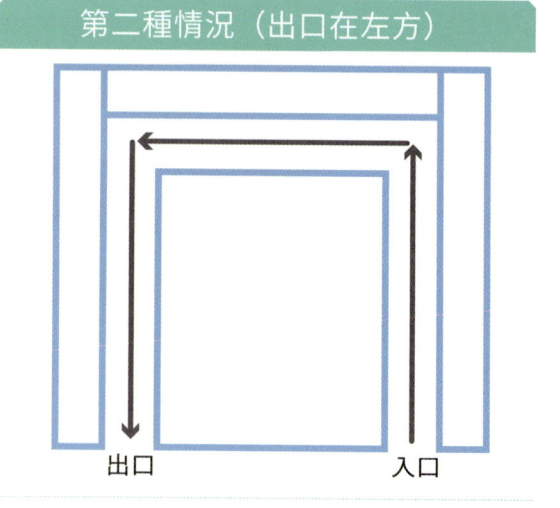

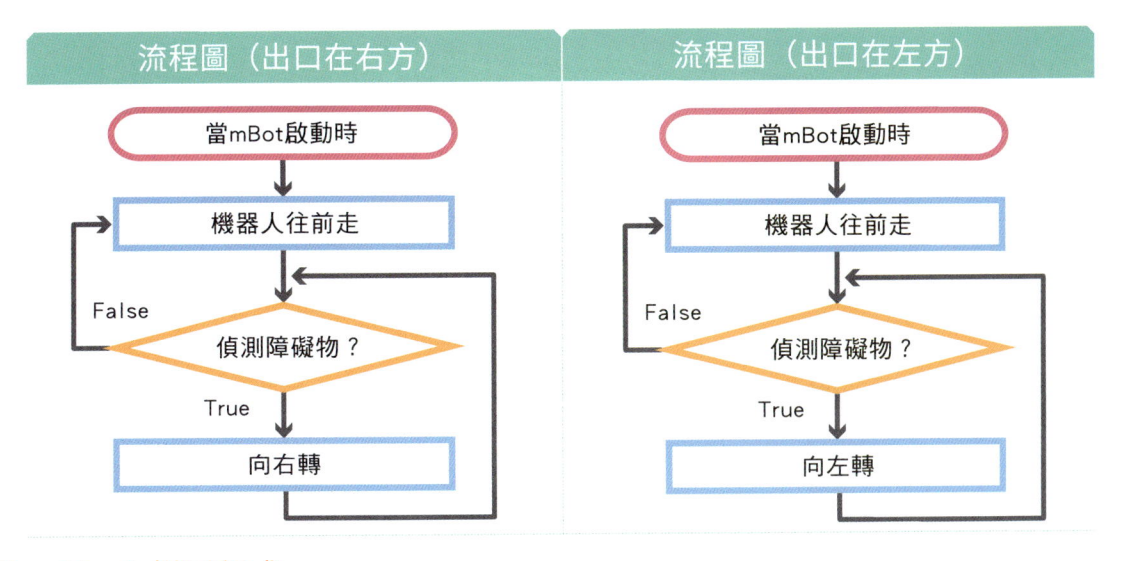

Chapter 06　機器人走迷宮（超音波感測器）

流程圖（出口在右方）

當mBot啟動時 → 機器人往前走 → 偵測障礙物？
- False：回到機器人往前走
- True：向右轉 → 回到機器人往前走

流程圖（出口在左方）

當mBot啟動時 → 機器人往前走 → 偵測障礙物？
- False：回到機器人往前走
- True：向左轉 → 回到機器人往前走

◎ mBlock 拼圖程式

mBlock 拼圖程式（出口在右方）

```
當 mBot(mcore) 啟動時
不停重複
  如果 超音波感測器 連接埠3 距離 小於 25 那麼
    右轉，動力 50 %
  否則
    前進，動力 50 %
```

mBlock 拼圖程式（出口在左方）

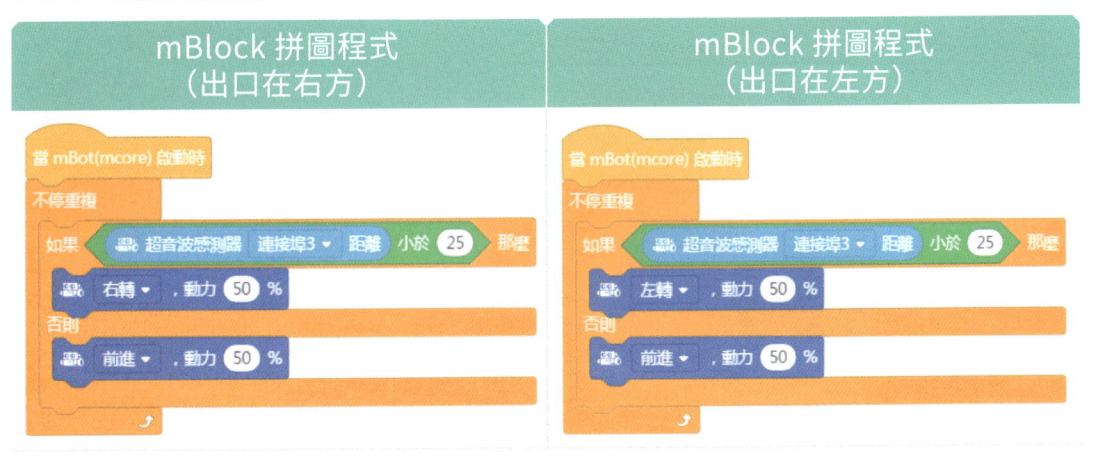

```
當 mBot(mcore) 啟動時
不停重複
  如果 超音波感測器 連接埠3 距離 小於 25 那麼
    左轉，動力 50 %
  否則
    前進，動力 50 %
```

127

6-7　超音波感測器控制其他拼圖模組

假設我們已經組裝完成一台機器人，想讓機器人依照偵測距離的遠近來決定前進的快慢。亦即機器人越接近障礙物時，速度越慢。此時，我們必須要透過「超音波感測器」來偵測前方障礙物的「距離」，並且將此「距離的數值資料」傳給「馬達」中的轉速。

範例　超音波偵測的距離來控制馬達的速度。

解答

示意圖	流程圖
牆壁／越走越慢／牆壁	當mBot啟動時 → 速度=(偵測距離/4) 再取四捨五入 → 馬達轉速=速度

◎ mBlock 拼圖程式

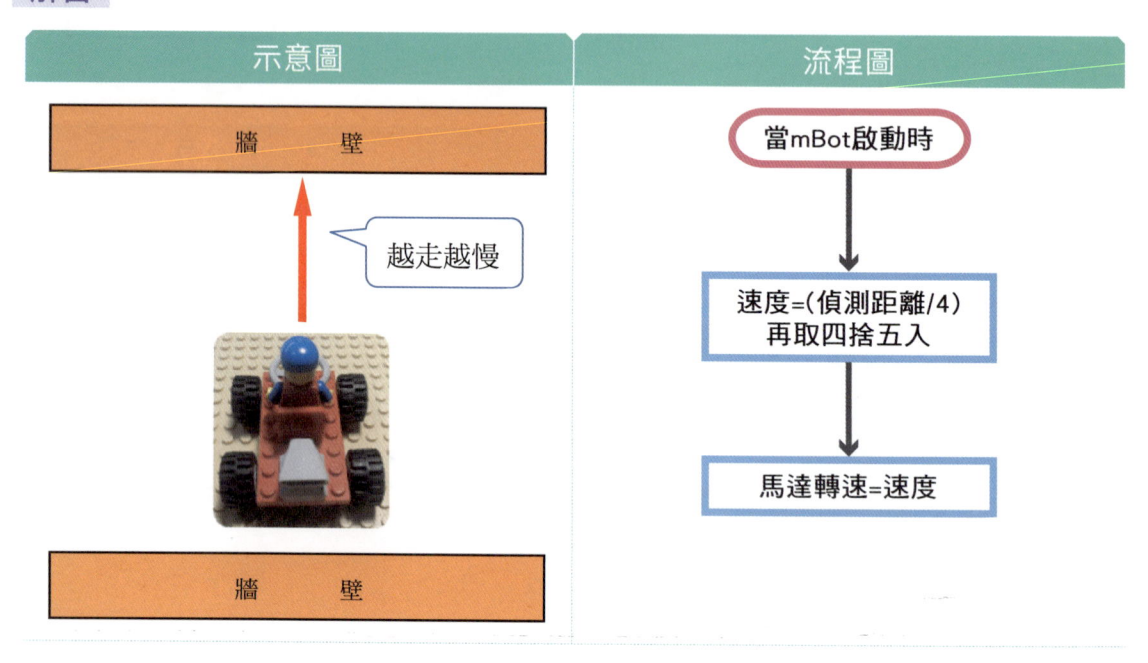

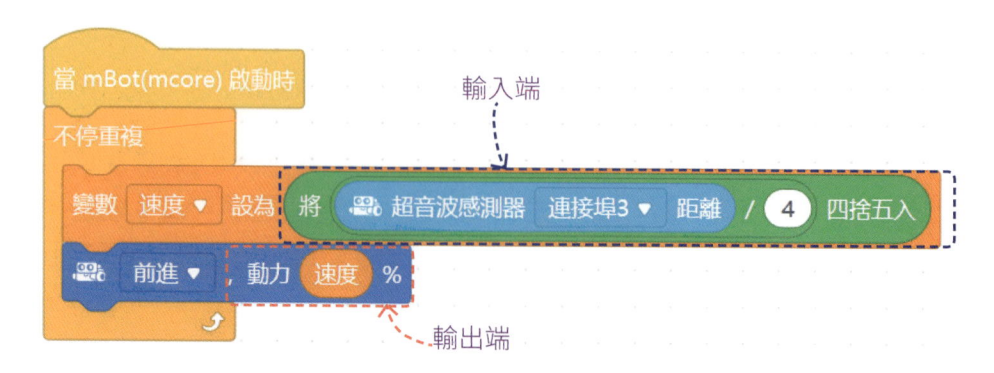

```
當 mBot(mcore) 啟動時
不停重複
    變數 速度 ▼ 設為 ( 將 超音波感測器 連接埠3▼ 距離 / 4 四捨五入 )   ← 輸入端
    前進 ▼ 動力 速度 %                                              ← 輸出端
```

說明　1. 馬達的轉速的絕對值為 100。
　　　　2. 超音波感測器的偵測距離長度約為 400cm，因此，400/100 ≒ 4
　　　　3. 所以，每當超音波偵測長度除以 4 就能夠將馬達的轉速正規化。

6-8　看家狗

利用「超音波感測器」來模擬「看家狗系統」。

假設「前進速度與距離的方程式」：速度 = (距離 (cm) – 30)*10

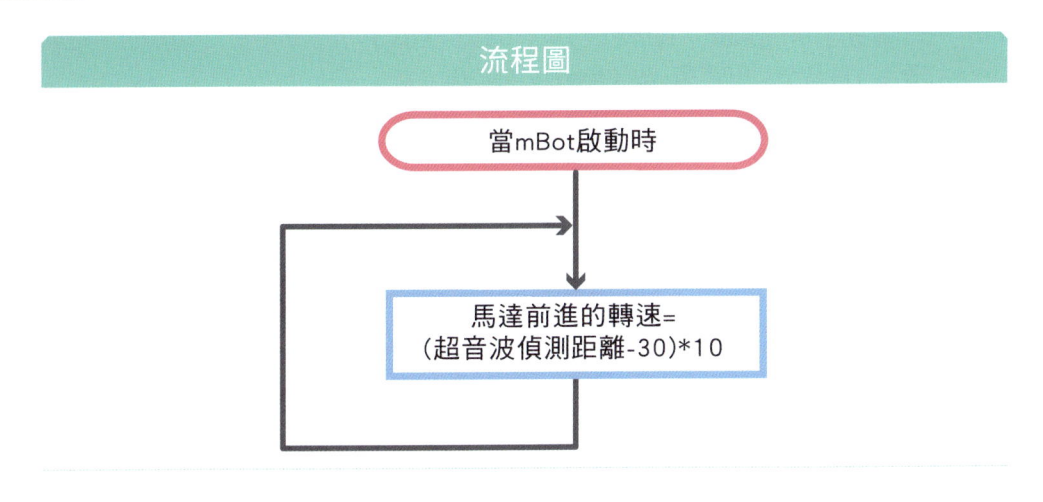

解答

流程圖

當mBot啟動時
↓
馬達前進的轉速＝
(超音波偵測距離-30)*10

mBlock 程式

當 mBot(mcore) 啟動時
不停重複
　變數 速度 設為 （超音波感測器 連接埠3 距離 - 30）* 10
　前進，動力 速度 %

6-9　自動剎車系統

利用「超音波感測器」來模擬「自動剎車系統」的「距離與聲音頻率的關係」。假設「距離與頻率的方程式」：頻率 (Hz) = –50* 距離 (cm) + 2000

實作　利用「超音波感測器」來模擬「自動剎車系統」的「距離與聲音頻率的關係」。假設「距離與頻率的方程式」：
頻率 (Hz) = –50* 距離 (cm) + 2000

解答

流程圖

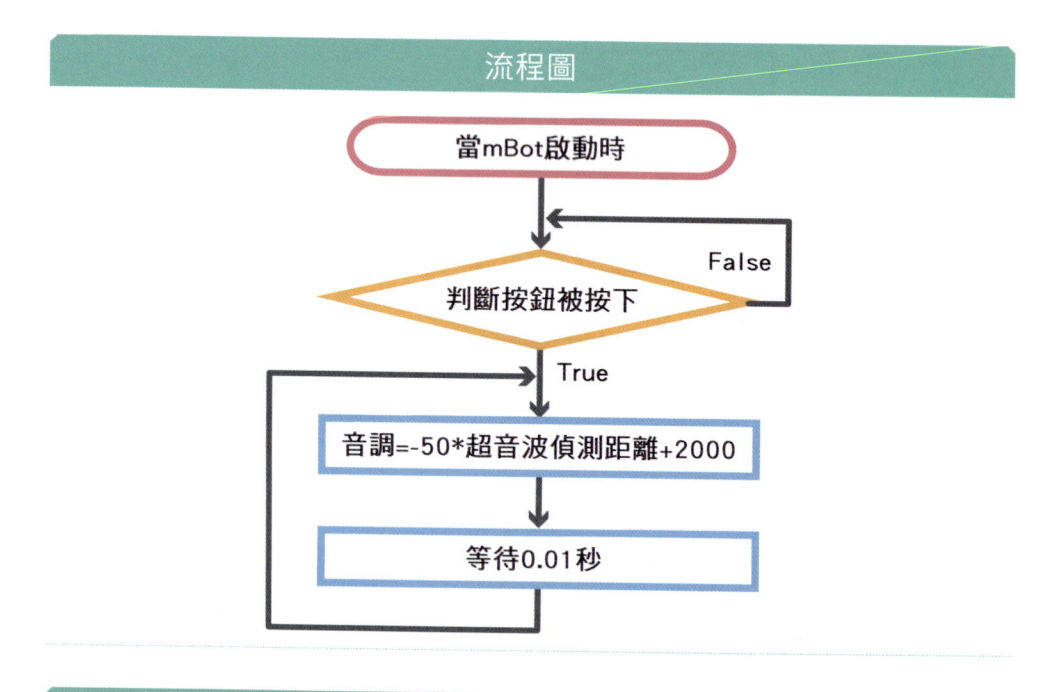

- 當mBot啟動時
- 判斷按鈕被按下（False 回流；True 往下）
- 音調=-50*超音波偵測距離+2000
- 等待0.01秒
- （迴圈回到判斷按鈕被按下）

mBlock 程式

```
當 mBot(mcore) 啟動時
等待直到 < 當板載按鍵 按下 ? >
不停重複
    變數 音調 ▼ 設為 ( -50 * 超音波感測器 連接埠3 ▼ 距離 ) + 2000
    播放音頻 (音調) 赫茲, 持續 (0.01) 秒
```

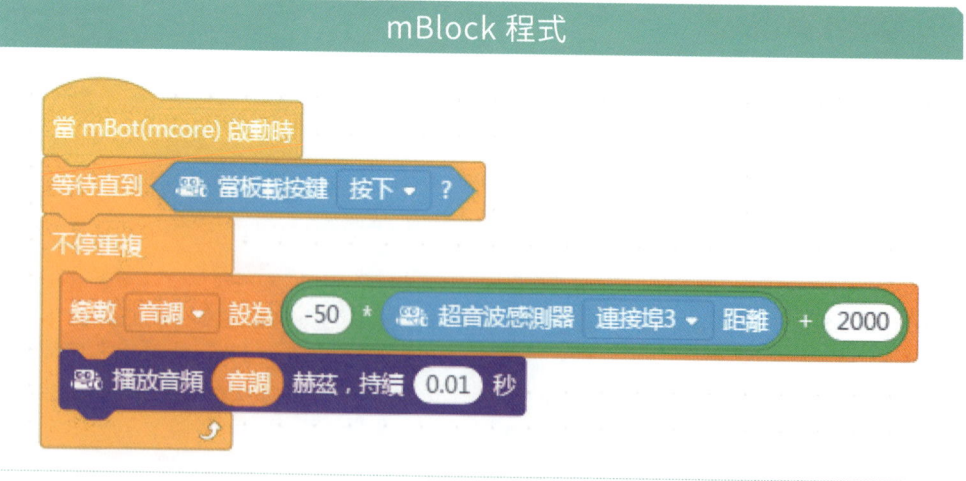

Chapter 6 課後評量

1. 請撰寫 mBlock 拼圖程式，當使用者按下「按鈕」時，可以讓機器人繞一個正方形，反覆執行，直到「超音波感測器」前方 4 公分有障礙物就會停止。

2. 機器人前後排徊（不敢攻城的機器人）
   機器人向前進，當「超音波感測器」偵測前方 8 公分有障礙物時，則機器人後退，反覆進行此程序。

Notes

Chapter 07 機器人循跡車（巡線感測器）

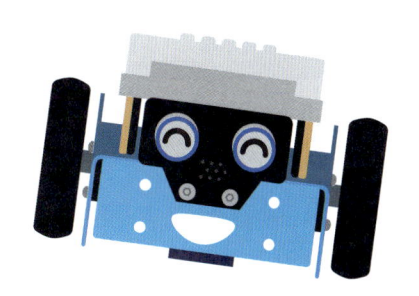

學習目標
1. 讓讀者瞭解 mBot 機器人輸入端的「巡線感測器」之定義及原理。
2. 讓讀者瞭解 mBot 機器人的「巡線感測器」之應用。

內容節次
7-1 認識巡線感測器
7-2 偵測巡線感測器的值
7-3 等待模組（Wait）的巡線感測器
7-4 分岔模組（Switch）的巡線感測器
7-5 迴圈模組（Loop）的巡線感測器
7-6 機器人循跡車
7-7 機器人偵測到第三線黑線就停止

7-1　認識巡線感測器（Line Follower）

◎ **定義** 是指用來偵測不同顏色（白色與黑色），並循著黑色或白色線行走。

◎ **目的** 讀取地板上的不同顏色，以讓機器人進行不同的動作。

◎ **圖示**

接 2 號輸入端（Port2）巡線感測器

Sensor1

Sensor2

◎ **外觀**

巡線感測器的前端，依照 mBot 機器人前進方向來看，左、右兩邊各有一個紅外線感測器（左邊為 Sensor1，右邊為 Sensor2）。

◎ **應用時機**

1. 循跡機器人（沿著黑色行走）
2. 垃圾車（循跡車＋超音波感測器）
3. 尋找黑線

7-2 偵測巡線感測器的值

1. 第一種方法：利用變數

◎ 測試回傳值

mBot 巡線感測器，只能判斷黑色與白色，判斷所得回傳值有四種情況：

Sensor1（左邊）偵測到顏色	Sensor2（右邊）偵測到顏色	回傳值
黑色	黑色	0
黑色	白色	1
白色	黑色	2
白色	白色	3

說明
1. 回傳值如果為「0」代表巡線感測器，目前完全處在黑線上。
2. 回傳值如果為「1」代表巡線感測器，目前「左邊」紅外線感測器處在「黑線」上，而「右邊」紅外線感測器處在「白線」上。
3. 回傳值如果為「2」代表巡線感測器，目前「左邊」紅外線感測器處在「白線」上，而「右邊」紅外線感測器處在「黑線」上。
4. 回傳值如果為「3」代表巡線感測器，目前完全處在白線上。

2. 第二種方法：勾選「 [循線感測器 連接埠2 數值] 」

mBlock 拼圖程式

☑ [循線感測器 連接埠2 數值]

◎ 巡線感測器的三種常用方法

巡線感測器在 mBlock 常被使用下列三種功能區塊（Block）。

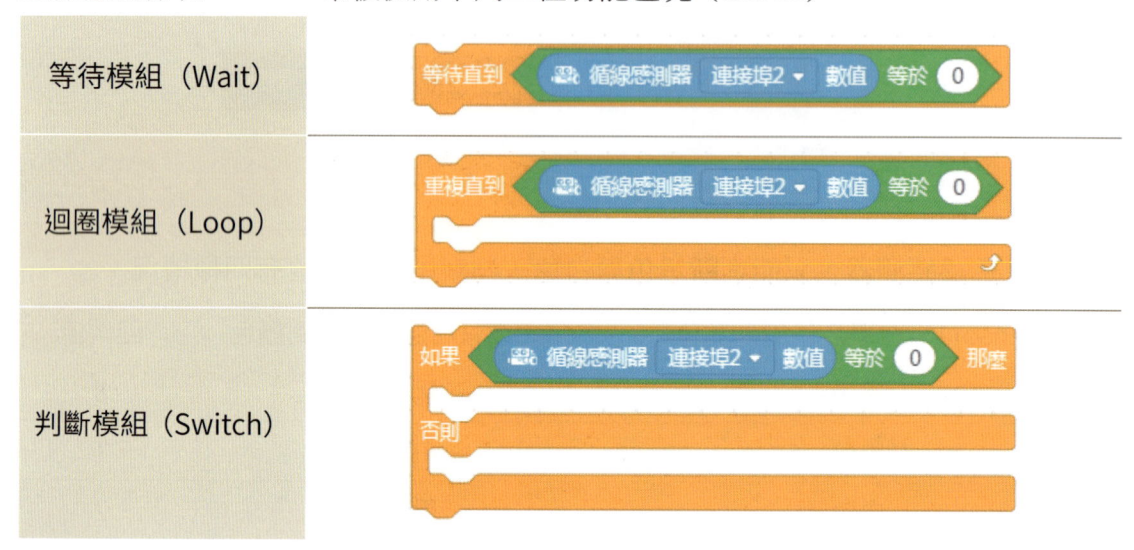

等待模組（Wait）	等待直到 [循線感測器 連接埠2 數值] 等於 0
迴圈模組（Loop）	重複直到 [循線感測器 連接埠2 數值] 等於 0
判斷模組（Switch）	如果 [循線感測器 連接埠2 數值] 等於 0 那麼 否則

7-3　等待模組（Wait）的巡線感測器

◎ 功能　用來設定等待「巡線感測器」偵測到「門檻值（黑色線）」時，再繼續執行下一個動作。

◎ 等待模組（Wait）

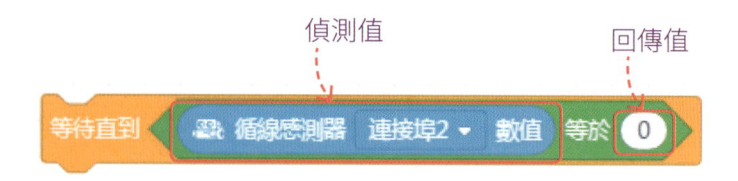

　　　　　　　　　　　偵測值　　　　　　　　回傳值

等待直到 [循線感測器 連接埠2 數值] 等於 0

範例 1　機器人往前走，等到「巡線感測器」偵測到「黑色線」時，就會「停止」。

《請利用等待模組》

示意圖

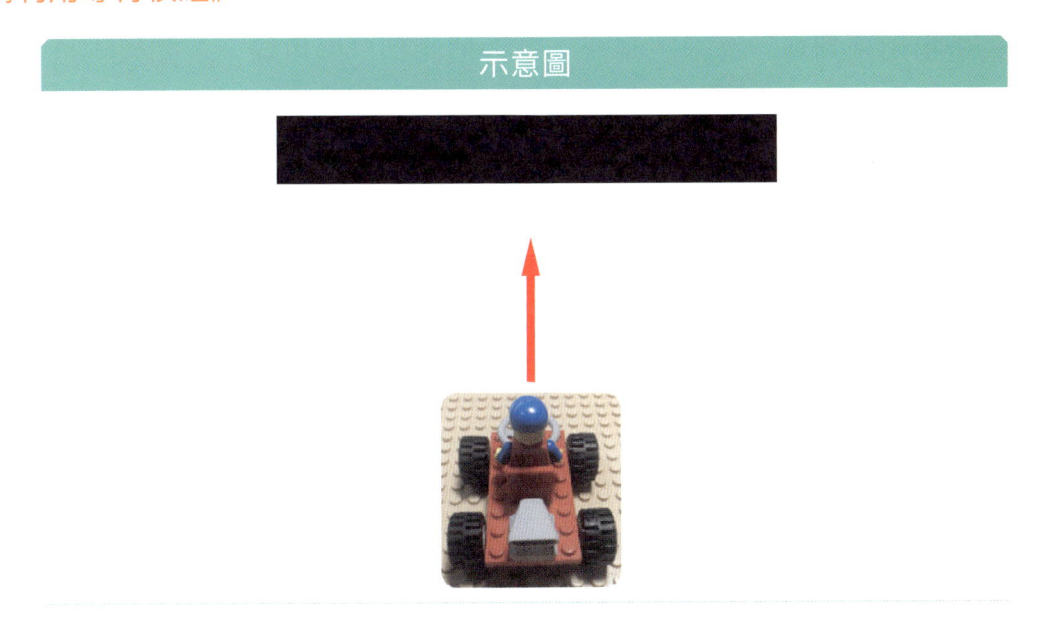

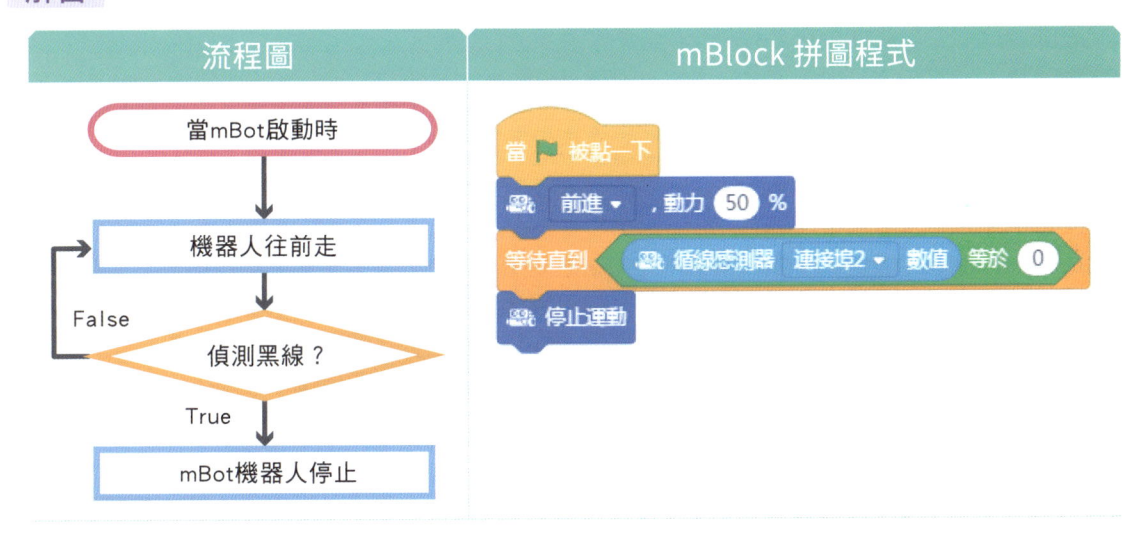

流程圖	mBlock 拼圖程式
當mBot啟動時 → 機器人往前走 → 偵測黑線？（False 迴圈、True → mBot機器人停止）	當 ▶ 被點一下 前進，動力 50 % 等待直到 循線感測器 連接埠2 數值 等於 0 停止運動

解答

7-4　分岔模組（Switch）的巡線感測器

◎ **定義** 是指用來判斷「巡線感測器」是否偵測到「黑色線」，如果「是」，則執行「上面」的分支，否則，就會執行「下面」的分支。

◎ **分岔模組（Switch）**

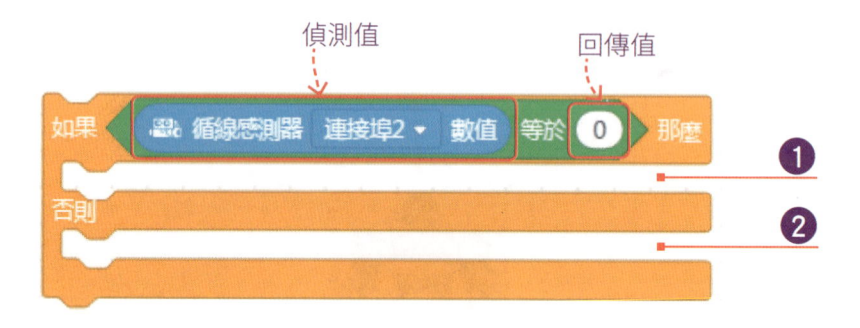

偵測值　　　　　回傳值

[如果　循線感測器 連接埠2 ▼ 數值　等於　0　那麼]　①
[否則]　②

📄 **說明**
① 當條件式「成立」時，則執行「上面」的分支。
② 當條件式「不成立」時，則執行「下面」的分支。

範例 2　機器人往前走，等到「巡線感測器」偵測到「黑色線」，就會「停止」。《請利用分岔模組》

《請利用等待模組》

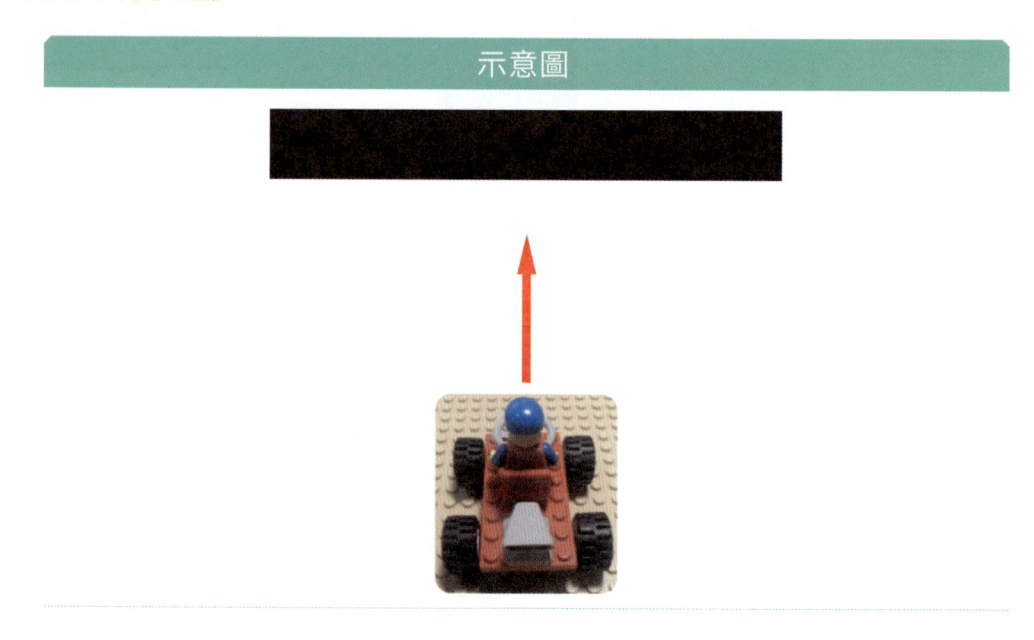

示意圖

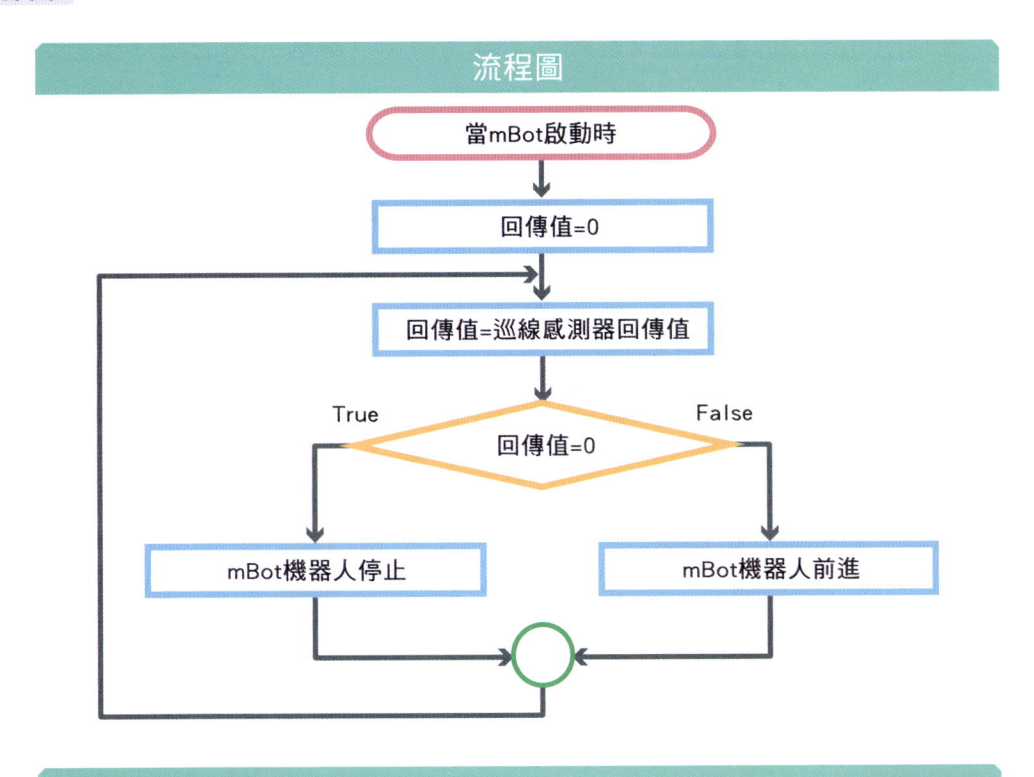

解答

流程圖

```
當mBot啟動時
      ↓
   回傳值=0
      ↓
回傳值=巡線感測器回傳值
      ↓
    回傳值=0
  True ↙   ↘ False
mBot機器人停止   mBot機器人前進
```

mBlock 拼圖程式

```
當 ▶ 被點一下
變數 回傳值 ▼ 設為 0
不停重複
    變數 回傳值 ▼ 設為  循線感測器 連接埠2 ▼ 數值
    如果 < 回傳值 等於 0 > 那麼
        停止運動
    否則
        前進 ▼ , 動力 50 %
```

Chapter 07　機器人循跡車（巡線感測器）

範例 3 機器人在桌面上行走，直到「巡線感測器」偵測「桌邊」時，就會「停止」。

Step 1 ▶ 先利用 mBot 機器人的「巡線感測器」偵測「桌邊」時的回傳值。

Step 2 ▶ 再針對回傳值作為停止馬達前進的條件。

◎ mBlock 拼圖程式

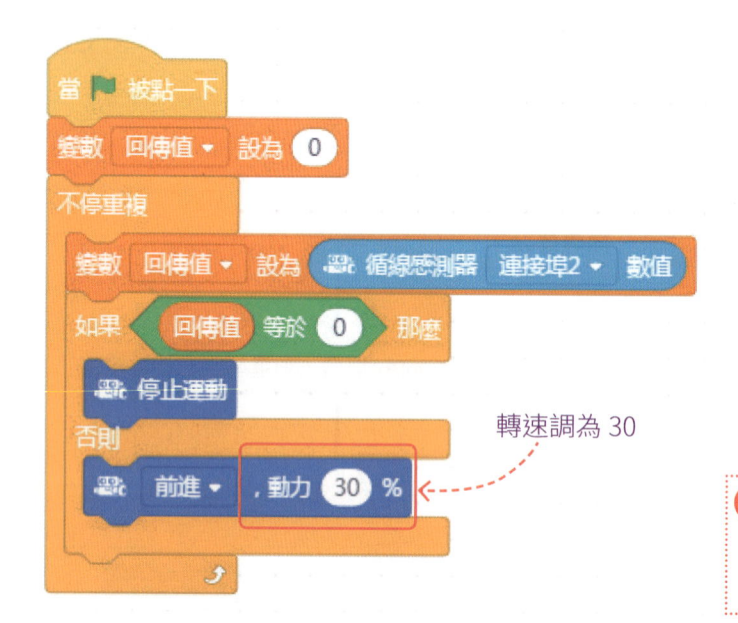

轉速調為 30

注意 當 mBot 機器人尚未走到「桌邊」的行走轉速不能太快，否則可能會掉到桌面下。

7-5 迴圈模組（Loop）的巡線感測器

◎ **定義** 是指用來等待「巡線感測器」是否偵測到「黑色線」，如果「是」，則結束迴圈。

◎ 迴圈模組（Loop）

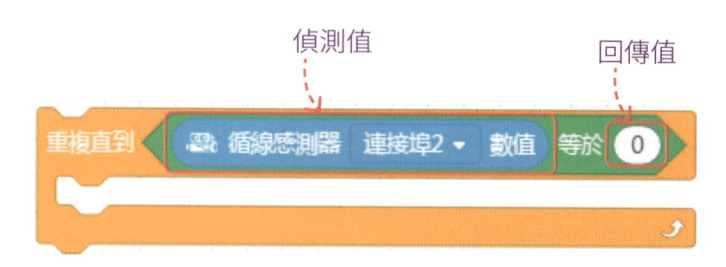

偵測值　　回傳值

Chapter 07　機器人循跡車（巡線感測器）

範例 4　　機器人往前走，直到「巡線感測器」偵測黑色線，就會「停止」。

《請利用等待模組》

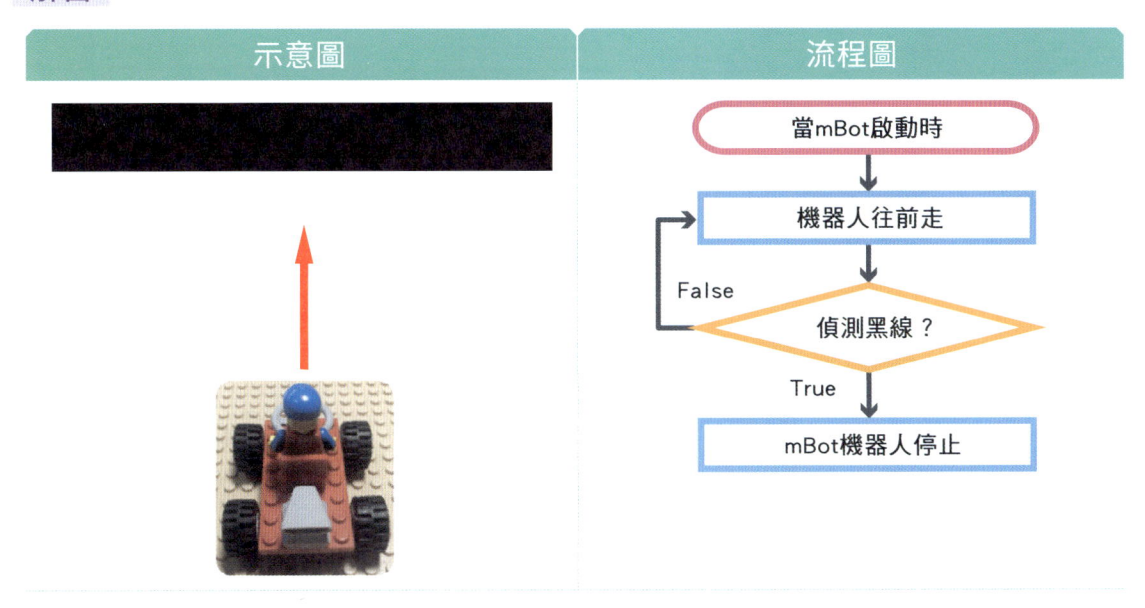

解答

示意圖	流程圖

◎ mBlock 拼圖程式

141

7-6　機器人循跡車

在機器人領域中，目前國內外有非常多的比賽都必須要走「軌跡」，亦即利用「巡線感測器」沿著黑色線前進。

◎ **圖解說明** 機器人「由左至右」行走

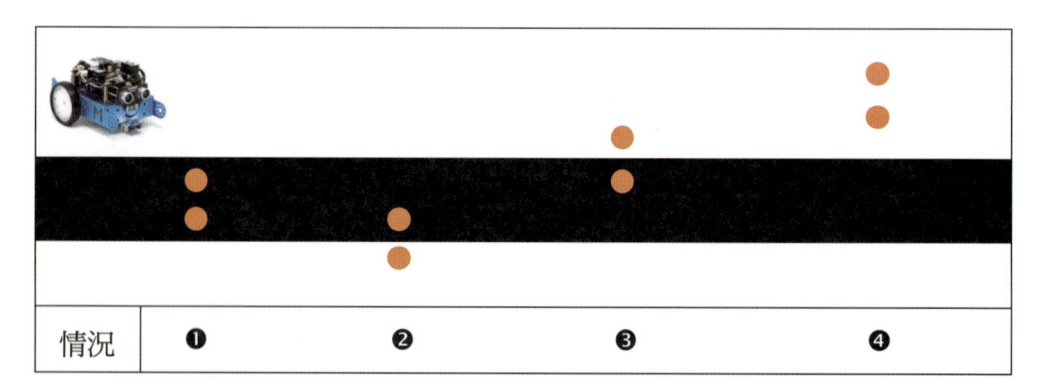

| 情況 | ❶ | ❷ | ❸ | ❹ |

📄 **說明** 左、右兩個紅外線感測器之間的距離約1.2公分，而黑色線的寬度約2公分。

在瞭解 mBot 機器人在行走過程中，可能會產生以上四種情況，因為為了達到 mBot 機器人能沿著黑線行走的效果，因此我們必須要進行各種調整，亦即依不同的情況，做不同的調整動作。

情況	Sensor1（左邊）偵測到顏色	Sensor2（右邊）偵測到顏色	回傳值	調整動作
① 在黑線上	黑色	黑色	0	往前走
② 偏向右邊	黑色	白色	1	往左轉
③ 偏向左邊	白色	黑色	2	往右轉
④ 完全偏離黑線	白色	白色	3	兩種情況[註]

> 註　如果 mBot 機器人完全偏離黑線時，該往左轉或往右轉必須要先判斷 mBot 機器人上一次的轉向，如果上一次是向左轉而造成 mBot 機器人完全偏離黑線時，那就調整向右轉來調整 mBot 機器人行進方向。

實作一

請針對「巡線感測器」的回傳值（0~2）三種情況，來調整 mBot 機器人沿著黑色線行走。

◎ 繪製流程圖

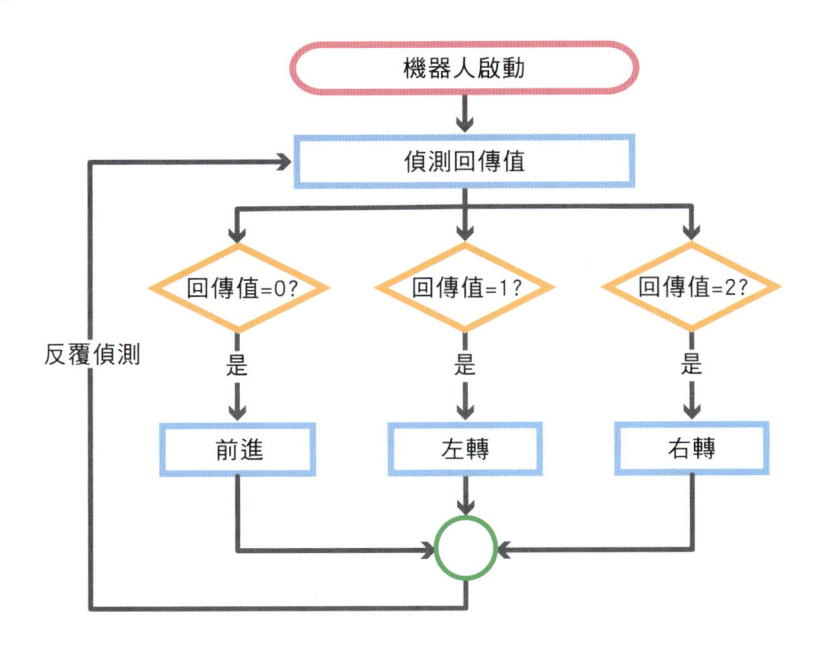

◎ mBlock 程式碼

Scratch 3.0 (mBlock 5 含 AI) 程式設計

實作二 請設計一台 mBot 機器人的「巡線感測器」可以處理四種回傳值 (0~3)，來調整 mBot 機器人沿著黑色線行走。

◎ 繪製流程圖

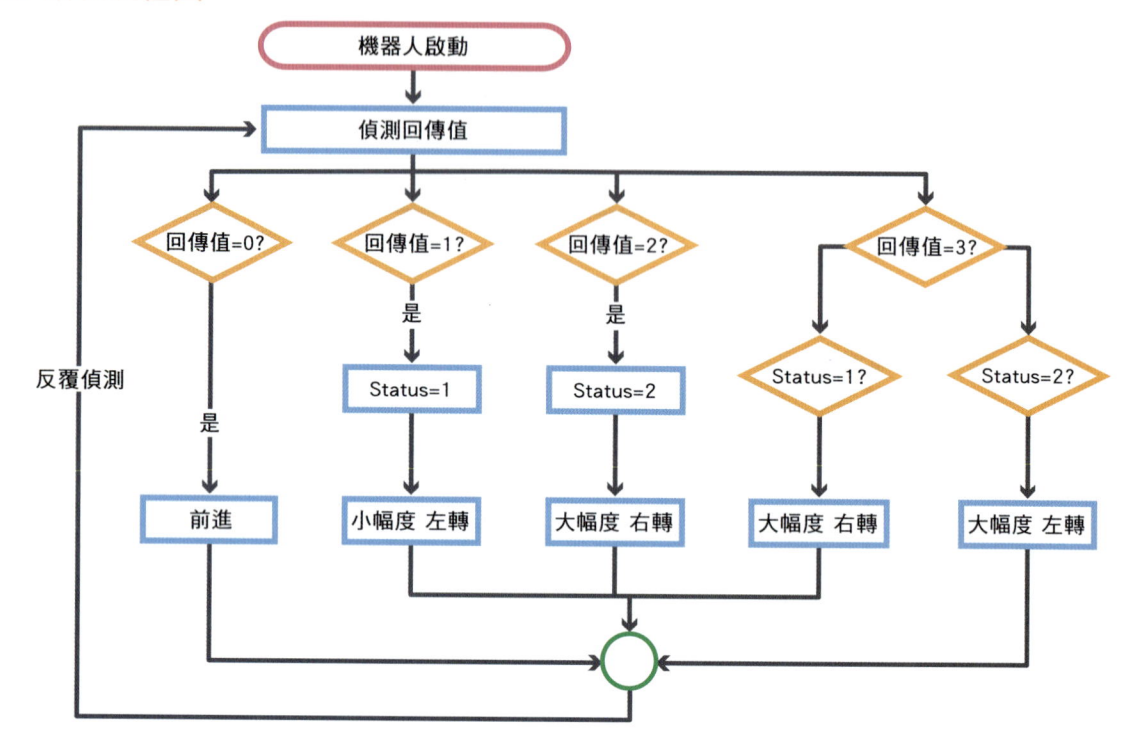

```
機器人啟動
    ↓
偵測回傳值 ←──────────────────────── 反覆偵測
    ↓
┌───────┬───────┬───────┬───────┐
回傳值=0?  回傳值=1?  回傳值=2?  回傳值=3?
  ↓是      ↓是       ↓是       ↓
 前進   Status=1  Status=2  Status=1?  Status=2?
         ↓         ↓        ↓          ↓
       小幅度左轉  大幅度右轉  大幅度右轉  大幅度左轉
```

◎ mBlock 程式碼

```
當 mBot(mcore) 啟動時
變數 狀態 ▼ 設為 0
不停重複
    變數 回傳值 ▼ 設為 ◎ 循線感測器 連接埠2 ▼ 數值
    如果 回傳值 等於 0 那麼
        ◎ 前進 ▼ , 動力 80 %
    如果 回傳值 等於 1 那麼
        變數 狀態 ▼ 設為 1
        ◎ 左轉 ▼ , 動力 50 %
    如果 回傳值 等於 2 那麼
        變數 狀態 ▼ 設為 2
        ◎ 右轉 ▼ , 動力 50 %
    如果 回傳值 等於 3 那麼
        如果 狀態 等於 1 那麼
            ◎ 右轉 ▼ , 動力 60 %
        如果 狀態 等於 2 那麼
            ◎ 左轉 ▼ , 動力 60 %
```

Chapter 07 機器人循跡車（巡線感測器）

實作三 承上一題，再增加以下兩項功能：
1. 當使用者按下「按鈕」時，才會啟動。
2. 直到光線感測器偵測到「暗光」時，就會停止。

◎ mBlock 程式碼

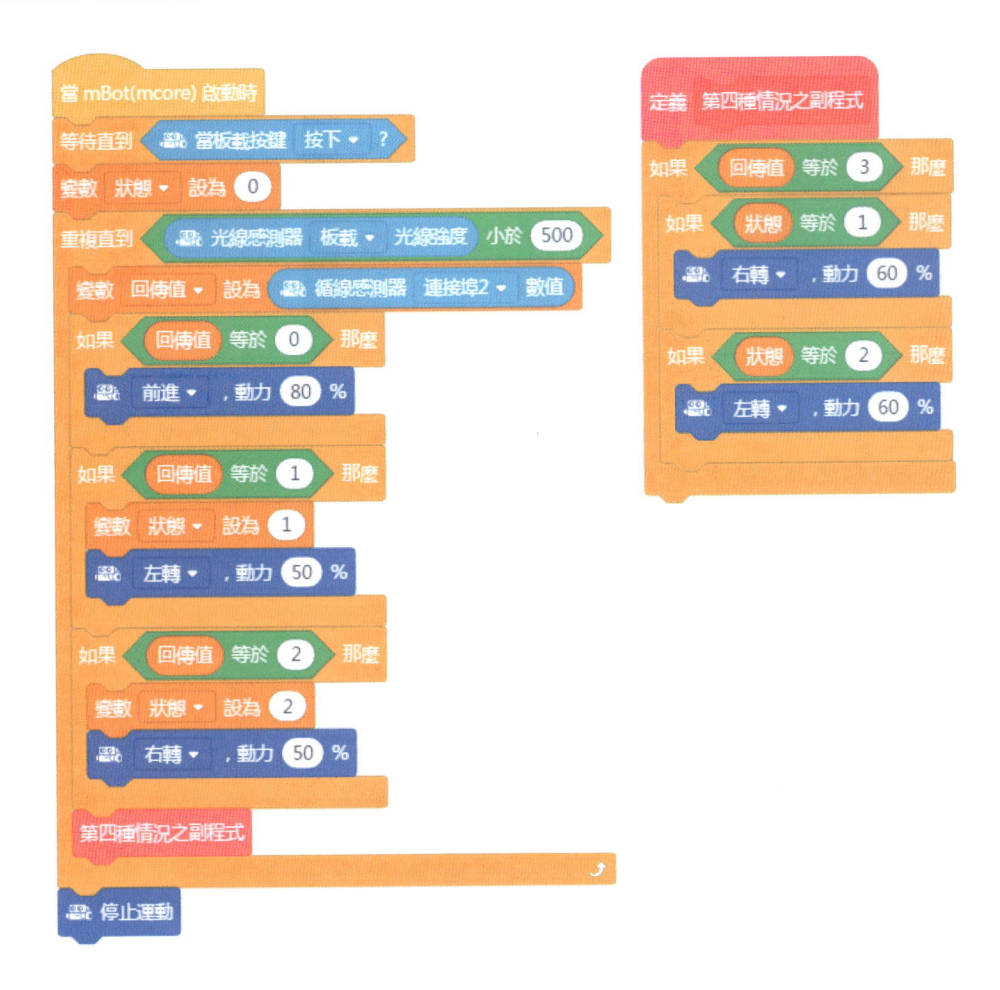

```
當 mBot(mcore) 啟動時
等待直到 <當板載按鍵 按下?>
變數 狀態 設為 0
重複直到 <光線感測器 板載 光線強度 小於 500>
    變數 回傳值 設為 (循線感測器 連接埠2 數值)
    如果 <回傳值 等於 0> 那麼
        前進, 動力 80 %
    如果 <回傳值 等於 1> 那麼
        變數 狀態 設為 1
        左轉, 動力 50 %
    如果 <回傳值 等於 2> 那麼
        變數 狀態 設為 2
        右轉, 動力 50 %
    第四種情況之副程式
停止運動
```

```
定義 第四種情況之副程式
如果 <回傳值 等於 3> 那麼
    如果 <狀態 等於 1> 那麼
        右轉, 動力 60 %
    如果 <狀態 等於 2> 那麼
        左轉, 動力 60 %
```

145

7-7　機器人偵測到第三線黑線就停止

在前面所介紹的機器人循跡車,雖然可以利用「巡線感測器」沿著黑色線前進,但是,在這行走的過程中並沒有記錄歷程。因此,在本單元中,請介紹如果讓 mBot 機器人,利用「巡線感測器」偵測到第三條黑線就停止。示意圖如下:

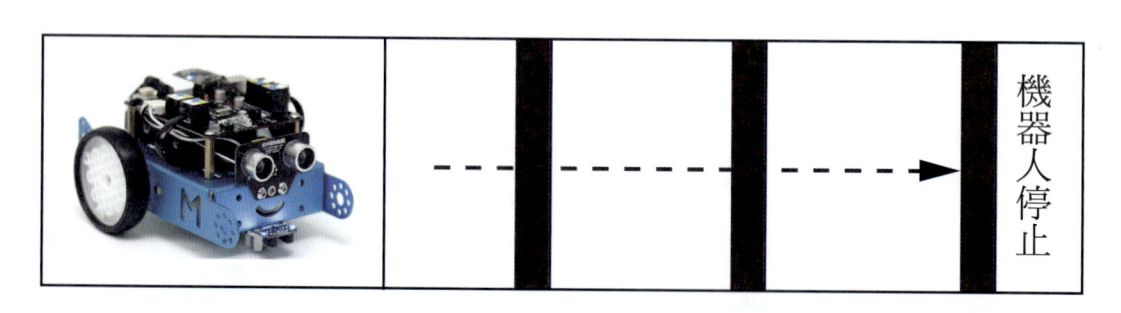

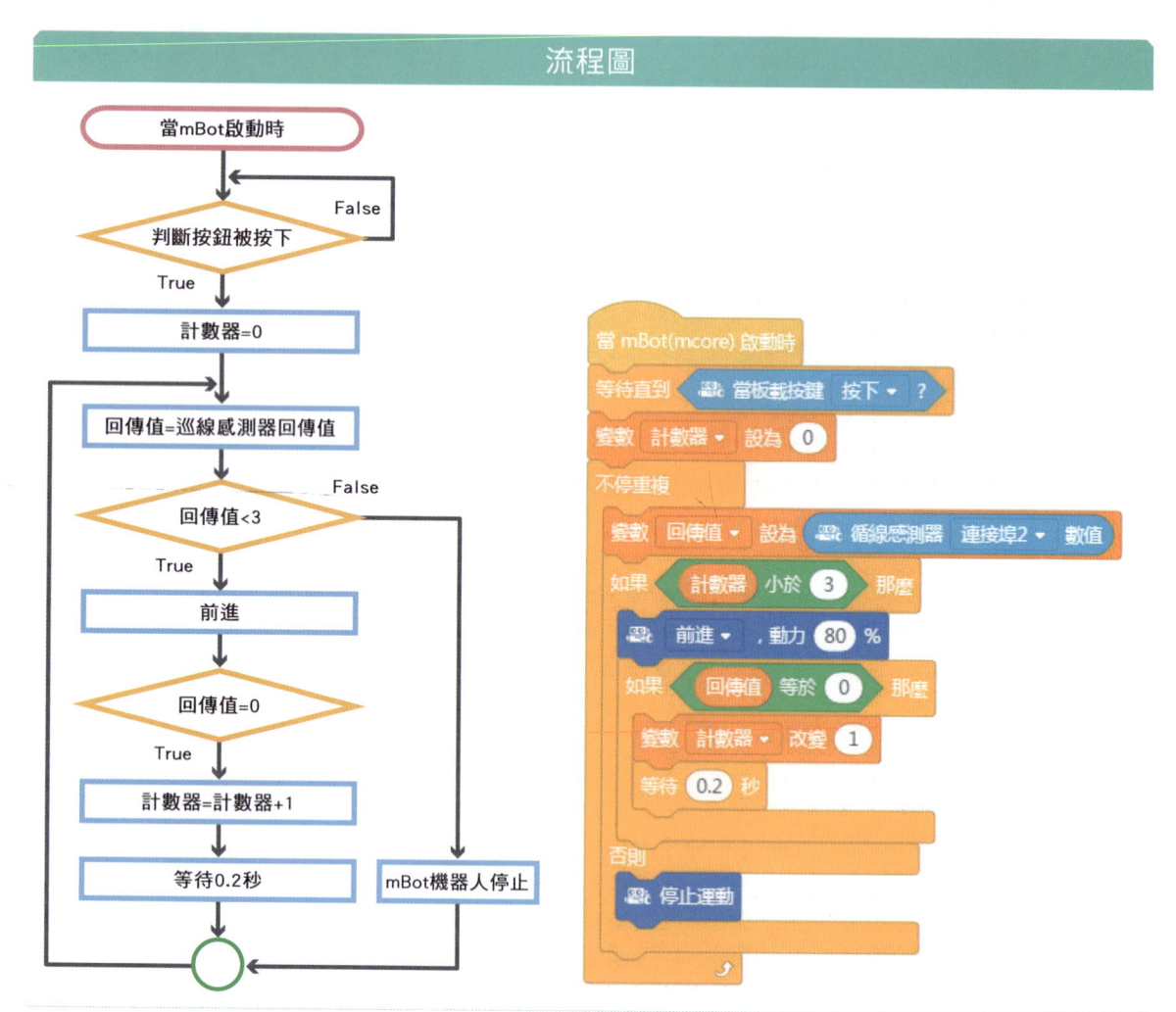

流程圖

Chapter 7 課後評量

1. 請設計一台 mBot 機器人在行走時，如果偏右，必須要左轉並發出「Do 聲」，相反的，如果偏左，必須要右轉並發出「Re 聲」，亦即機器人循跡車走偏會有警告聲。

2. 承上題，請再增加一個「按鈕」啟動的功能。亦即當使用者按下「mCore 控制板」上的「按鈕」時，才會開始循跡。

3. 承上題，請再增加一個「暗光」時關閉 mBot 機器人行走的功能。亦即當使用者的手蓋住「mCore 控制板」上的「光線感測器」時，才會停止循跡。

4. 在本章節中，介紹的機器人循跡車是以同時偵測到「黑線」時，就會直走，但是，此種作法在比較複雜的巡線地圖中，恐怕無法順利。因此，請同學改良一下，當偵測到「左黑右白」時才會直走。

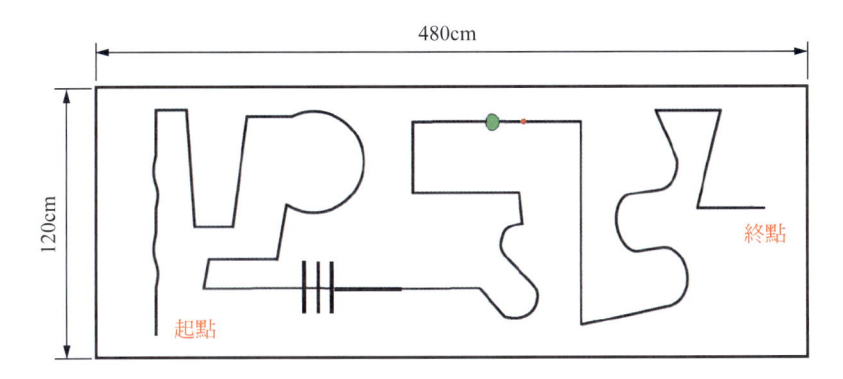

◎ 圖解說明

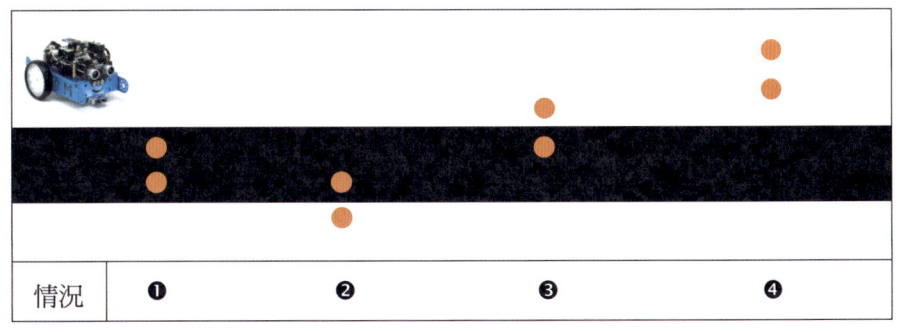

情況	Sensor1（左邊）偵測到顏色	Sensor2（右邊）偵測到顏色	回傳值	調整動作
① 在黑線上	黑色	黑色	0	往右轉（自旋）
② 偏向右邊	黑色	白色	1	往前走
③ 偏向左邊	白色	黑色	2	往左轉（自旋）
④ 完全偏離黑線	白色	白色	3	往右轉

Notes

Chapter 08
遙控機器人
（紅外線感測器）

學習目標
1. 讓讀者瞭解 mBot 機器人的「紅外線感測器」傳送端與接收端的原理。
2. 讓讀者瞭解 mBot 機器人的「紅外線感測器」的相關應用。

內容節次
8-1　認識紅外線感測器
8-2　偵測紅外線感測器的值
8-3　等待模組（Wait）的紅外線感測器
8-4　分岔模組（Switch）的紅外線感測器
8-5　迴圈模組（Loop）的紅外線感測器
8-6　遙控一台 mBot 動作

8-1 認識紅外線感測器

◎ **定義** 是指用來傳送及接收訊息的其他機器人或設備。

◎ **分類**

　1. 發射器（IR Emitter）：是指用來發送 mBot 訊息給另一台 mBot 的接收器。
　2. 接收器（IR Receiver）：是指用來接收另一台 mBot 發射訊息或「紅外線遙控器」的訊號。

◎ **外觀圖示**

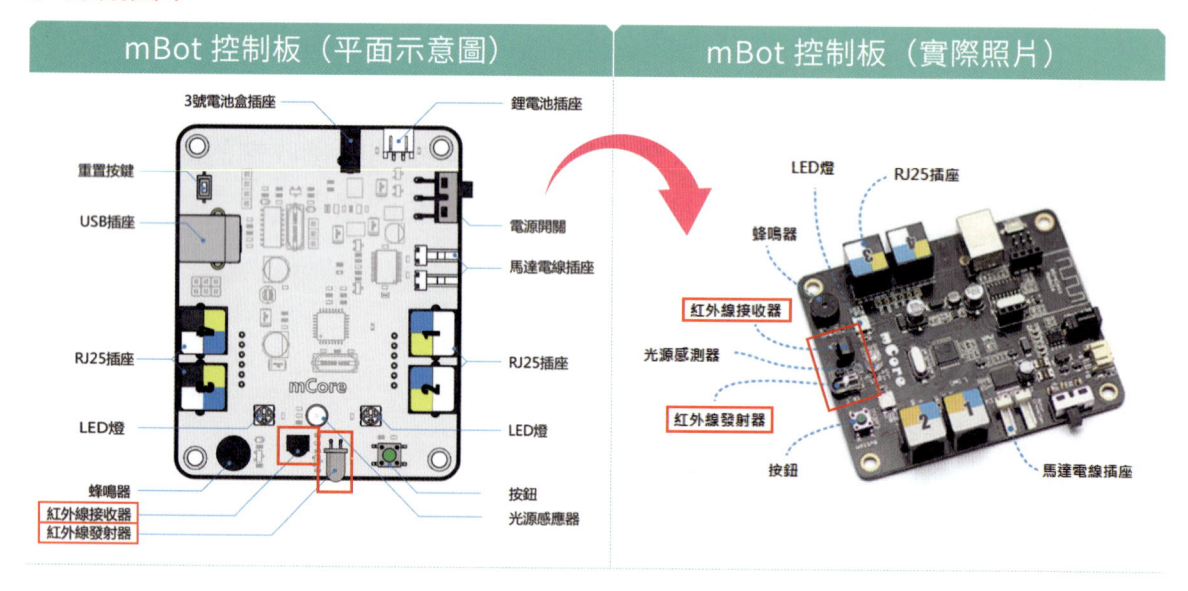

mBot 控制板（平面示意圖）	mBot 控制板（實際照片）

◎ **目的** 利用 mBot 遙控器來操控機器人的動作。

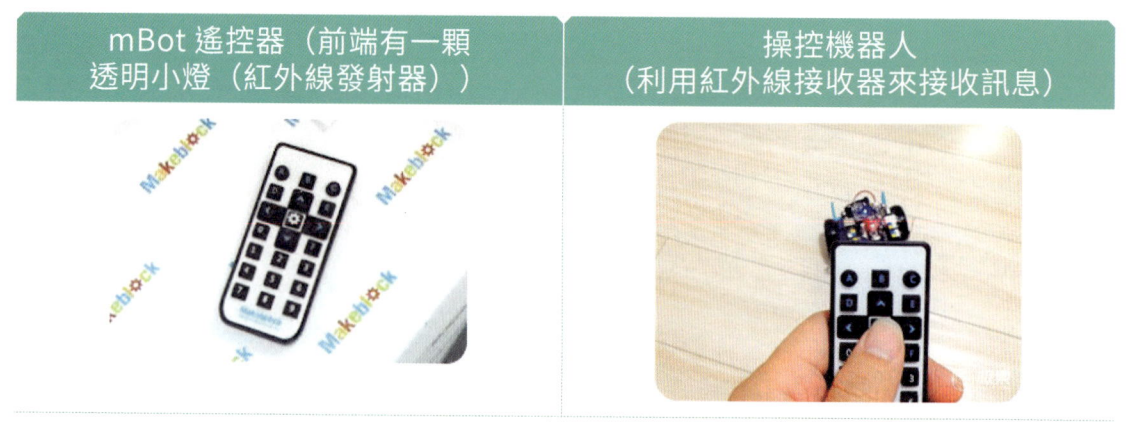

mBot 遙控器（前端有一顆透明小燈（紅外線發射器））	操控機器人（利用紅外線接收器來接收訊息）

◎ mBot 遙控器－圖解說明

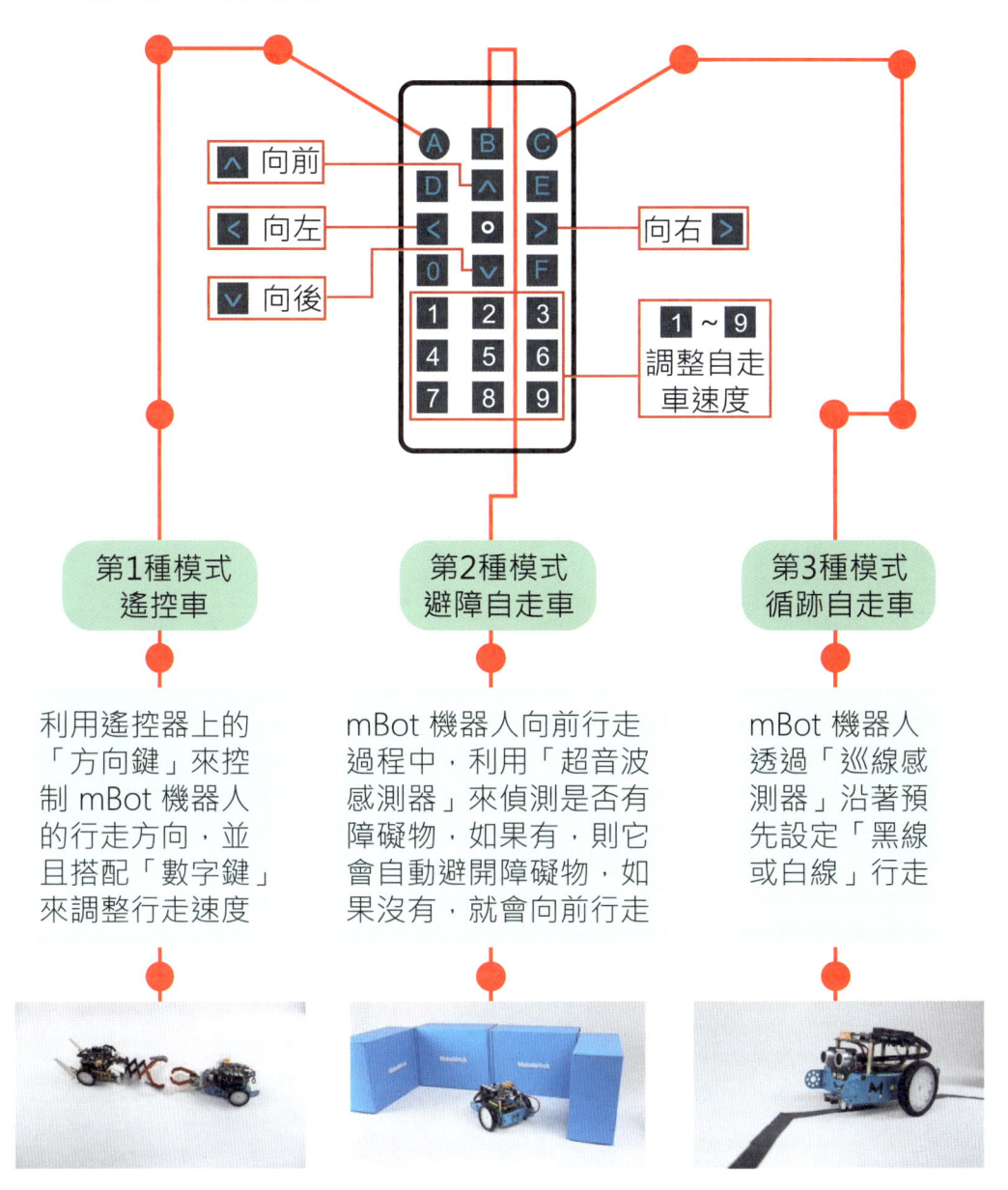

⬆ 向前

⬅ 向左　　　　　　　　　　　　向右 ➡

⬇ 向後

1～9 調整自走車速度

第1種模式 遙控車

利用遙控器上的「方向鍵」來控制 mBot 機器人的行走方向，並且搭配「數字鍵」來調整行走速度

第2種模式 避障自走車

mBot 機器人向前行走過程中，利用「超音波感測器」來偵測是否有障礙物，如果有，則它會自動避開障礙物，如果沒有，就會向前行走

第3種模式 循跡自走車

mBot 機器人透過「巡線感測器」沿著預先設定「黑線或白線」行走

◎ 應用時機

1. 遙控一台 mBot 動作
2. 兩台 mBot 傳遞訊息
3. 遙控機器人行軍大隊

8-2　偵測紅外線感測器的值

◎ 在 mBlock 拼圖程式開發環境中偵測「遙控器」發送的訊息

mBlock 拼圖程式 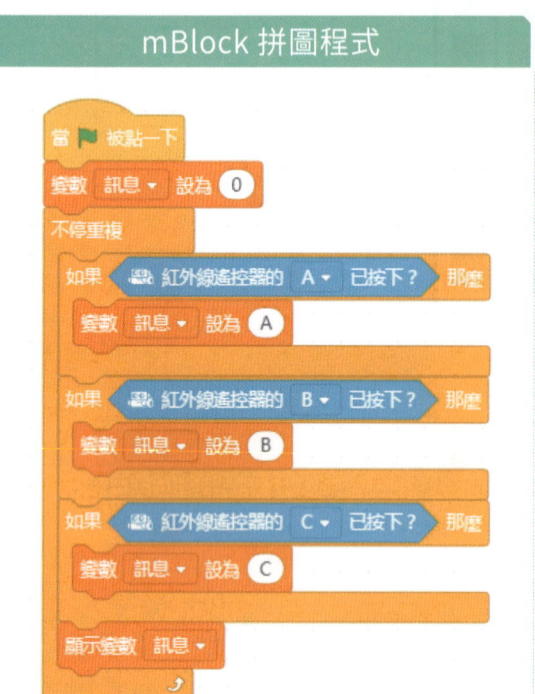	紅外線遙控器發送的訊息種類 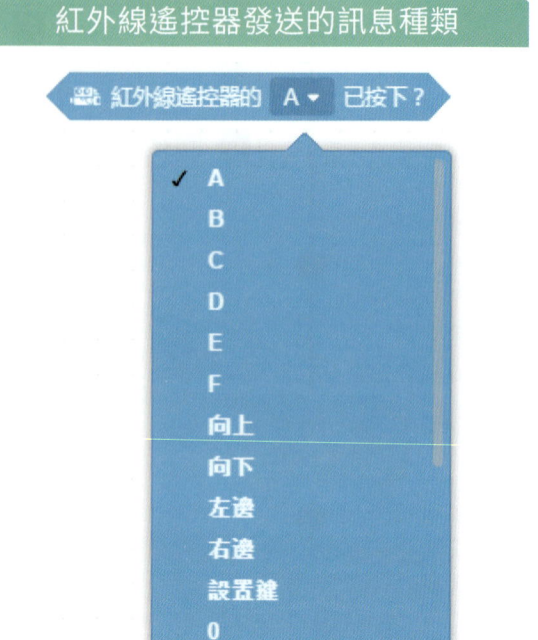

◎ 測試「遙控器」發送的訊息

在遙控器按下「A」	在遙控器按下「C」

◎ 測試結果

在遙控器按下「A」	在遙控器按下「C」
訊息 A	訊息 C

◎ 發送的訊息範圍

基本上，在「遙控器」上的英文字「A～F」、4個方向鍵及數字 0～9 皆是發送的訊息。

8-2.1 「遙控器」發送的訊息（控制 2 個 LED）

在前面單元中，我們已經學會如何偵測紅外線感測器的值，接下來，我們再來學習如何利用「遙控器」發送的訊息（控制 2 個 LED）。

實作　請撰寫 mBlock 程式來遙控「紅綠燈」，亦即按下「A」鍵時，就 Led1 亮紅燈，按下「B」鍵時，就 Led2 亮綠燈。

◎ 流程圖

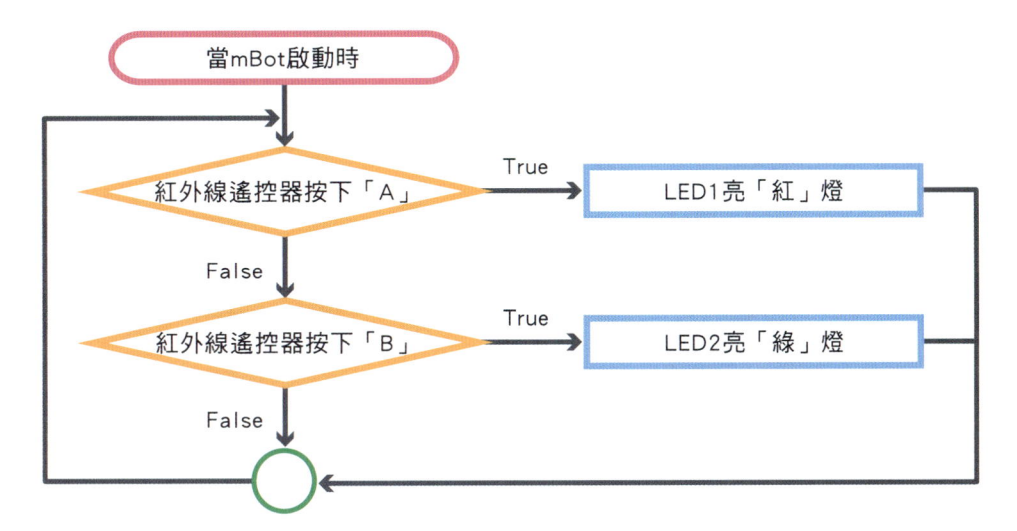

◎ mBlock 拼圖程式

8-2.2 「遙控器」發送的訊息（控制 2 個 LED 閃爍）

在本單元中，我們將學習如何利用「遙控器」發送的訊息（控制2個LED閃爍）。

實作 承上一單元，請再增加一個功能，那就是按下「C」鍵時，就 Led1 與 Led2 閃爍 3 次。

◎ 流程圖

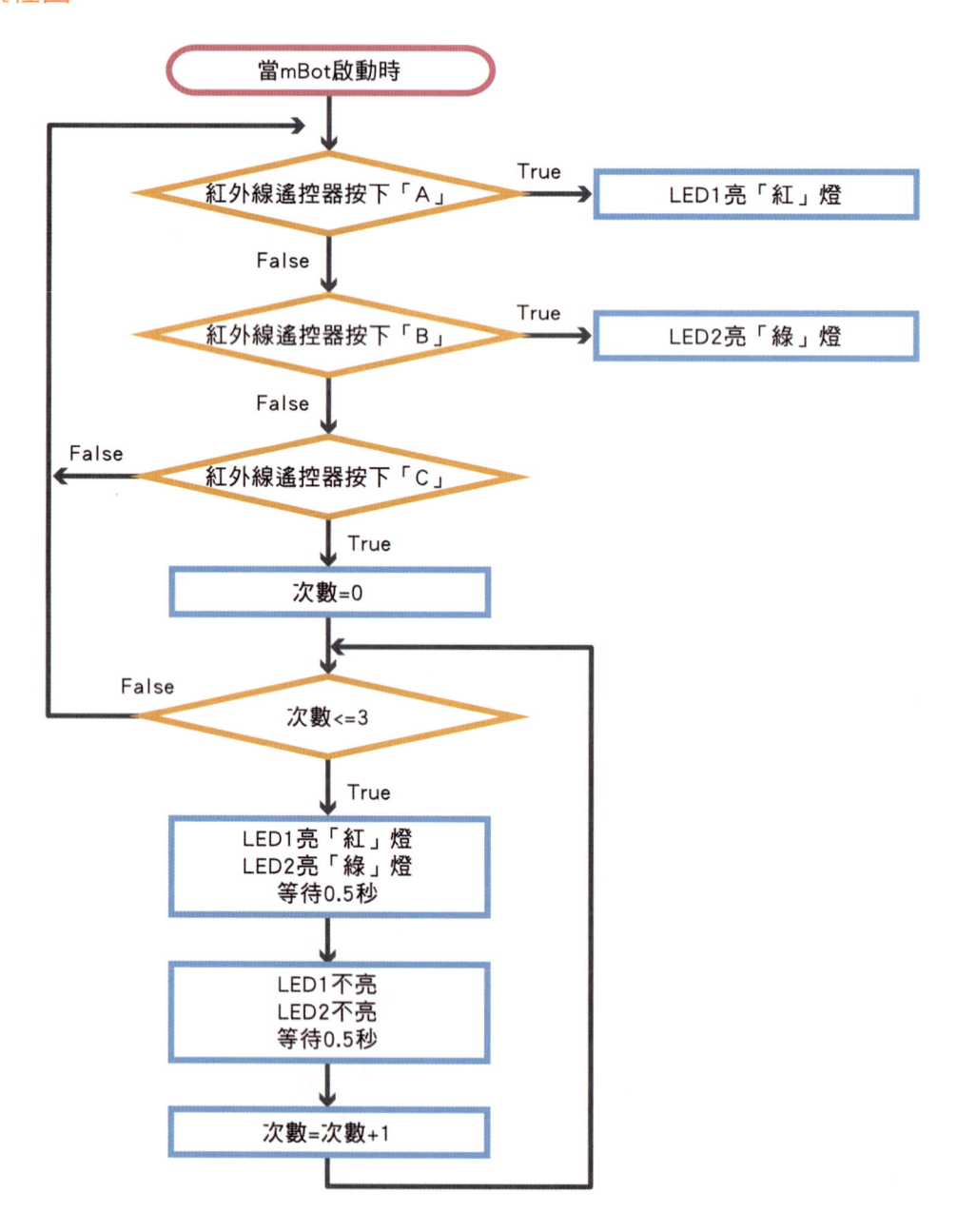

```
當mBot啟動時
   ↓
紅外線遙控器按下「A」 --True--> LED1亮「紅」燈
   ↓ False
紅外線遙控器按下「B」 --True--> LED2亮「綠」燈
   ↓ False
紅外線遙控器按下「C」 --False-->
   ↓ True
次數=0
   ↓
次數<=3 --False-->
   ↓ True
LED1亮「紅」燈
LED2亮「綠」燈
等待0.5秒
   ↓
LED1不亮
LED2不亮
等待0.5秒
   ↓
次數=次數+1
```

Chapter 08 遙控機器人（紅外線感測器）

◎ mBlock 拼圖程式

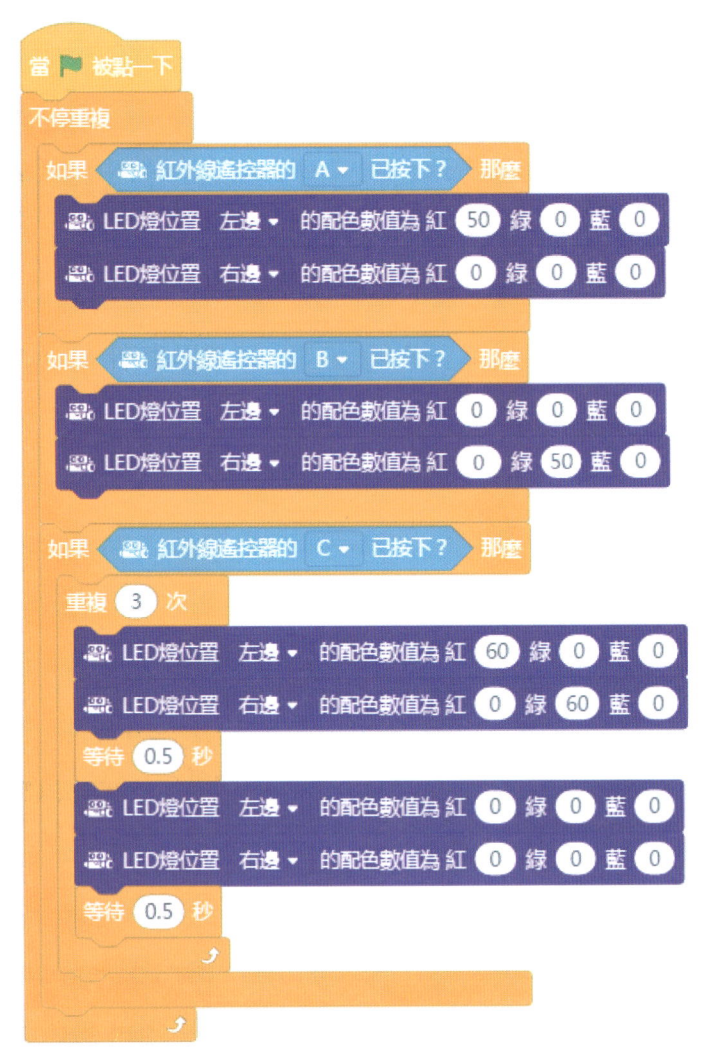

◎ 紅外線感測器的三種常用方法

紅外線感測器在 mBlock 常被使用下列三種功能區塊（Block）。

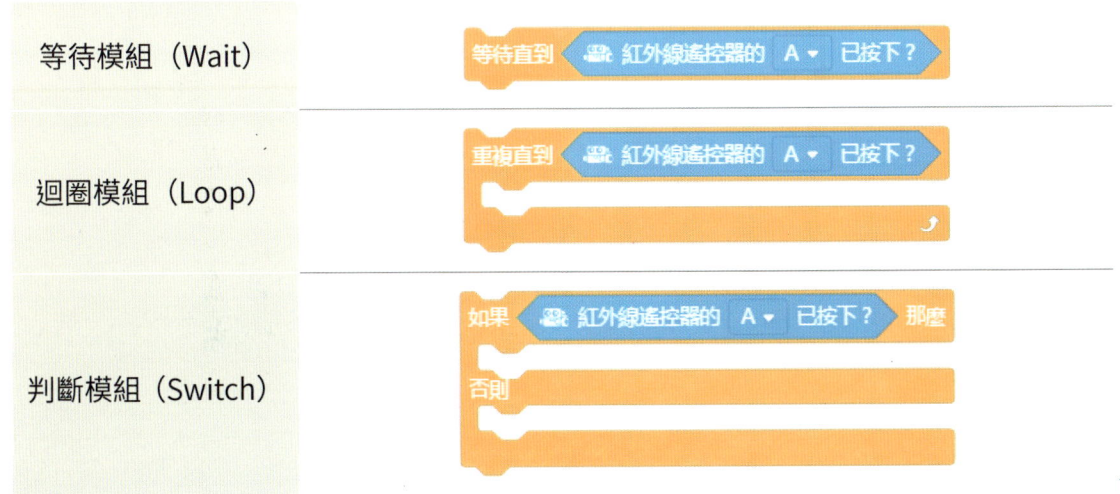

等待模組（Wait）	等待直到 紅外線遙控器的 A▼ 已按下？
迴圈模組（Loop）	重複直到 紅外線遙控器的 A▼ 已按下？
判斷模組（Switch）	如果 紅外線遙控器的 A▼ 已按下？ 那麼 否則

155

8-3 等待模組（Wait）的紅外線感測器

◎ **功能** 用來設定等待「紅外線感測器」偵測值等於某一「訊息」時，再繼續執行下一個動作。

◎ **等待模組（Wait）**

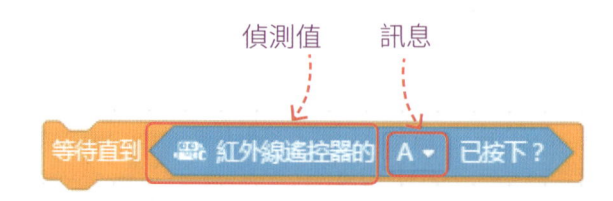

等待直到 紅外線遙控器的 A ▼ 已按下？
　　　　　　└─偵測值─┘　└訊息┘

實作 機器人往前走，等到「紅外線感測器」偵測訊息等於「A」時，就會「停止」。

《請利用等待模組》

解答

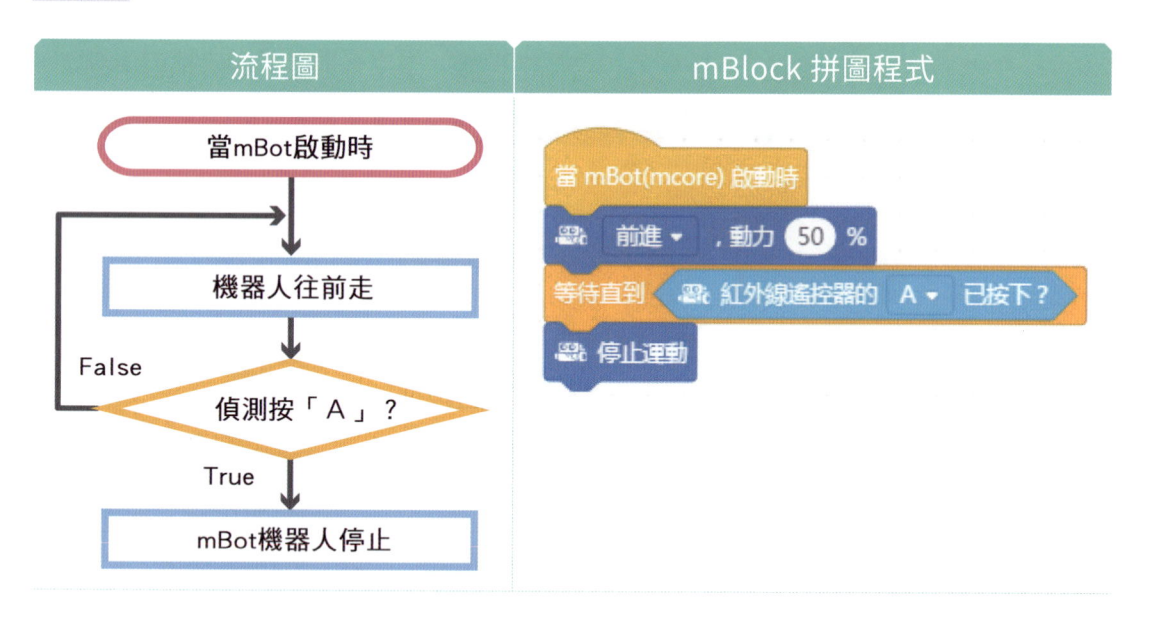

流程圖	mBlock 拼圖程式
當mBot啟動時 → 機器人往前走 → 偵測按「A」？ False迴圈, True → mBot機器人停止	當 mBot(mcore) 啟動時 前進 ▼ , 動力 50 % 等待直到 紅外線遙控器的 A ▼ 已按下？ 停止運動

8-4 分岔模組（Switch）的紅外線感測器

◎ **定義** 是指用來判斷「紅外線感測器」偵測值等於某一「訊息」時，如果「是」，則執行「上面」的分支，否則，就會執行「下面」的分支。

◎ **分岔模組（Switch）**

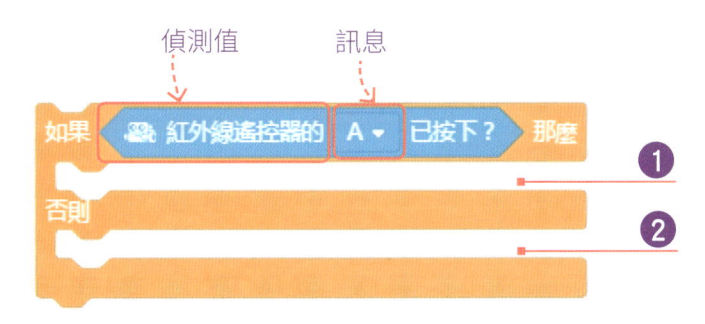

偵測值　訊息

如果〔紅外線遙控器的 A▼ 已按下？〕那麼 ❶
否則 ❷

說明
❶ 當條件式「成立」時，則執行「上面」的分支。
❷ 當條件式「不成立」時，則執行「下面」的分支。

範例 1 機器人往前走，等到「紅外線感測器」偵測訊息等於「A」時，就會「停止」。

《請利用等待模組》

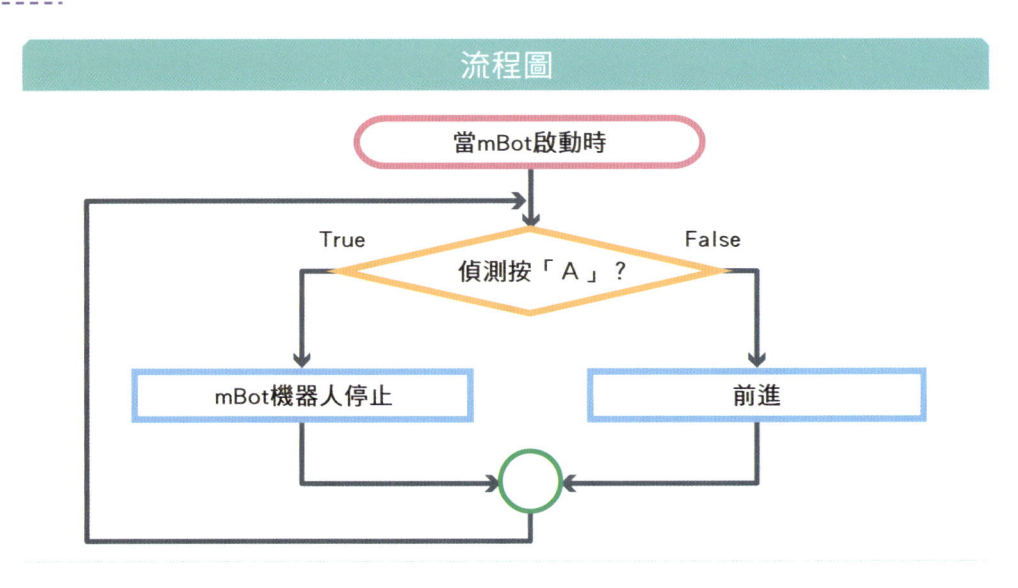

解答

流程圖

當mBot啟動時
↓
偵測按「A」？
├─ True → mBot機器人停止
└─ False → 前進

157

mBlock 拼圖程式

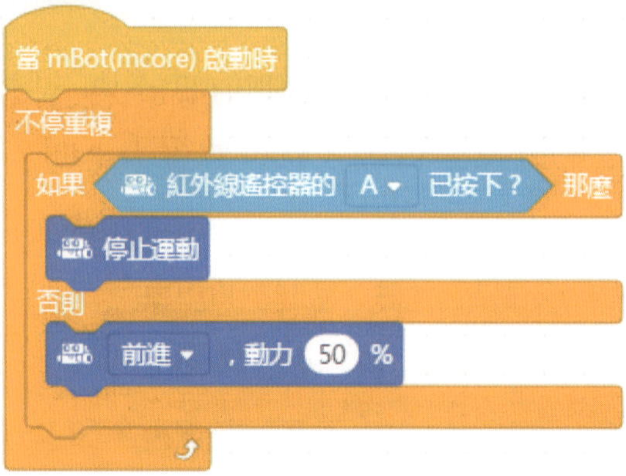

```
當 mBot(mcore) 啟動時
不停重複
    如果 〈紅外線遙控器的 A▼ 已按下？〉那麼
        停止運動
    否則
        前進▼ ，動力 50 %
```

8-5　迴圈模組（Loop）的紅外線感測器

◎ **定義** 用來等待「紅外線感測器」偵測值等於某一「訊息」時，就會結束迴圈。

◎ **迴圈模組（Loop）**

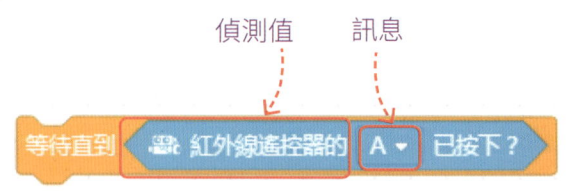

```
              偵測值      訊息
等待直到 〈紅外線遙控器的 A▼ 已按下？〉
```

範例 1 機器人往前走，等到「紅外線感測器」偵測訊息等於「A」時，就會「停止」。

《請利用等待模組》

解答

流程圖

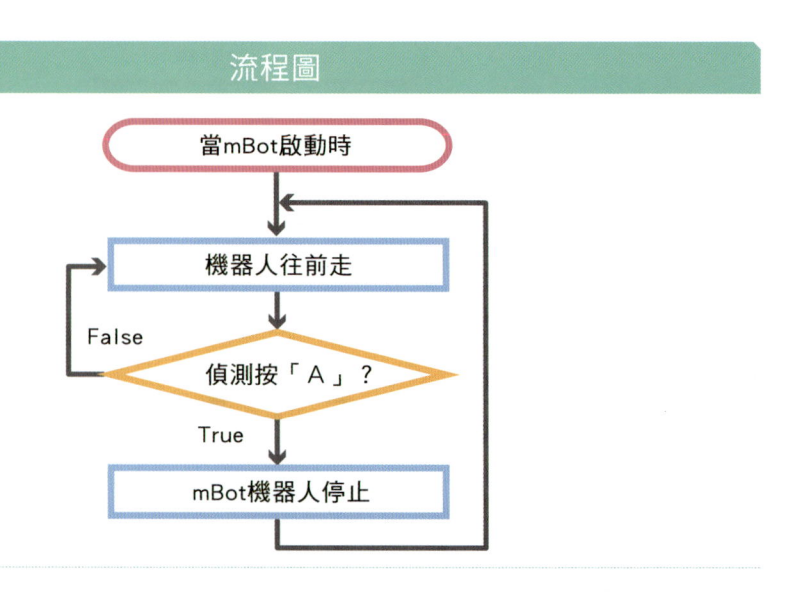

```
當mBot啟動時
    ↓
┌→ 機器人往前走
│       ↓
│   偵測按「A」？ ──False──┘
│       │ True
│       ↓
    mBot機器人停止
```

mBlock 拼圖程式

```
當 mBot(mcore) 啟動時
不停重複
    重複直到  紅外線遙控器的 A▼ 已按下？
        前進▼ ,動力 50 %
    停止運動
```

8-6 遙控一台 mBot 動作

其實 mBot 機器人在原廠出版時，就可以讓小朋友或家長透過「紅外線遙控器」來操作機器人，也還可以切換到自走車。例如：遙控車、避障車及循跡車等。

在本單元中，筆者將介紹如何撰寫 mBlock 程式來「遙控 mBot 機器人」。

◎ mBot 遙控器－圖解說明

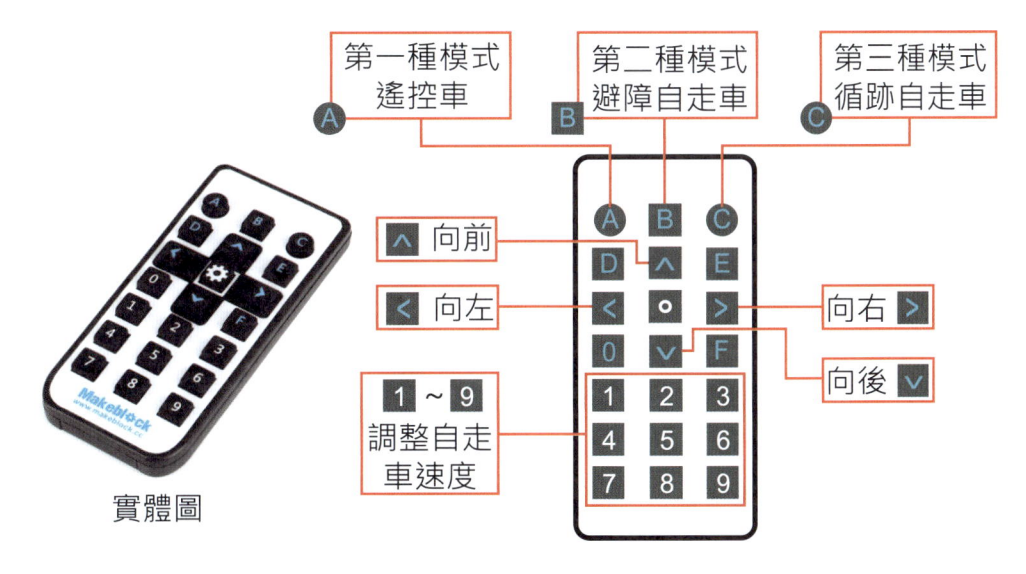

- 第一種模式 遙控車 A
- 第二種模式 避障自走車 B
- 第三種模式 循跡自走車 C
- ∧ 向前
- < 向左
- 向右 >
- 向後 ∨
- 1～9 調整自走車速度

實體圖

在上圖中，針對第一種模式，利用遙控器上的「方向鍵」來控制 mBot 機器人的行走方向，並且搭配「數字鍵」來調整行走速度。

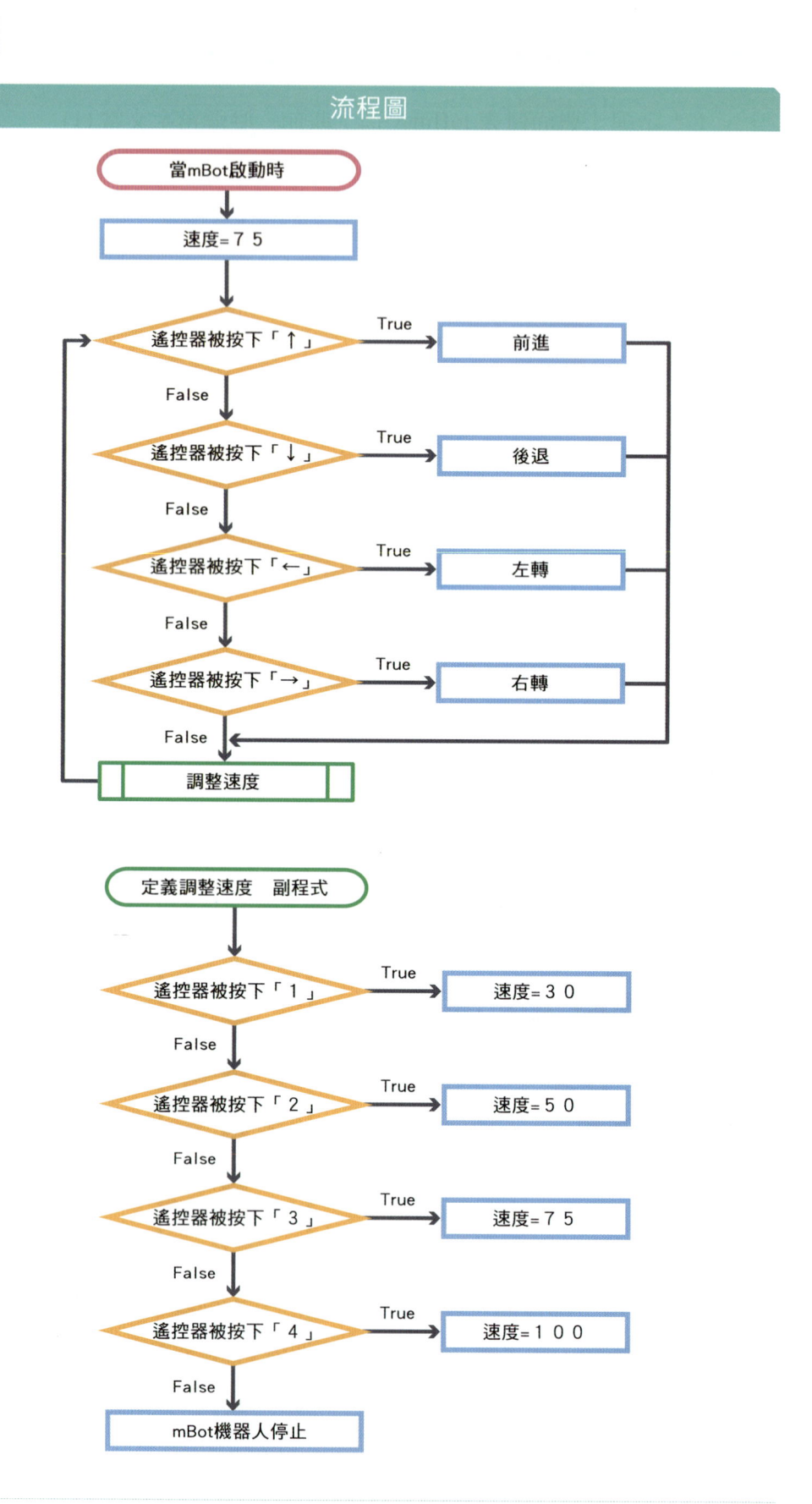

解答

流程圖

當 mBot 啟動時
↓
速度 = 7 5
↓
- 遙控器被按下「↑」 — True → 前進
- False ↓
- 遙控器被按下「↓」 — True → 後退
- False ↓
- 遙控器被按下「←」 — True → 左轉
- False ↓
- 遙控器被按下「→」 — True → 右轉
- False ↓
- 調整速度 （迴圈回到「遙控器被按下「↑」」判斷）

定義 調整速度 副程式
↓
- 遙控器被按下「1」 — True → 速度 = 3 0
- False ↓
- 遙控器被按下「2」 — True → 速度 = 5 0
- False ↓
- 遙控器被按下「3」 — True → 速度 = 7 5
- False ↓
- 遙控器被按下「4」 — True → 速度 = 1 0 0
- False ↓
- mBot 機器人停止

Chapter 08 遙控機器人（紅外線感測器）

mBlock 拼圖程式

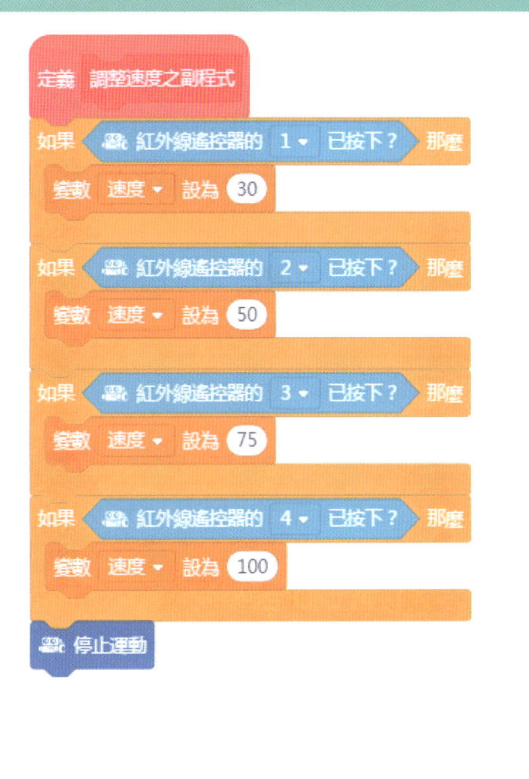

當 mBot(mcore) 啟動時
變數 速度 ▼ 設為 75
不停重複
　如果 紅外線遙控器的 向上 ▼ 已按下？ 那麼
　　前進 ▼ ，動力 速度 %
　如果 紅外線遙控器的 向下 ▼ 已按下？ 那麼
　　後退 ▼ ，動力 速度 %
　如果 紅外線遙控器的 左邊 ▼ 已按下？ 那麼
　　左轉 ▼ ，動力 速度 %
　如果 紅外線遙控器的 右邊 ▼ 已按下？ 那麼
　　右轉 ▼ ，動力 速度 %
　調整速度之副程式

定義 調整速度之副程式
如果 紅外線遙控器的 1 ▼ 已按下？ 那麼
　變數 速度 ▼ 設為 30
如果 紅外線遙控器的 2 ▼ 已按下？ 那麼
　變數 速度 ▼ 設為 50
如果 紅外線遙控器的 3 ▼ 已按下？ 那麼
　變數 速度 ▼ 設為 75
如果 紅外線遙控器的 4 ▼ 已按下？ 那麼
　變數 速度 ▼ 設為 100
停止運動

◎ 執行結果

mBot 遙控器（前端有一顆透明小燈（紅外線發射器）） 	操控機器人（利用紅外線接收器來接收訊息） 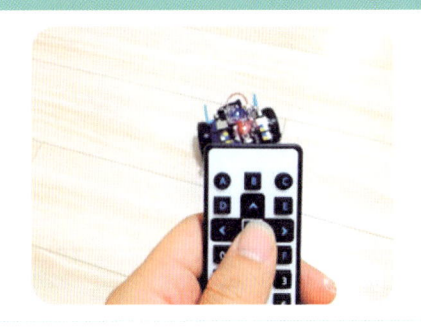

Chapter 8 課後評量

1. 紅外線接力賽 _ 直線

    請準備二台 mBot 機器人，一台當作「發射端」，而另一台當作「接收端」，當「發射端」的機器人「直線」前進直到靠近「接收端」機器人約 10 公分時，此時「發射端」的機器人會透過紅外線發送訊號給「接收端」的機器人，當「接收端」機器人接收到訊號後就「直線」前進，以達到機器人接力賽的目的。

2. 紅外線接力賽 _ 巡跡

    請準備二台 mBot 機器人，一台當作「發射端」，而另一台當作「接收端」，當「發射端」的機器人「循線」前進直到靠近「接收端」機器人約 10 公分時，此時「發射端」的機器人會透過紅外線發送訊號給「接收端」的機器人，當「接收端」機器人接收到訊號後就「循線」前進，以達到機器人接力賽的目的。

Chapter 09
機器人太陽能車（光線感測器）

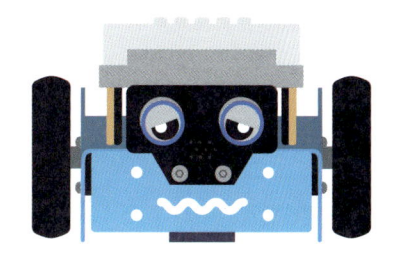

學習目標
1. 讓讀者瞭解 mBot 機器人輸入端的「光線感測器」之定義及原理。
2. 讓讀者瞭解 mBot 機器人的「光線感測器」之各種使用方法。

內容節次
9-1　認識光線感測器
9-2　偵測光線感測器的值
9-3　等待模組（Wait）的光線感測器
9-4　分岔模組（Switch）的光線感測器
9-5　迴圈模組（Loop）的光線感測器
9-6　光線感測器控制其他拼圖模組
9-7　製作一台機器人太陽能車
9-8　製作一台機器人蟑螂車
9-9　製作一座智慧型路燈

9-1　認識光線感測器

◎ **定義**　是指用來偵測環境中光值的亮度。

◎ **目的**　可以讀取周圍環境不同的光值，以讓機器人進行不同的動作。

◎ **外觀圖示**

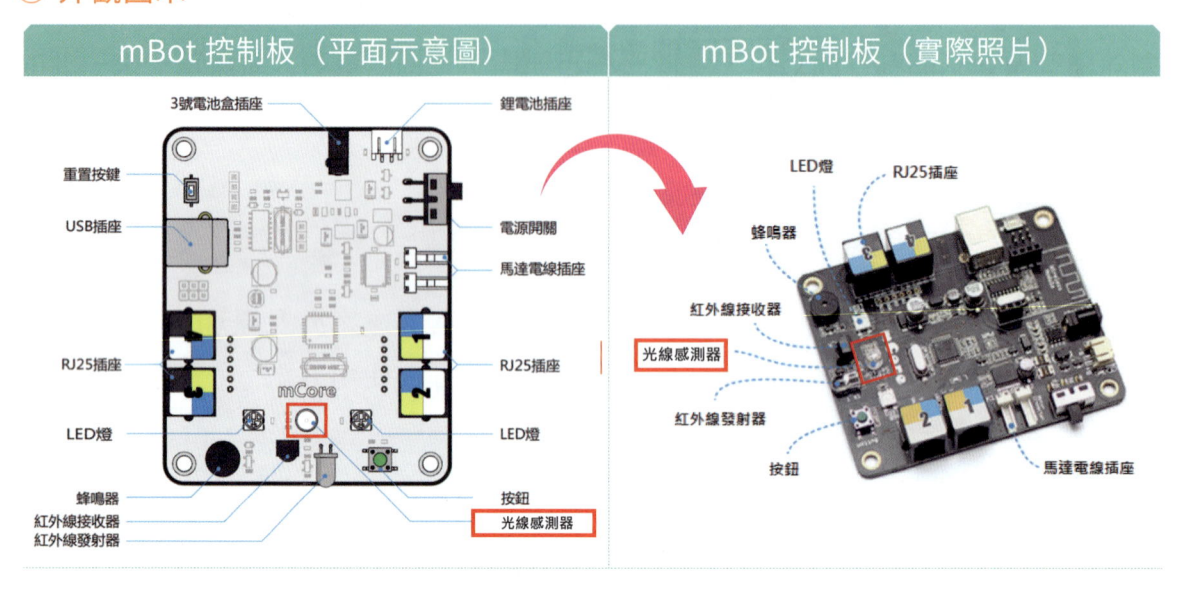

mBot 控制板（平面示意圖）	mBot 控制板（實際照片）

◎ **外觀**　光線感測器的位置在 mBot 機器人的前端第二排。

◎ **應用時機**

1. 製作一台機器人太陽能車
2. 製作一台機器人蟑螂車
3. 製作一台座智慧型路燈（白天（亮）→ LED 關，晚上（暗）→ LED 開）

9-2　偵測光線感測器的值

1. 第一種方法：利用變數

◎ 測試光源值

| 用手放在光線感測器上方約 1 公分 | 手慢慢地往上移動 |

◎ 測試結果

| 偵測的距離（比較近） | 偵測的距離（比較遠） |

回傳值 ≑ 240

回傳值 ≑ 992

◎ 感測值範圍

基本上，光線感測器的感測值範圍為 0~1023。

1. 「室內」的自然光：0 到 1000 之間（值愈大，即代表亮度愈大）
2. 「室外」的自然光：超過 1000（如果在「室內」利用手電筒照射也可）

2. 第二種方法：勾選「 光線感測器 板載 ▼ 光線強度 」

mBlock 拼圖程式

☑ 光線感測器 板載 ▼ 光線強度

◎ 測試結果

偵測的距離（比較近）	偵測的距離（比較遠）
回傳值 157 光線感測器 板載 光線強度 145	回傳值 992 光線感測器 板載 光線強度 995

◎ 光線感測器的三種常用方法

光線感測器在 mBlock 常被使用下列三種功能區塊（Block）。

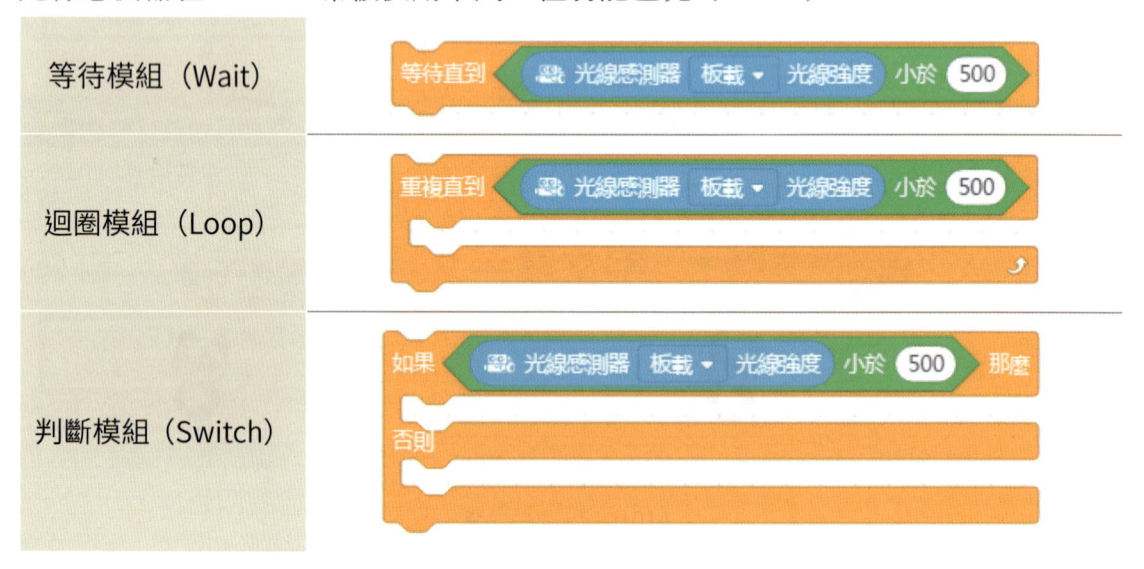

等待模組（Wait）	等待直到 光線感測器 板載 ▼ 光線強度 小於 500
迴圈模組（Loop）	重複直到 光線感測器 板載 ▼ 光線強度 小於 500
判斷模組（Switch）	如果 光線感測器 板載 ▼ 光線強度 小於 500 那麼 否則

9-3　等待模組（Wait）的光線感測器

◎ **功能** 用來設定等待「光線感測器」偵測到值小於「門檻值」時，再繼續執行下一個動作。

◎ **等待模組（Wait）**

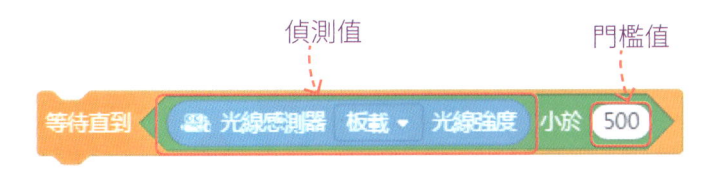

偵測值　　門檻值

等待直到〔光線感測器 板載▼ 光線強度〕小於 500

範例 機器人往前走，等到「光線感測器」偵測的光值小於「500」時，就會「停止」。

《請利用等待模組》

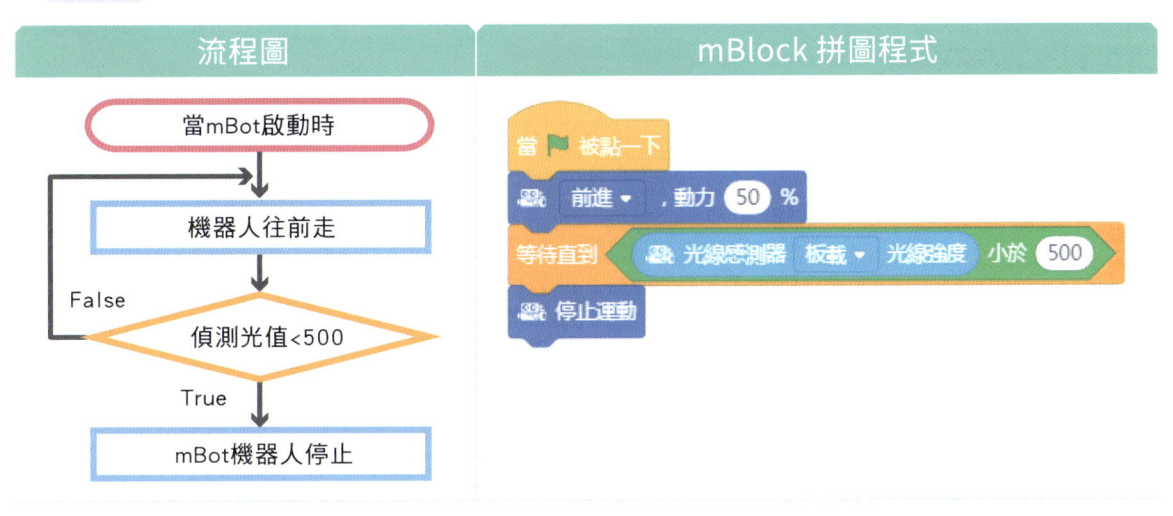

解答

流程圖	mBlock 拼圖程式
當mBot啟動時 → 機器人往前走 → 偵測光值<500（False回到機器人往前走；True→mBot機器人停止）	當🏁被點一下 前進▼，動力 50 % 等待直到〔光線感測器 板載▼ 光線強度〕小於 500 停止運動

9-4　分岔模組（Switch）的光線感測器

◎ **定義** 是指用來判斷「光線感測器」偵測的反射光是否小於「門檻值」，如果「是」，則執行「上面」的分支，否則，就會執行「下面」的分支。

◎ **分岔模組（Switch）**

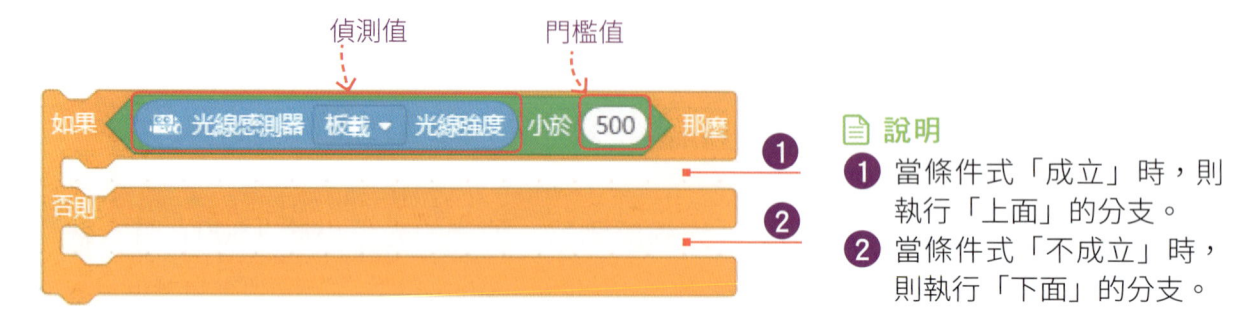

偵測值　　　門檻值

如果〈取 光線感測器 板載▼ 光線強度 小於 500〉那麼
否則

說明
① 當條件式「成立」時，則執行「上面」的分支。
② 當條件式「不成立」時，則執行「下面」的分支。

範例 機器人往前走，等到「光線感測器」偵測的光值小於「500」時，就會「停止」。

《請利用等待模組》

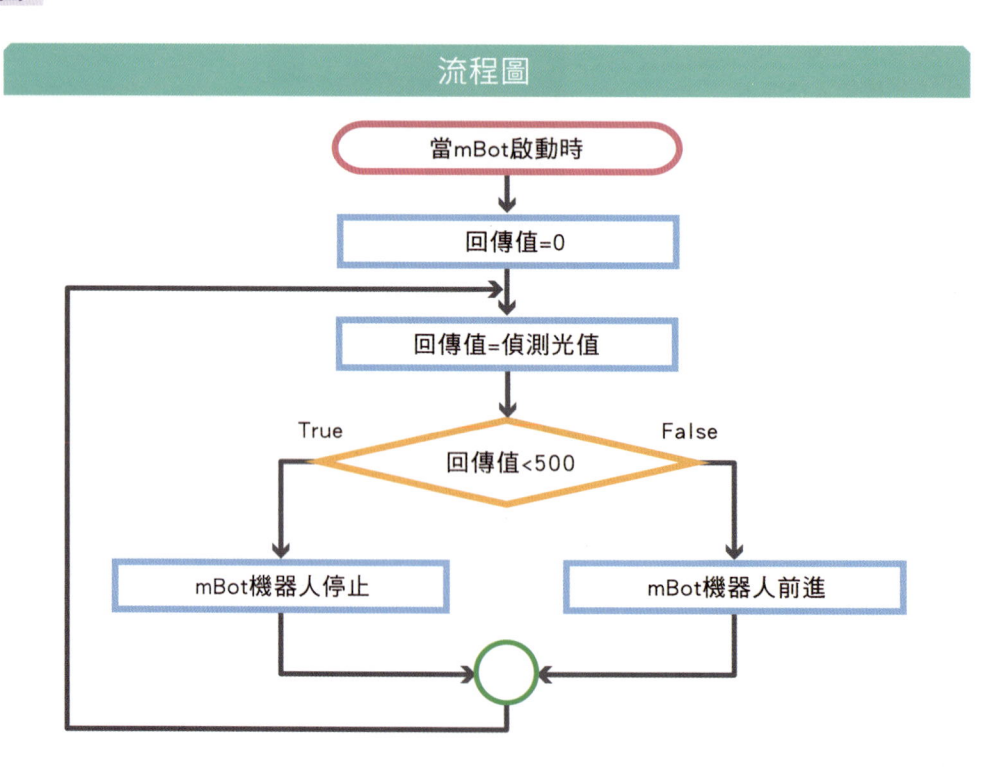

解答

流程圖

- 當mBot啟動時
- 回傳值=0
- 回傳值=偵測光值
- 回傳值<500？
  - True → mBot機器人停止
  - False → mBot機器人前進

168

mBlock 拼圖程式

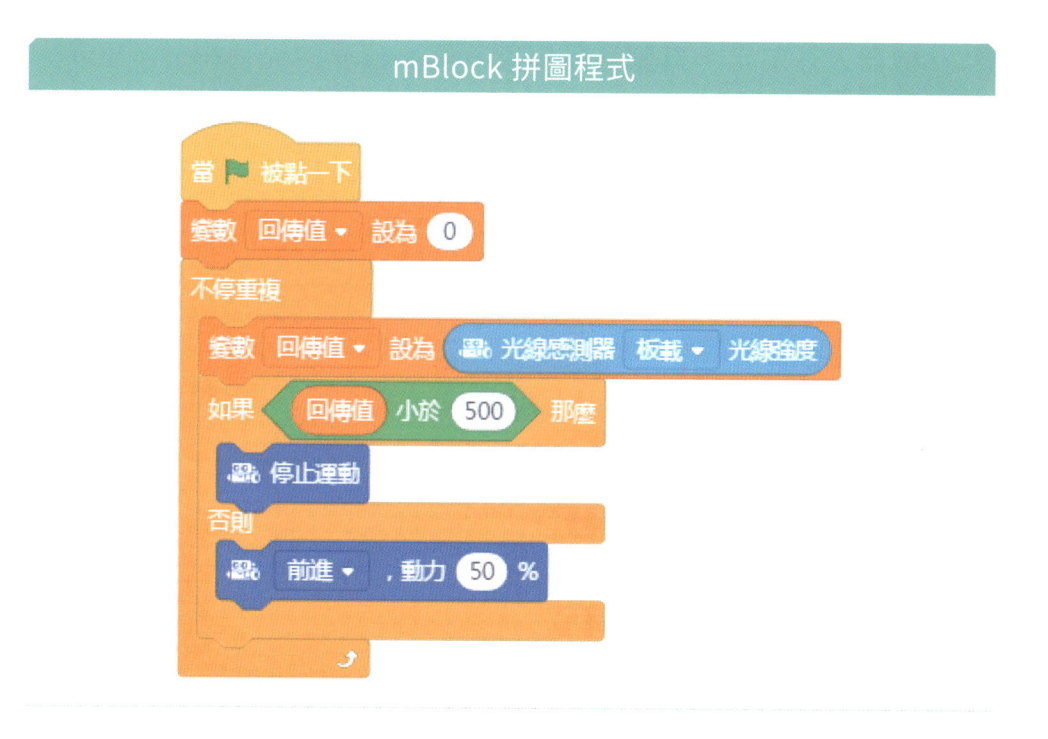

9-5　迴圈模組（Loop）的光線感測器

◎ **定義** 用來等待「光線感測器」偵測到光值小於「門檻值」時，就會結束迴圈。

◎ 迴圈模組（Loop）

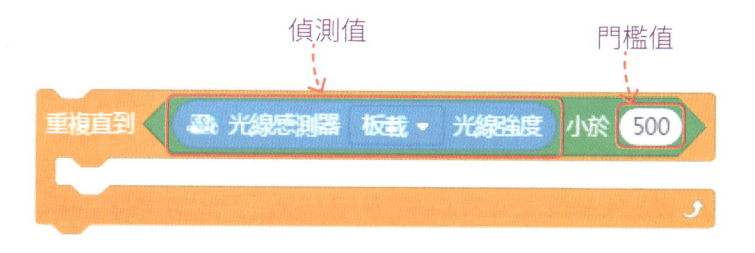

範例　機器人往前走，直到「光線感測器」偵測的光值小於「500」時，就會「停止」。

《請利用等待模組》

解答

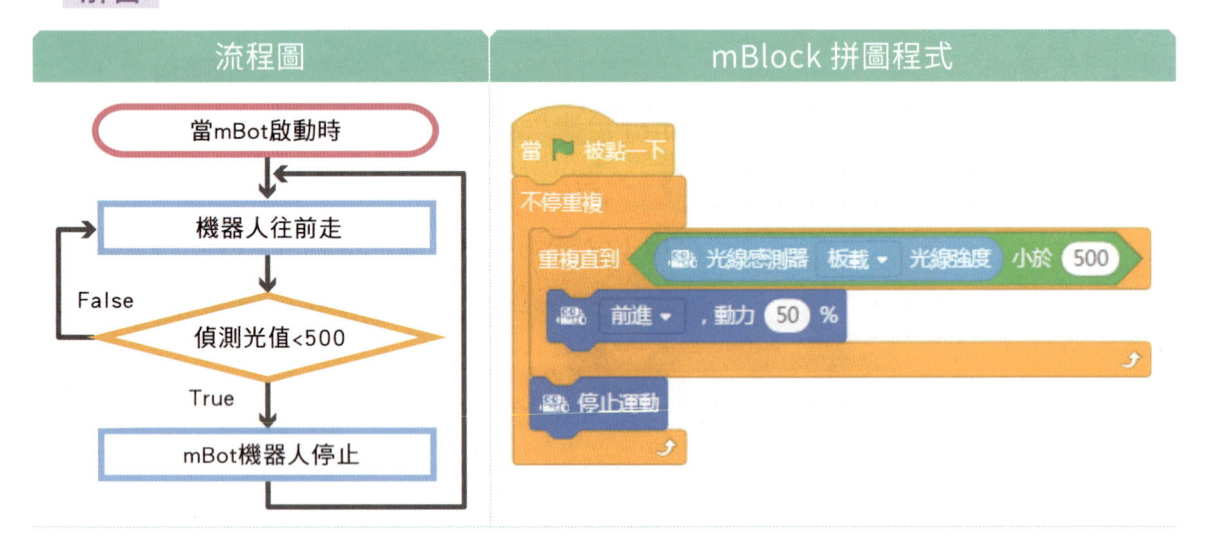

流程圖	mBlock 拼圖程式

9-6　光線感測器控制其他拼圖模組

假設我們已經組裝完成一台機器人，想讓機器人依照偵測不同的光值大小來決定前進的快慢。此時，我們必須要透過「光線感測器」來偵測不同光源的「光值」，並且將此「光值的數值資料」傳給其他「馬達」中的轉速。

範例　光源控制馬達的速度
將「光線感測器」偵測反射光亮度輸出後，透過「運算拼圖」方塊的「除法」運算除以（3.92），再輸出給馬達當作它的「轉速」輸入。

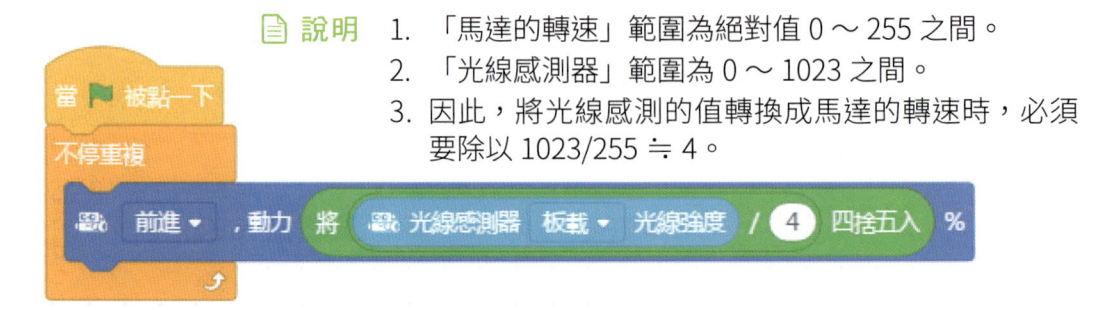

◎ mBlock 拼圖程式

說明
1. 「馬達的轉速」範圍為絕對值 0 ～ 255 之間。
2. 「光線感測器」範圍為 0 ～ 1023 之間。
3. 因此，將光線感測的值轉換成馬達的轉速時，必須要除以 1023/255 ≒ 4。

9-7　製作一台機器人太陽能車

◎ 太陽能車之規則
　1. 以光線照射機器人，機器人開始直線前進
　2. 移開光源，機器人停止不動。

◎ 場地需求　利用手機中的「手電筒」或傳統的手電筒皆可。

◎ 流程圖

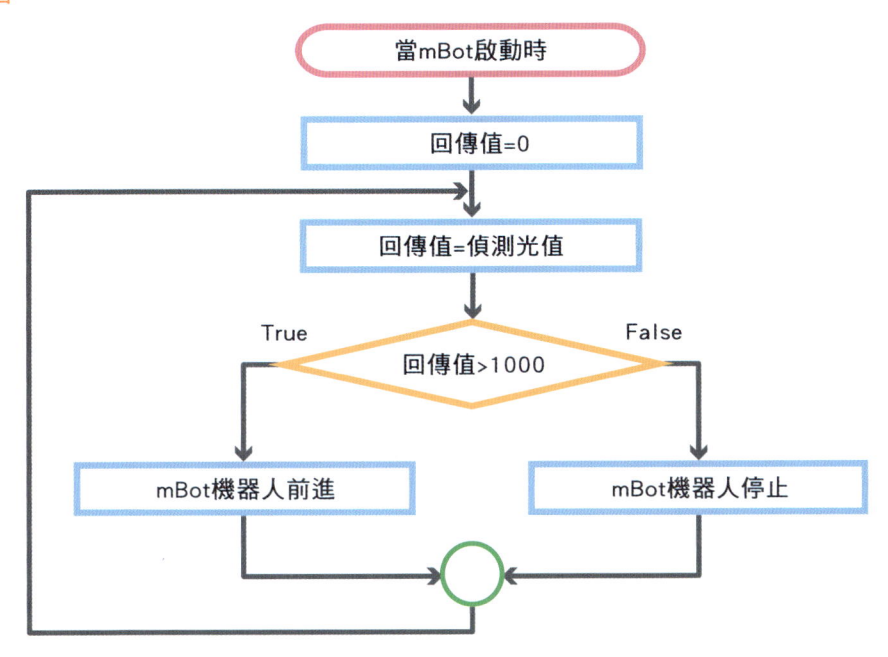

```
當mBot啟動時
    ↓
回傳值=0
    ↓
回傳值=偵測光值
    ↓
回傳值>1000 ?
  True → mBot機器人前進
  False → mBot機器人停止
```

實作　請撰寫 mBlock 程式來模擬「太陽能車」，亦即有光照射時，就會自動前進，否則就停止不動。

◎ mBlock 拼圖程式

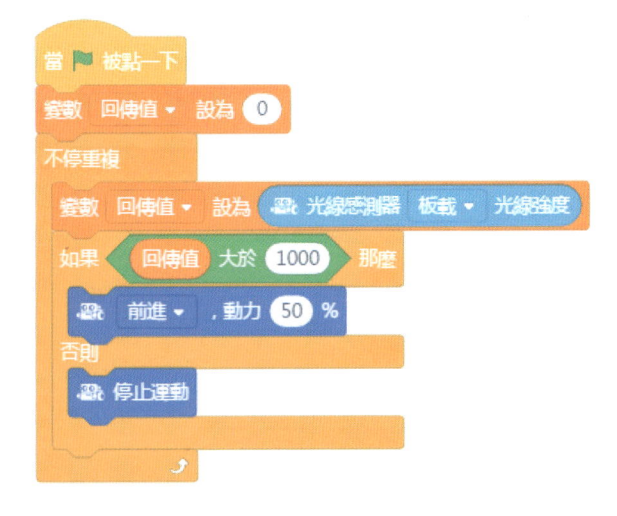

```
當 ▶ 被點一下
變數 回傳值 ▼ 設為 0
不停重複
    變數 回傳值 ▼ 設為 [光線感測器 板載 ▼ 光線強度]
    如果 < 回傳值 大於 1000 > 那麼
        前進 ▼ ，動力 50 %
    否則
        停止運動
```

9-8　製作一台機器人蟑螂車

◎ 蟑螂車之規則

◎ 場地需求　利用手機中的「手電筒」或傳統的手電筒皆可。

◎ 流程圖

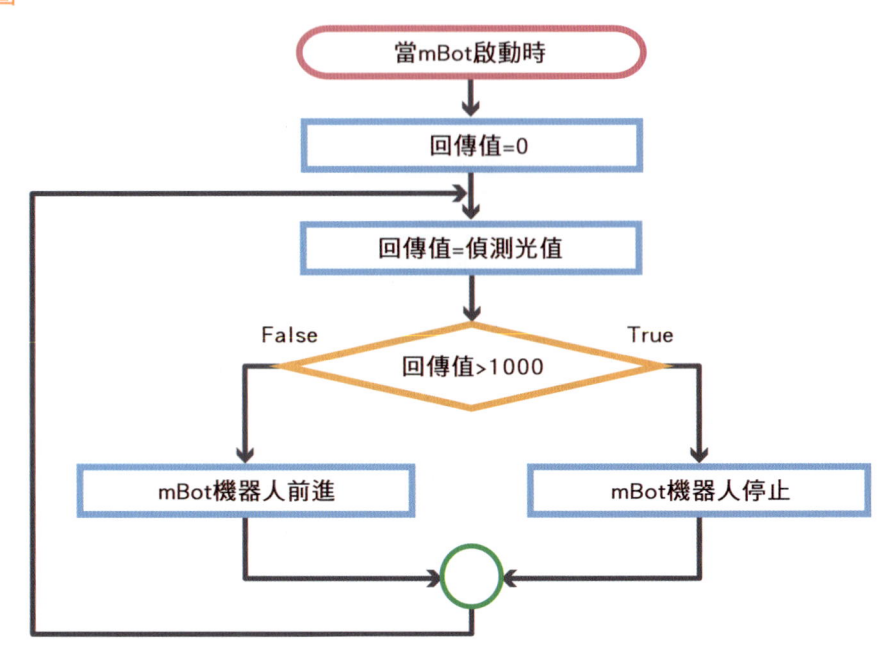

```
當mBot啟動時
      ↓
   回傳值=0
      ↓
  回傳值=偵測光值
      ↓
   回傳值>1000
  False ↙   ↘ True
mBot機器人前進   mBot機器人停止
```

實作　請撰寫 mBlock 程式來模擬「蟑螂車」，亦即有光照射時，就會停止不動，否則就自動前進。

◎ mBlock 拼圖程式

```
當 ▶ 被點一下
變數 回傳值 ▼ 設為 0
不停重複
    變數 回傳值 ▼ 設為  光線感測器 板載 ▼ 光線強度
    如果  回傳值 大於 1000  那麼
         停止運動
    否則
         前進 ▼ ，動力 50 %
```

172

9-9　製作一座智慧型路燈

◎ **主題發想**　白天（亮）→ LED 關，晚上（暗）→ LED 開
◎ **作法**　利用兩個 LED 燈來模擬智慧型路燈
◎ **流程圖**

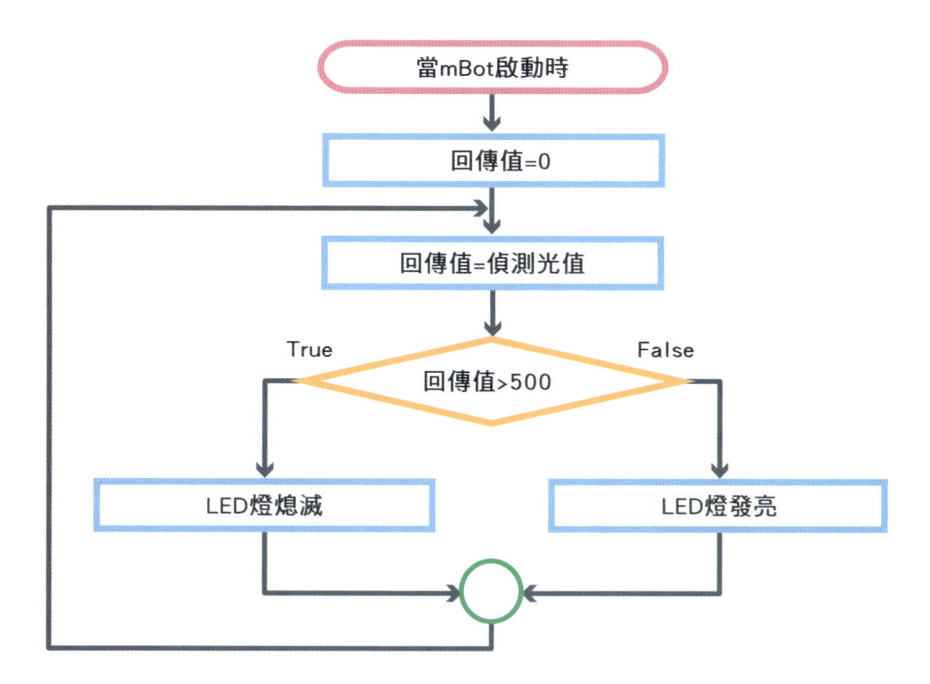

```
當mBot啟動時
    ↓
回傳值=0
    ↓
回傳值=偵測光值
    ↓
回傳值>500
 True ↙     ↘ False
LED燈熄滅    LED燈發亮
```

實作　請撰寫 mBlock 程式來模擬「智慧型路燈」，亦即有光照射時，就會自動關閉路燈，否則就打開路燈。

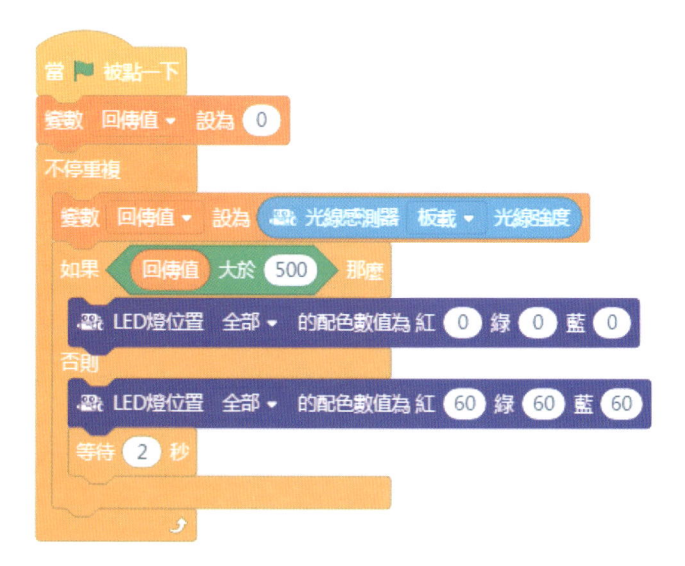

◎ mBlock 拼圖程式

Chapter 9 課後評量

1. 請利用光源的強弱來決定蜂鳴器的聲量頻率。

音階	\multicolumn{7}{c	}{mBlock 的音調}
音階	C4	D4	E4	F4	G4	A4	B4
中音頻率	262	294	330	349	392	440	494
音階	C5	D5	E5	F5	G5	A5	B5
高音頻率	523	587	659	698	784	880	988
鋼琴音符	Do	Re	Mi	Fa	So	Ra	Si

2. 請利用光源的強弱來發出 Do,Re,…,Si 的鋼琴音符聲音。

    【七個音符對照表】

	\multicolumn{7}{c	}{mBlock 的音調}
音階	C4	D4	E4	F4	G4	A4	B4
鋼琴音符	Do	Re	Mi	Fa	So	Ra	Si
光源值	0~150	151~300	301~450	451~600	601~750	751~900	901~1050

Chapter 10
機器人警車
（按鈕、蜂鳴器、LED 燈）

學習目標
1. 讓讀者瞭解 mBot 機器人中的按鈕、蜂鳴器、LED 燈及重置按鈕功能及原理。
2. 讓讀者瞭解 mBot 機器人中的按鈕、蜂鳴器、LED 燈及重置按鈕的各種運用。

內容節次
10-1　按鈕
10-2　偵測「按鈕」的事件
10-3　按鈕的綜合運用
10-4　蜂鳴器
10-5　LED 燈
10-6　重置按鈕

10-1　按鈕

◎ **定義** 在 mBot 機器人中，按鈕命令它開始執行指令。

◎ **功能** 一般是用來啟動 mBot 機器人程式。

◎ **例如** 當使用者按下「按鈕」時，開始進行巡線。

◎ **外觀圖示**

◎ **適用時機**
　　1. 啟動 mBot 機器人程式　2. 計數器

10-2　偵測「按鈕」的事件

◎ 在 mBlock 拼圖程式開發環境中偵測「按鈕」的事件

mBlock 拼圖程式

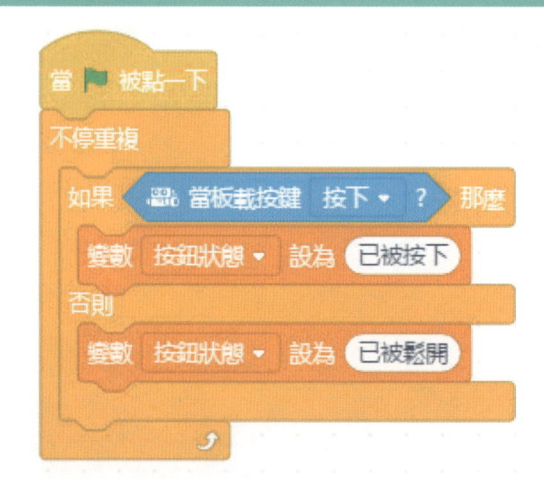

Chapter 10　機器人警車（按鈕、蜂鳴器、LED 燈）

◎ 測試距離

用手「按下」按鈕	手「鬆開」按鈕

◎ 測試結果

用手「按下」按鈕	手「鬆開」按鈕
按鈕狀態：已被按下	按鈕狀態：已被鬆開

◎ 按鈕的三種常用方法

按鈕在 mBlock 常被使用下列三種功能區塊（Block）。

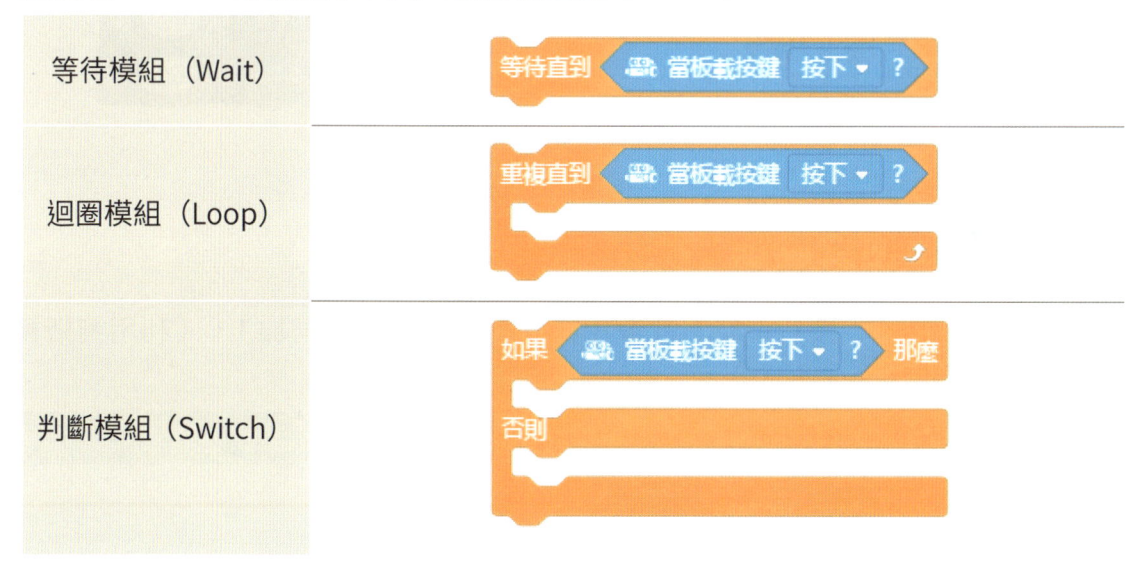

等待模組（Wait）	等待直到　當板載按鍵 按下 ？
迴圈模組（Loop）	重複直到　當板載按鍵 按下 ？
判斷模組（Switch）	如果　當板載按鍵 按下 ？ 那麼 否則

177

10-3　按鈕的綜合運用

在本單元中，將介紹利用「按鈕」來設計日常生活中的各種運用。常見如下：

1. 手按警鈴聲《利用等待模組（Wait）》
2. 手按計數器《利用判斷模組（Switch）》
3. 手按警鈴聲與警示燈《迴圈模組（Loop）》

10-3.1　手按警鈴聲

當使用者按下「按鈕」時，就會發出「嗶聲」。《利用等待模組（Wait）》

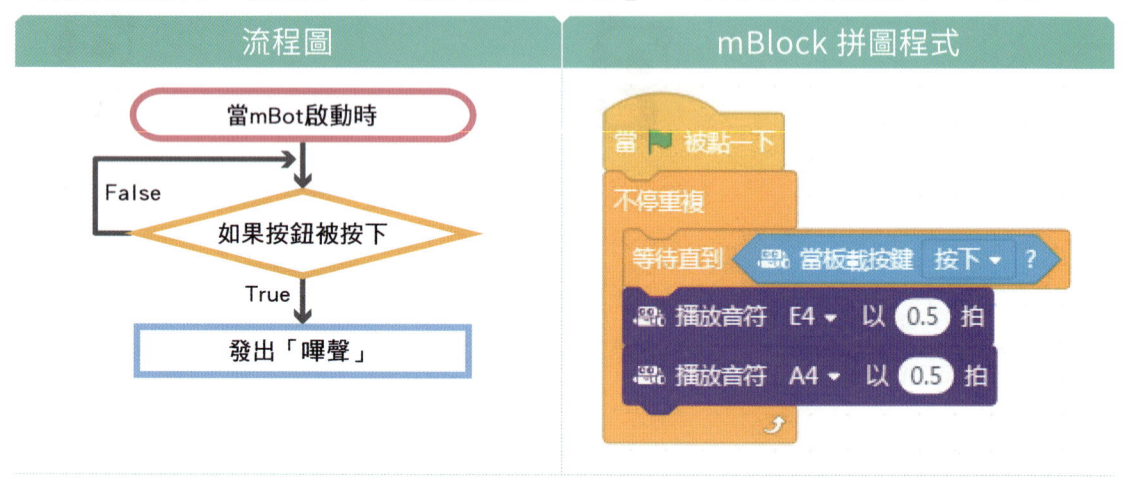

流程圖	mBlock 拼圖程式

10-3.2　手按計數器

當使用者按下「按鈕」時，就會在舞台區中計數器自動加1。《利用判斷模組（Switch）》

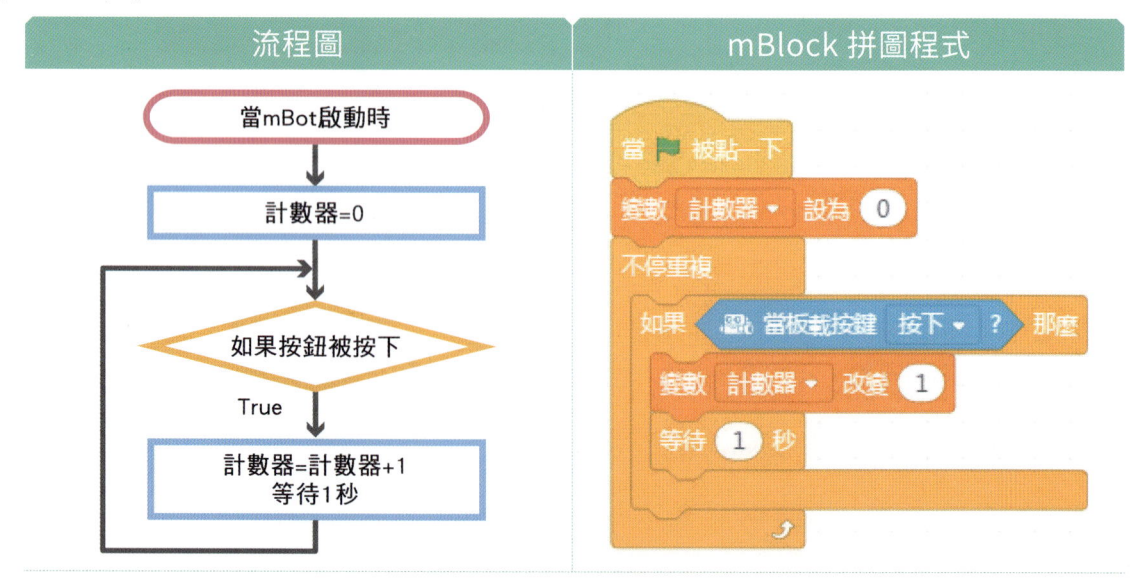

流程圖	mBlock 拼圖程式

10-3.3　手按警鈴聲與警示燈

當使用者按下「按鈕」時，就會發出「警鈴聲」與「警示燈」。《迴圈模組（Loop）》

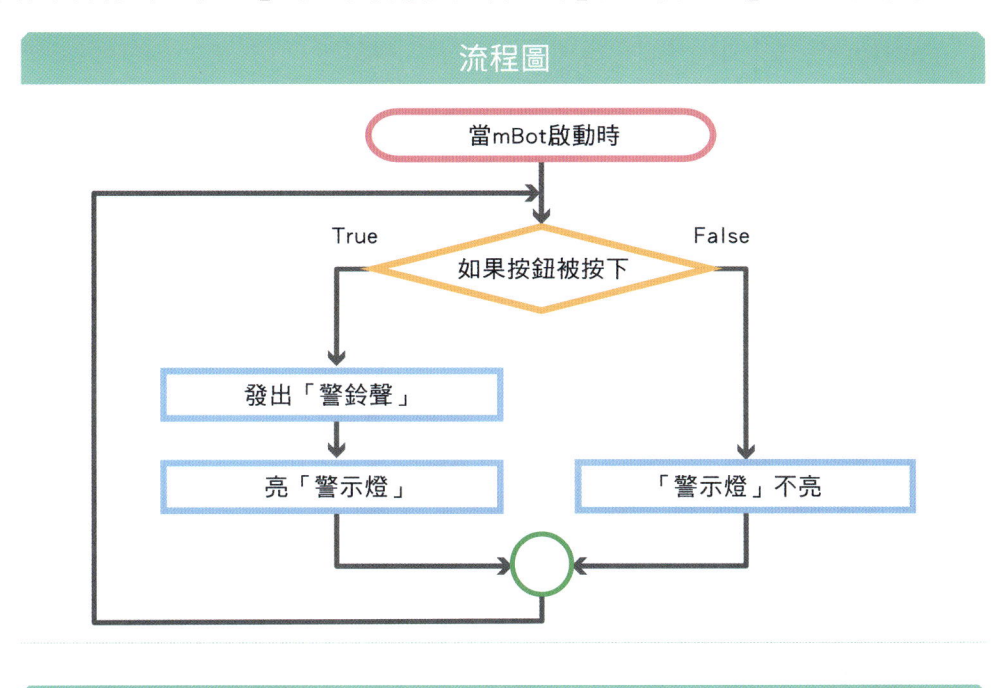

流程圖

```
              當mBot啟動時
                   │
         True      ◇      False
         ┌── 如果按鈕被按下 ──┐
         │                    │
    發出「警鈴聲」         「警示燈」不亮
         │                    │
    亮「警示燈」              │
         └─────────○─────────┘
                   ↑
                （迴圈回到判斷）
```

mBlock 拼圖程式

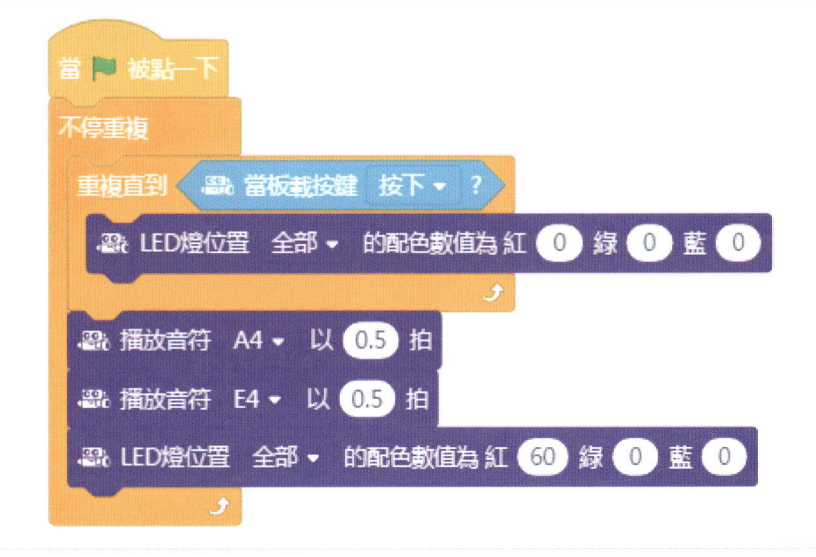

```
當 ▶ 被點一下
不停重複
    重複直到  當板載按鍵 按下 ▾ ?
        LED燈位置 全部 ▾ 的配色數值為 紅 0 綠 0 藍 0
    播放音符 A4 ▾ 以 0.5 拍
    播放音符 E4 ▾ 以 0.5 拍
    LED燈位置 全部 ▾ 的配色數值為 紅 60 綠 0 藍 0
```

10-4　蜂鳴器

◎ **定義** 在 mBot 機器人中，蜂鳴器可說是它的「嘴巴」。

◎ **功能** 依照不同的情況，發出不同的頻率聲音。

◎ **例如** 當我們「開機」或「重新設定」時，都會發出「三個嗶聲」，讓使用者了解目前的情況。

◎ **外觀圖示**

◎ **七個音符對照表**

	mBlock 的音調						
音階	C4	D4	E4	F4	G4	A4	B4
頻率 (tone)	262	294	330	349	392	440	494
鋼琴音符	Do	Re	Mi	Fa	So	Ra	Si

10-4.1 蜂鳴器發出「小星星」的音樂聲

在瞭解七個音符對照表之後，接下來，我們就可以利用它來設計各種音樂聲。

實作 請利用 mBot 的蜂鳴器來發出「小星星」的音樂聲。

小星星	1155665 4433221 5544332 5544332 1155665 4433221

> **說明** 簡譜的 1 代表手機畫面的 Do，2 代表 Re～6 代表 Ra，7 代表 Si，空格代表暫停。

解答 前二小段的程式碼

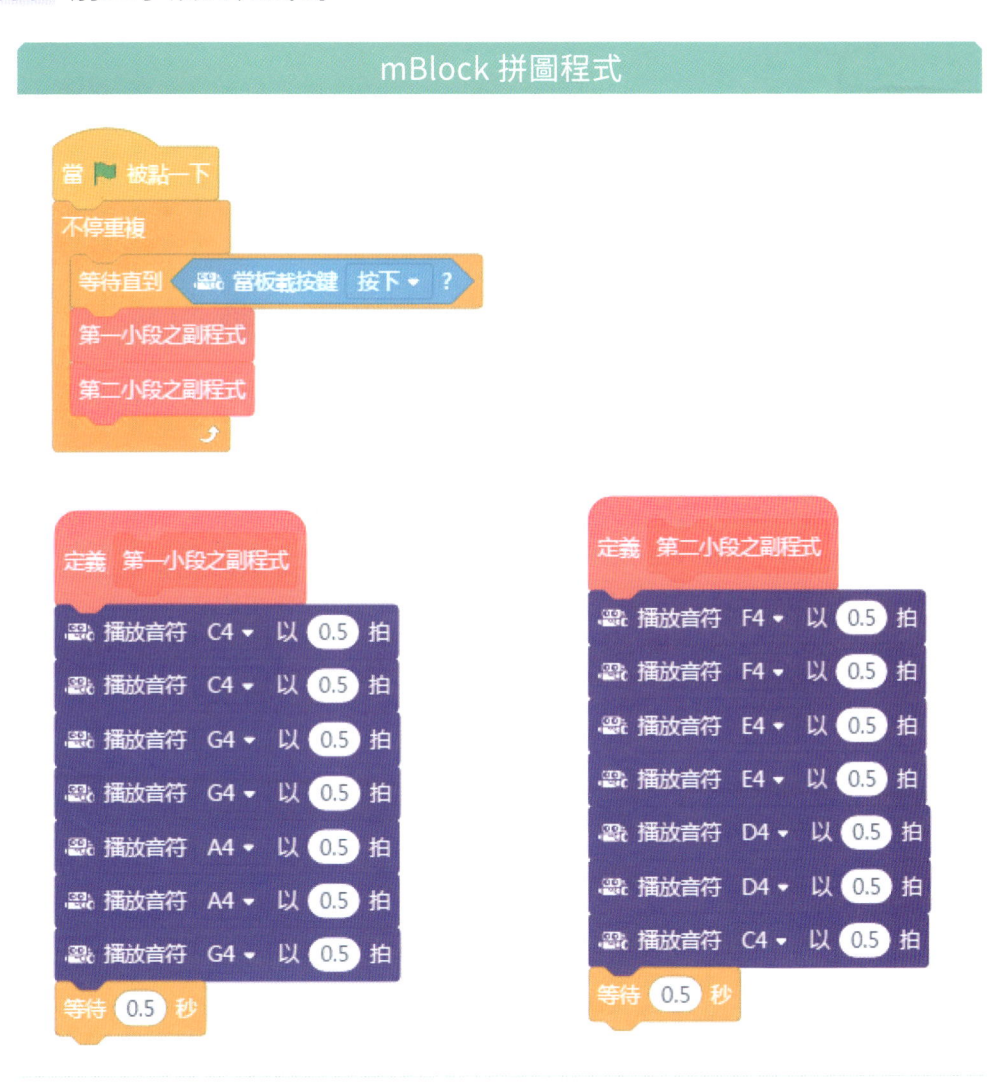

mBlock 拼圖程式

當 ▶ 被點一下
不停重複
　等待直到 〈當板載按鍵 按下▼ ?〉
　第一小段之副程式
　第二小段之副程式

定義 第一小段之副程式
播放音符 C4▼ 以 0.5 拍
播放音符 C4▼ 以 0.5 拍
播放音符 G4▼ 以 0.5 拍
播放音符 G4▼ 以 0.5 拍
播放音符 A4▼ 以 0.5 拍
播放音符 A4▼ 以 0.5 拍
播放音符 G4▼ 以 0.5 拍
等待 0.5 秒

定義 第二小段之副程式
播放音符 F4▼ 以 0.5 拍
播放音符 F4▼ 以 0.5 拍
播放音符 E4▼ 以 0.5 拍
播放音符 E4▼ 以 0.5 拍
播放音符 D4▼ 以 0.5 拍
播放音符 D4▼ 以 0.5 拍
播放音符 C4▼ 以 0.5 拍
等待 0.5 秒

10-4.2 會叫的看家狗

利用「超音波感測器」來模擬「一隻會叫看家狗」。

假設「前進速度與距離的方程式」：速度 = (距離 (cm) – 30)*10

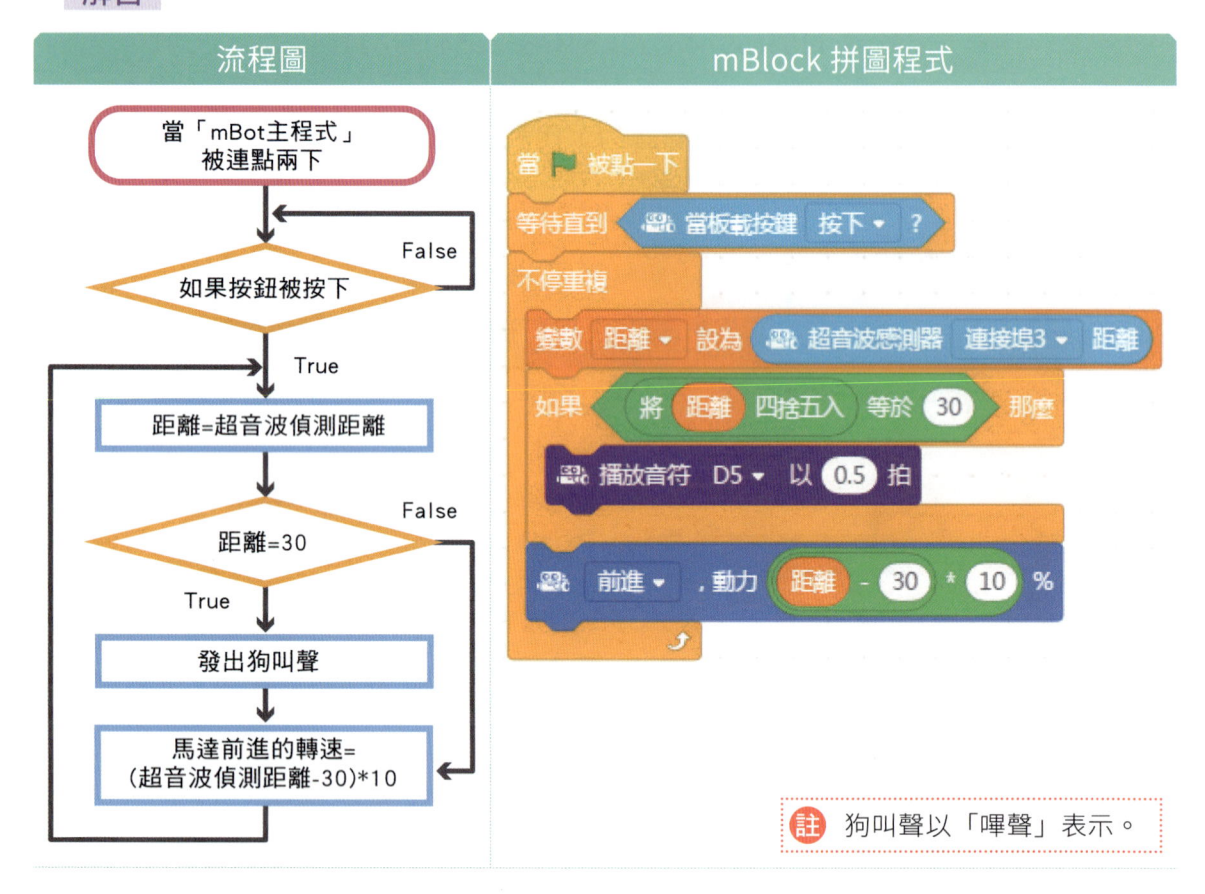

解答

流程圖	mBlock 拼圖程式
當「mBot主程式」被連點兩下 → 如果按鈕被按下（False 迴圈；True 繼續）→ 距離=超音波偵測距離 → 距離=30（True：發出狗叫聲；False 繼續）→ 馬達前進的轉速=(超音波偵測距離-30)*10	當 ▶ 被點一下 / 等待直到〈當板載按鍵 按下?〉/ 不停重複 / 變數 距離 設為 超音波感測器 連接埠3 距離 / 如果 將 距離 四捨五入 等於 30 那麼 / 播放音符 D5 以 0.5 拍 / 前進 動力 距離 - 30 * 10 %

註 狗叫聲以「嗶聲」表示。

10-5　LED 燈

◎ **定義**　在 mBot 機器人中，LED 燈會顯示 RGB 各種不同顏色。

◎ **功能**　一般是用來「警示」之用。

◎ **例如**　當使用者按下「按鈕」時，開始發出警鈴聲並閃爍 LED 燈。

◎ **外觀圖示**

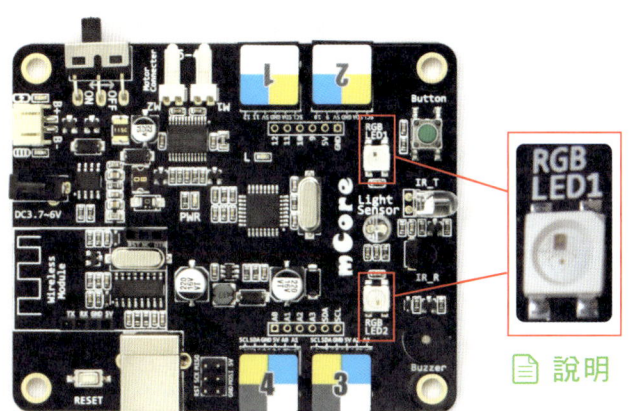

📄 **說明**　在控制板上會有兩個 RGB LED 燈（LED1 與 LED2）。

10-5.1　按鈕切換兩顆 LED 交換顯示

在前面單元中，已經學會兩個 RGB LED 燈的基本概念之後，接下來，我們再來利用按鈕來切換 LED 的顯示方式。

Scratch 3.0 (mBlock 5 含 AI) 程式設計

實作 請利用「按鈕」來切換兩顆 LED 交換顯示。

解答

流程圖

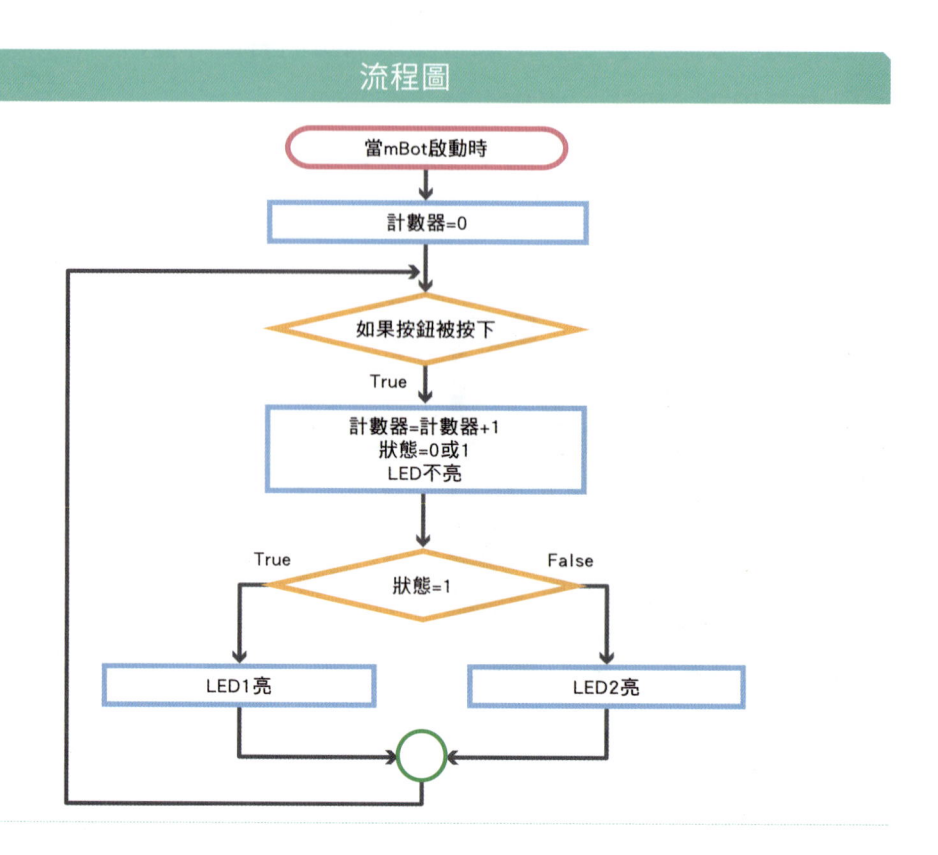

- 當mBot啟動時
- 計數器=0
- 如果按鈕被按下
  - True
  - 計數器=計數器+1
  - 狀態=0或1
  - LED不亮
- 狀態=1
  - True → LED1亮
  - False → LED2亮

mBlock 拼圖程式

- 當 🏁 被點一下
- 變數 計數器 ▼ 設為 0
- 不停重複
  - 如果 當板載按鍵 按下 ▼ ? 那麼
    - 變數 計數器 ▼ 改變 1
    - 變數 狀態 ▼ 設為 計數器 除以 2 的餘數
    - LED燈位置 全部 ▼ 的配色數值為 紅 0 綠 0 藍 0
    - 如果 狀態 等於 1 那麼
      - LED燈位置 左邊 ▼ 的配色數值為 紅 20 綠 20 藍 20
    - 否則
      - LED燈位置 右邊 ▼ 的配色數值為 紅 20 綠 20 藍 20
  - 等待 0.1 秒

10-5.2 按鈕切換 LED 發出 DoReMi

在前面單元中,已經學會兩個 RGB LED 燈的基本概念之後,接下來,我們再來利用按鈕切換 LED 發出 DoReMi。

實作 請利用「按鈕」來切換兩顆 LED 交換顯示,並發出 DoReMi。

解答

mBlock 拼圖程式

當 🏁 被點一下
不停重複
　如果 〈當板載按鍵 按下▼ ?〉那麼
　　DoReMi
　LED燈位置 全部▼ 的配色數值為 紅 0 綠 0 藍 0

定義 DoReMi
LED燈位置 全部▼ 的配色數值為 紅 20 綠 0 藍 0
播放音符 C4▼ 以 0.25 拍
等待 0.2 秒
LED燈位置 全部▼ 的配色數值為 紅 0 綠 20 藍 0
播放音符 D4▼ 以 0.25 拍
等待 0.2 秒
LED燈位置 全部▼ 的配色數值為 紅 0 綠 0 藍 20
播放音符 E4▼ 以 0.25 拍
等待 0.2 秒

10-5.3 按鈕啟動 LED 播放救護車聲音

在前面單元中,已經學會兩個 RGB LED 燈的基本概念之後,接下來,我們再來利用按鈕啟動 LED 播放救護車聲音。

實作 請利用「按鈕」來切換兩顆 LED 交換顯示,並發出救護車聲音。

解答

mBlock 拼圖程式

```
當 ▶ 被點一下
不停重複
    如果 〈 當板載按鍵 按下▼ ?〉 那麼
        救護車聲音
    LED燈位置 全部▼ 的配色數值為 紅 0 綠 0 藍 0
```

```
定義 救護車聲音
LED燈位置 全部▼ 的配色數值為 紅 20 綠 0 藍 0
播放音符 F5▼ 以 0.25 拍
LED燈位置 全部▼ 的配色數值為 紅 0 綠 20 藍 0
播放音符 C5▼ 以 0.25 拍
```

10-6　重置按鈕

◎ 功能　用來關閉正在執行中的程式。

◎ 例如　利用「按鈕」啟動某一程式時，可以利用「重置按鈕」關閉此程式。

◎ 外觀圖示

Chapter 10 課後評量

1. 請設計「消防車」的鳴叫聲。

2. 請設計「警車」的鳴叫聲。

Chapter 11
AI 人工智慧－mBot「人臉年齡識別」的應用

學習目標
1. 讓讀者瞭解 mBlock 5 提供的 AI 人工智慧及微軟認知服務。
2. 讓讀者瞭解如何使用模糊語音辨識及操控機器人。

內容節次
11-1　認識 AI 人工智慧
11-2　mBlock 5 使用微軟認知服務
11-3　人臉年齡辨識
11-4　人臉情緒辨識
11-5　人臉情緒操控 mBot 機器人

11-1　認識 AI 人工智慧

◎ **定義**　人工智慧（Artificial Intelligence, AI）是指人類創造出來的機器人，是可以模擬人類大腦的智慧，它具有思考及解決問題的能力。

◎ **組成**　由「推理機」及「知識庫」。

◎ **使用語言**　「專家系統」與「自然語言」。

◎ **特色**　具有像人類思考、判斷、推理及自行學習而解決問題的能力。

◎ **主要技術**　人工智慧的演算法及科技。

◎ **人工智慧、機器學習、深度學習之關係**

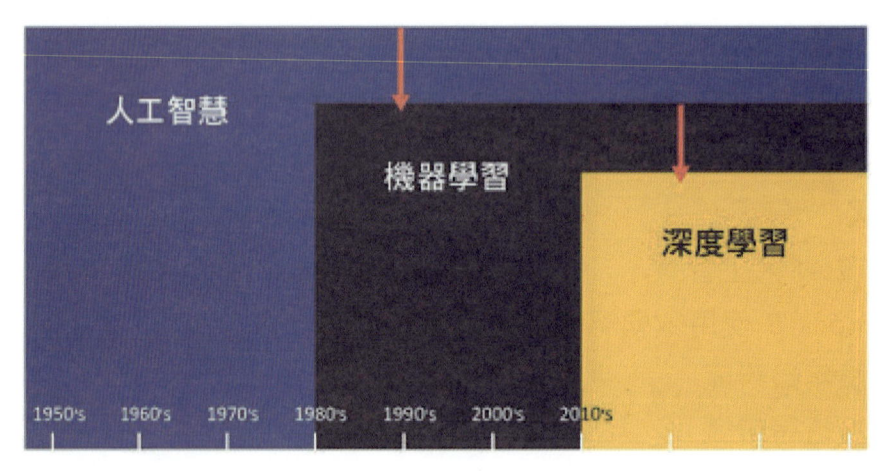

人工智慧、機器學習、深度學習之關係（參考資料：blogs.nvidia.com.tw）

◎ **成功案例**

日本發明的互動式機器人	大陸浙江大學發明的會打桌球的機器人

圖片來源：http://www.youtube.com.tw

11-2　mBlock 5 使用微軟認知服務

　　Makeblock 公司為了讓 mBot 機器人能夠更有智慧，將 mBlock3 改版為 mBlock 5，其主要的功能包含認知服務（Cognitive Services），以及機器深度學習（Machine Deep Learning）。

◎ **功能**　讓學生可以運用 AI 人工智慧工具，進行各種辨識。（例如：影像、語音及文字等）。

◎ **功能介面**

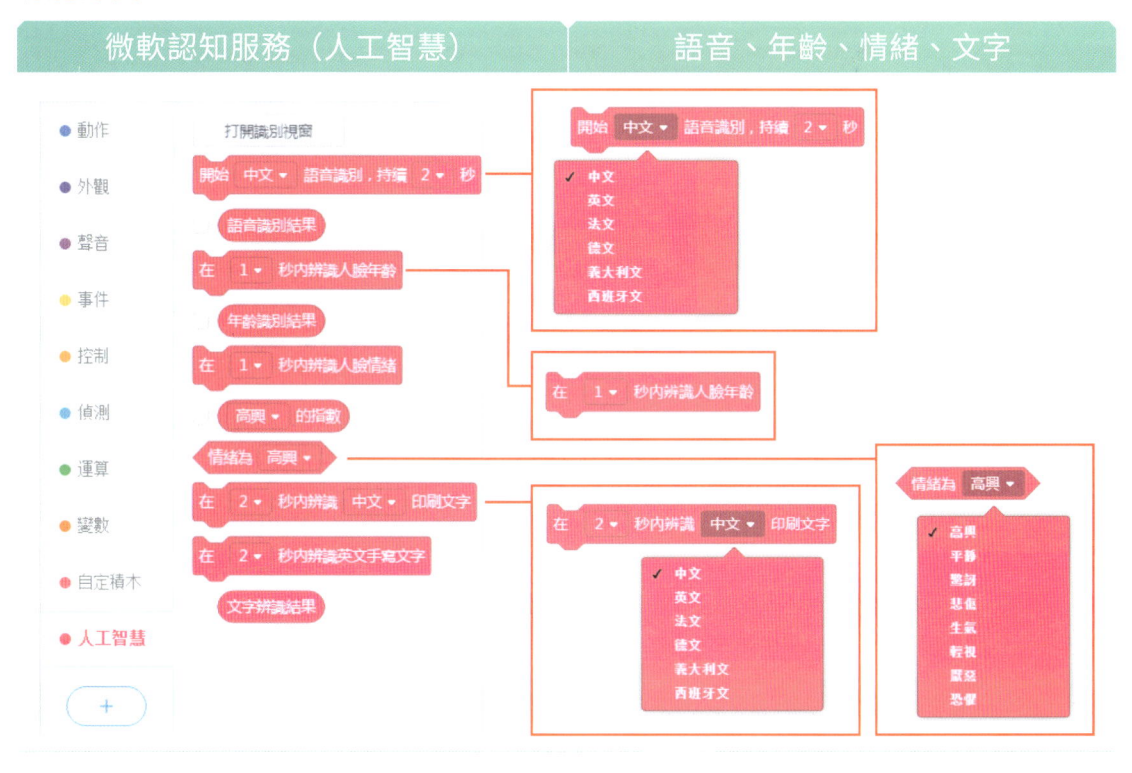

微軟認知服務（人工智慧）	語音、年齡、情緒、文字

◎ **說明**
1. 語音辨識：語音轉換文字（包含中文、英文、法文、德文、義大利文、西班牙文）。
2. 年齡辨識：偵測人臉的年齡。
3. 情緒辨識：偵測人臉的情緒（生氣、輕視、厭惡、恐懼、高興、平靜）。
4. 文字辨識：影像中的光學字元辨識（印刷字，包含中文、英文、法文、德文、義大利文、西班牙文）及英文手寫文字。

11-3　人臉年齡辨識

◎ **功能** 是指利用「影像辨識」技術來辨識人臉大約的年齡。

◎ **實例** 辨識人臉大約的年齡。

◎ **前置工作** 攝影機。

◎ **設計步驟**

Step 1 ▶ 註冊並登入 mBlock 5

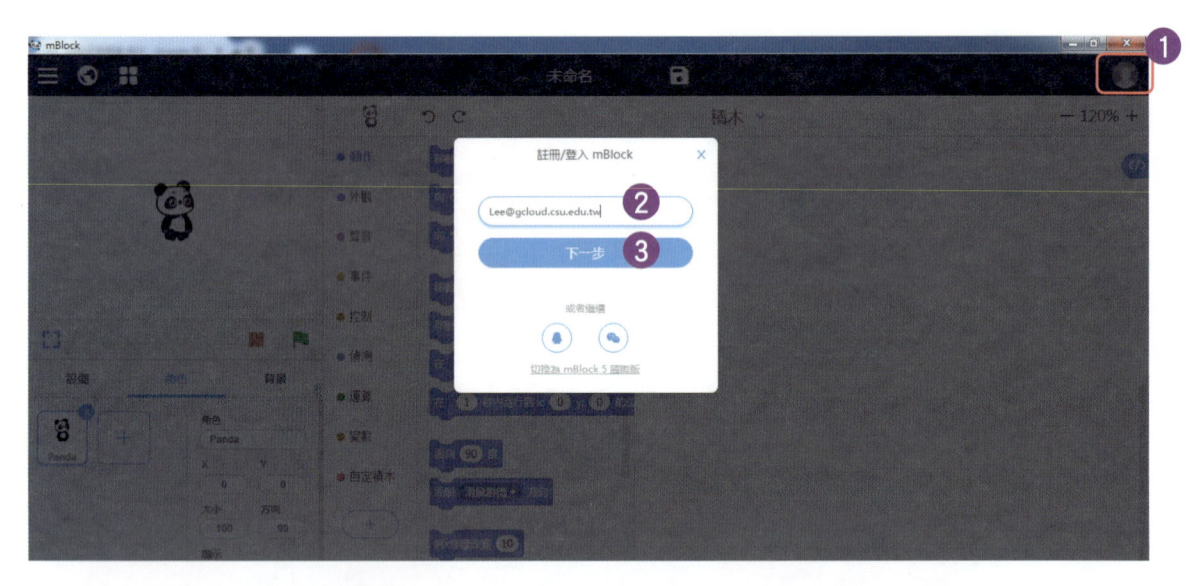

最後，再輸入密碼並按「新建帳號」即可。

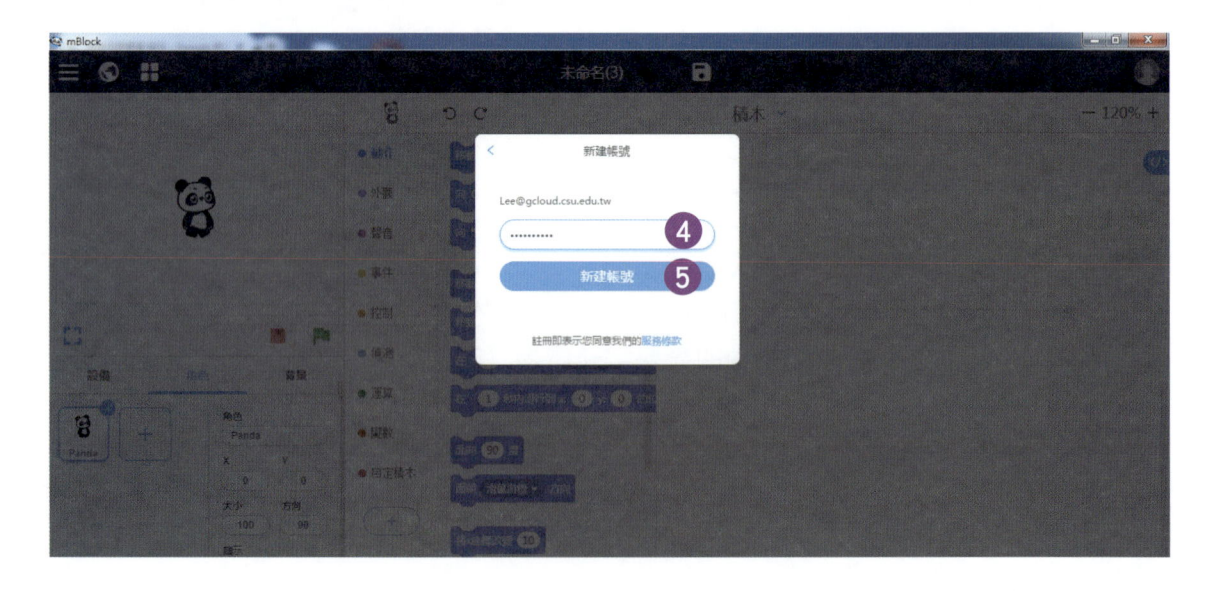

Chapter 11　AI 人工智慧－mBot「人臉年齡識別」的應用

Step 2 ▶ 角色／「+」

Step 3 ▶ 擴展中心／「+」添加：認知服務

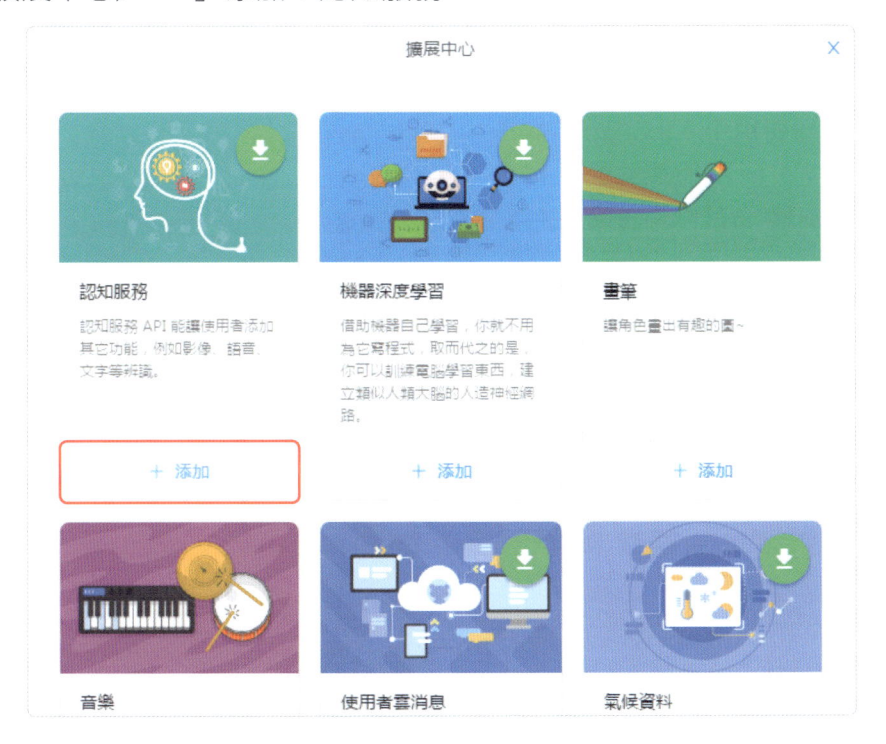

上述的「認知服務」，都需要使用 mBlock 註冊登錄才能使用，這是 Makeblock 公司與微軟公司合作所帶給學習者最大的福利。

193

Step 4 ▶ 擴展了「人工智慧」群組元件

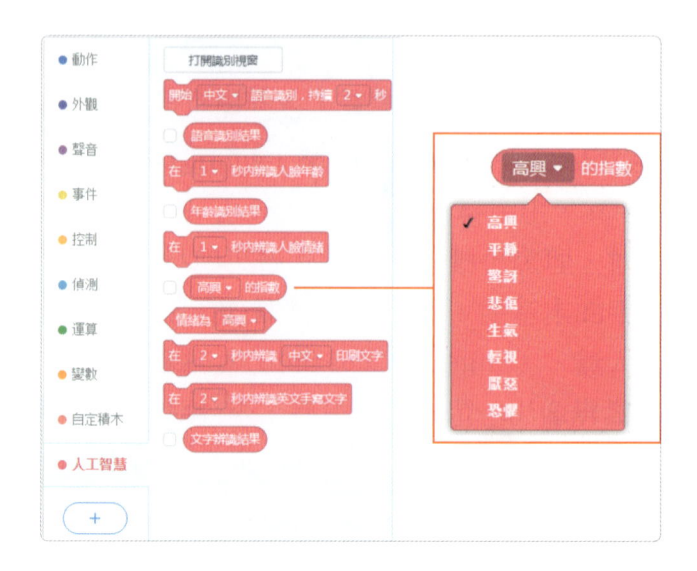

Step 5 ▶ 撰寫程式

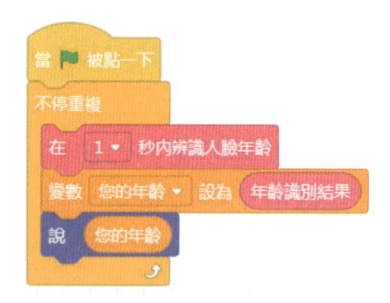

Step 6 ▶ 按下「當 ▶ 被點一下」

在左邊舞台區就會顯示偵測的年齡。

11-4 人臉情緒辨識

◎ 功能 可以用來辨識：人臉情緒。

◎ 例如 統計人們的快樂指數。

◎ 實例 請利用人臉情緒辨識功能來辨識「人臉情緒」，並回傳人臉情緒辨識結果到舞台區。

◎ 撰寫程式

mBlock 拼圖程式

11-5　人臉情緒操控 mBot 機器人

◎ **主題目的**　利用 mBot 機器人的相關套件結合 AI 人工智慧中的文字識別功能，來模擬「停車場車牌辨識系統」功能。

◎ **需求套件**　mBot 機器人 + 表情面板。

mBot 機器人	表情面板

◎ **擴展設備庫**

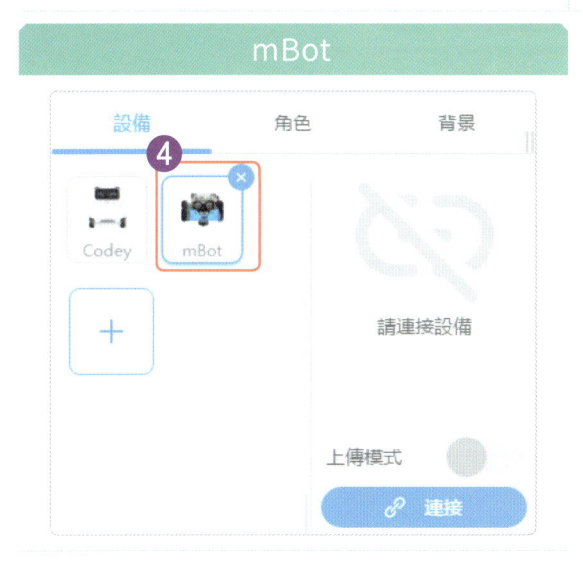

設備／+

設備庫／mBot

mBot

◎ 擴展創客平台

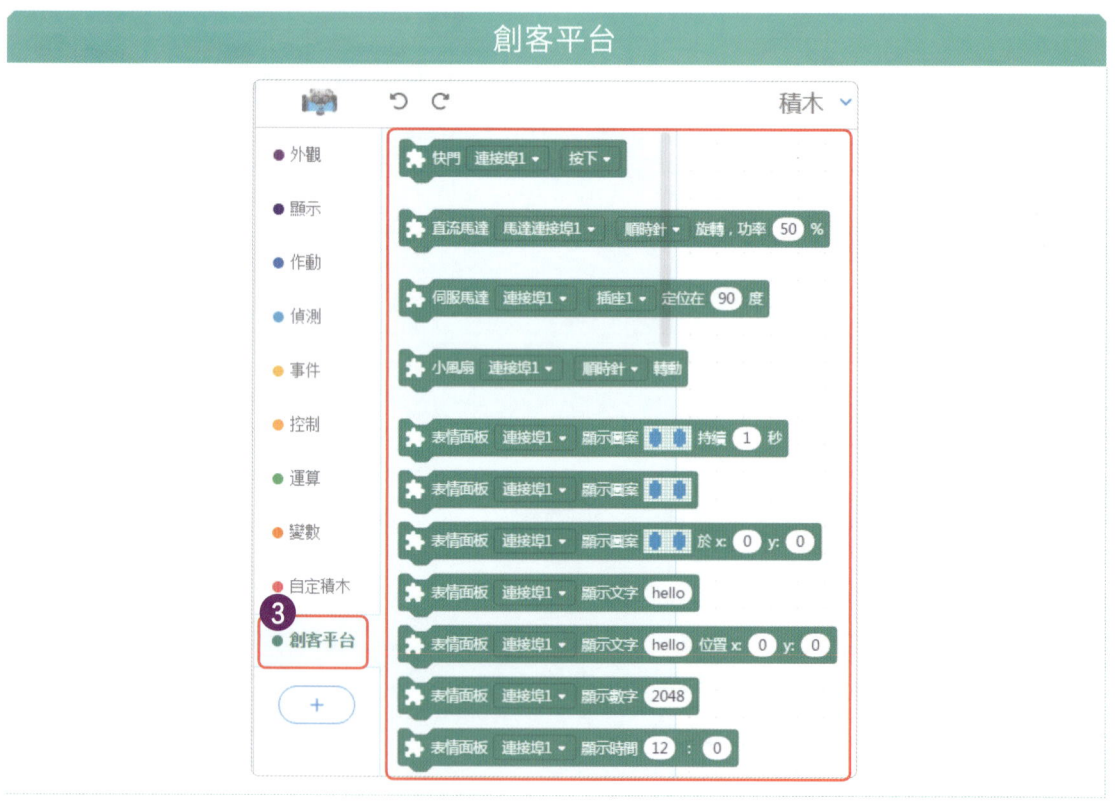

◎ 寫程式

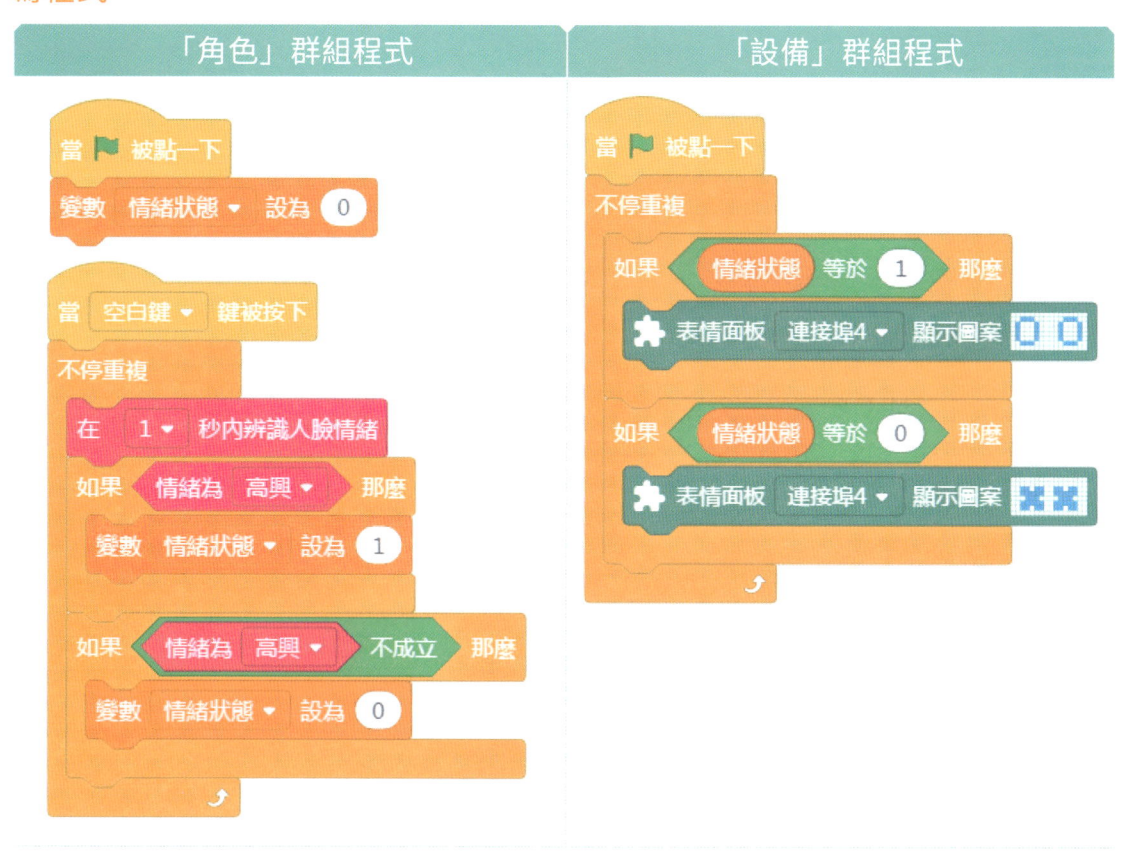

「角色」群組程式

當 ▶ 被點一下
變數 情緒狀態 ▼ 設為 0

當 空白鍵 ▼ 鍵被按下
不停重複
　在 1 ▼ 秒內辨識人臉情緒
　如果 情緒為 高興 ▼ 那麼
　　變數 情緒狀態 ▼ 設為 1
　如果 ＜情緒為 高興 ▼＞ 不成立 那麼
　　變數 情緒狀態 ▼ 設為 0

「設備」群組程式

當 ▶ 被點一下
不停重複
　如果 情緒狀態 等於 1 那麼
　　表情面板 連接埠4 ▼ 顯示圖案 〇〇
　如果 情緒狀態 等於 0 那麼
　　表情面板 連接埠4 ▼ 顯示圖案 ××

Chapter 11 實作題

◆ 題目名稱：人臉年齡辨識
◆ 題目說明：請利用人臉年齡辨識，分辨出幼兒、小學生、中學生、大學生、社會人士。

幼兒	小學生	中學生	大學生	社會人士
3-6	7-12	12-18	19-22	23~

MLC 創客學習力認證
Maker Learning Competency Certification

外形(0)、機構(0)、電控(0)、程式(2)、通訊(1)、人工智慧(3)

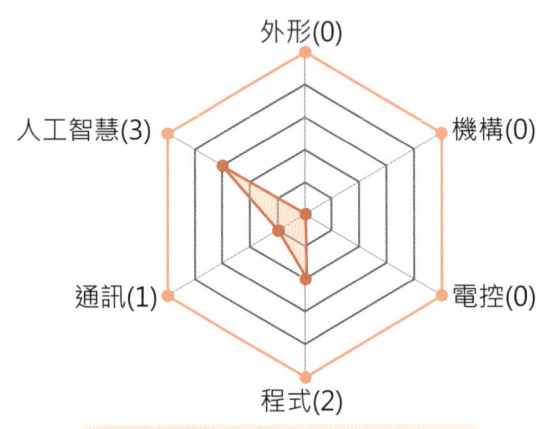

創客題目編號：A005031

實作時間：30 分鐘	
創客指標	指數
外形	0
機構	0
電控	0
程式	2
通訊	1
人工智慧	3
創客總數	6

◆ 題目名稱：人臉情緒辨識
◆ 題目說明：請利用人臉情緒辨識，當偵測到使用者「高興」時，mBot 機器人前進，否則就會停止。

MLC 創客學習力認證
Maker Learning Competency Certification

外形(1)、機構(1)、電控(2)、程式(3)、通訊(1)、人工智慧(4)

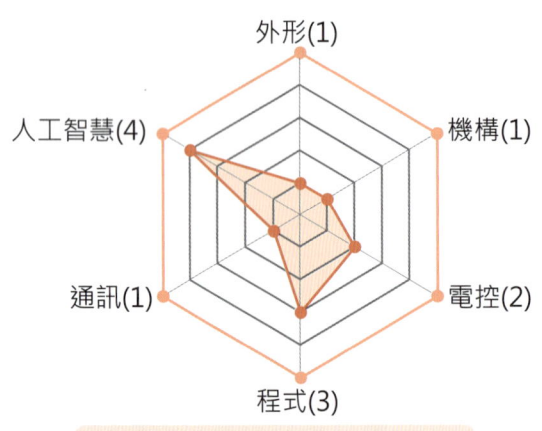

創客題目編號：A005032

實作時間：30 分鐘	
創客指標	指數
外形	1
機構	1
電控	2
程式	3
通訊	1
人工智慧	4
創客總數	12

Chapter 12
AI 人工智慧 – mBot「語音識別」的應用

學習目標
1. 讓讀者瞭解 mBlock 5 提供的 AI 人工智慧及微軟認知服務。
2. 讓讀者瞭解如何使用模糊語音辨識及操控機器人。

內容節次
12-1　語音辨識
12-2　模糊語音辨識之使用
12-3　語音操控 mBot 機器人

12-1　語音辨識

◎ **定義** 是指利用「語音」來操控機器人，亦即「只需動口，不用動手」。

◎ **優點** 1. 不需要「方向按鈕」也能操控機器人。
　　　　 2. 對於視力不佳的使用者，也能輕易操控。

◎ **缺點** 1. 由於語音辨識必須透過網路送到 Google 伺服器進行分析，因此，如果沒有網路，則無法使用。
　　　　 2. 每個人的發音可能不盡相同，導致語音辨識效果可能不佳。

◎ **實例 1**　語音識別「中文」。例如：唸出「向前向後」，在角色區中 Panda 顯示文字辨識的結果。

◎ **前置工作**　1. 攝影機　2. 麥克風。

◎ **設計步驟**

Step 1 ▶ 註冊並登入 mBlock 5

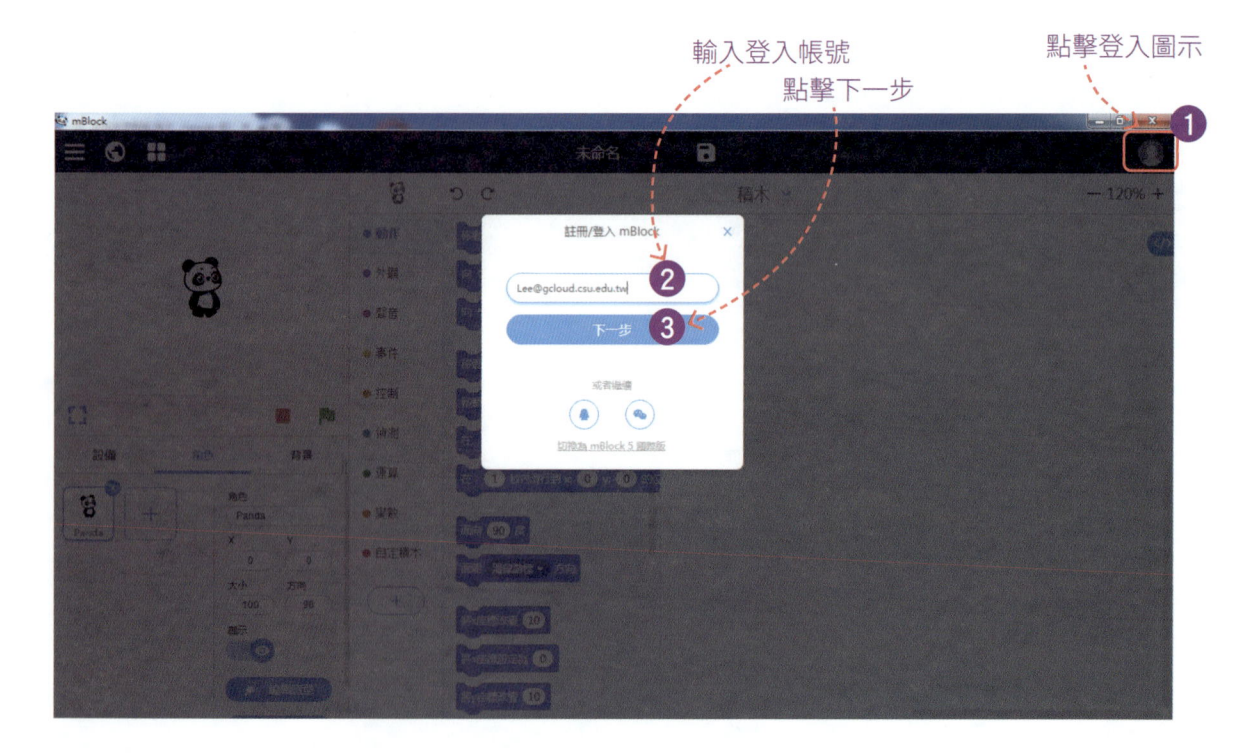

Chapter 12　AI 人工智慧－mBot「語音識別」的應用

最後，再輸入密碼並按「新建帳號」即可。

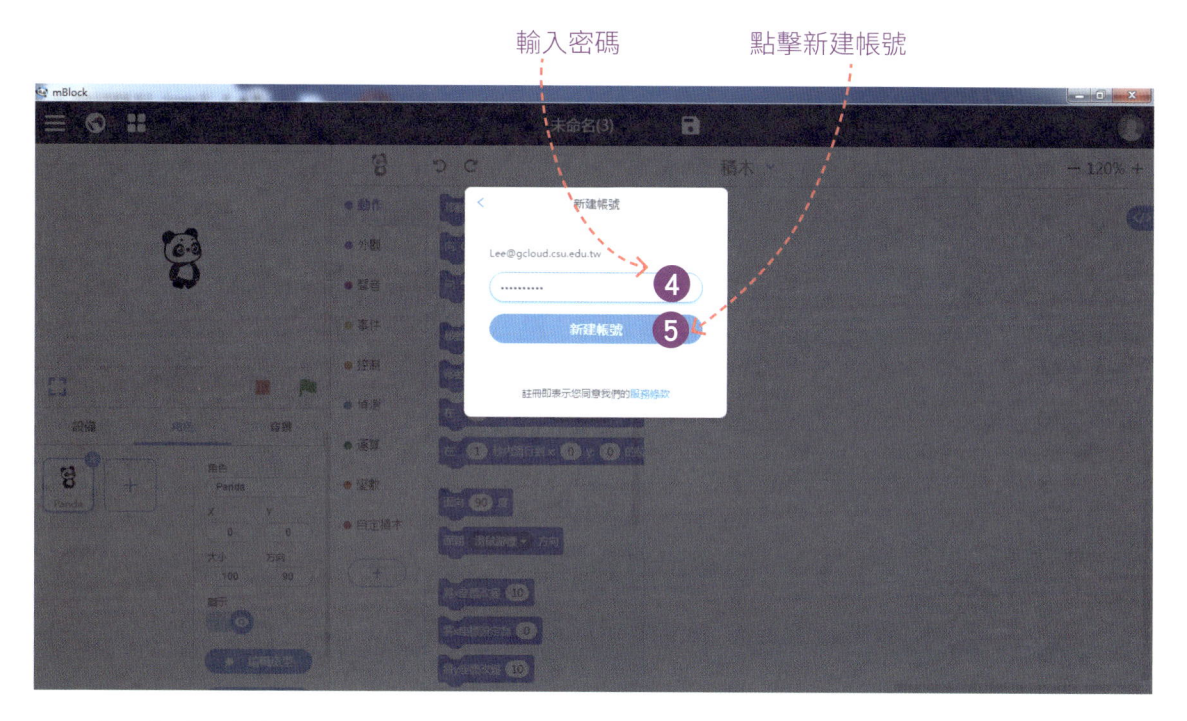

Step 2 ▶ 角色／「+」

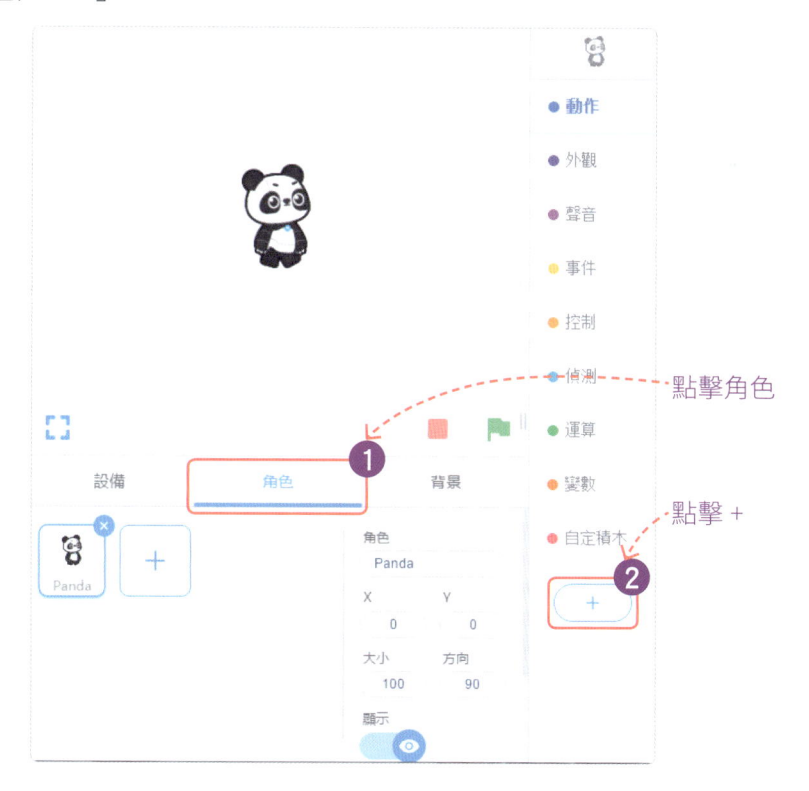

201

Step 3 ▶ 擴展中心／「+ 添加」：認知服務

上述的「認知服務」，都需要使用 mBlock 註冊登錄才能使用，這是 Makeblock 公司與微軟公司合作所帶給學習者最大的福利。

Step 4 ▶ 擴展了「人工智慧」群組元件

Step 5 ▶ 撰寫程式

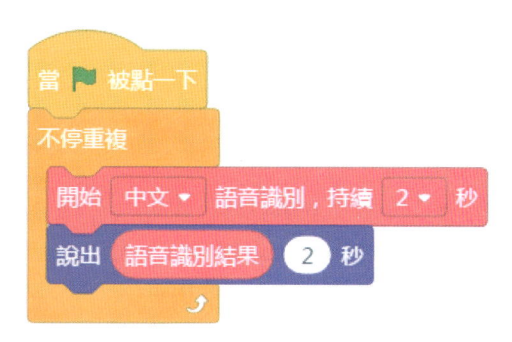

```
當 ▶ 被點一下
不停重複
    開始 中文▼ 語音識別，持續 2▼ 秒
    說出 語音識別結果 2 秒
```

Step 6 ▶ 按下「當 ▶ 被點一下」

在左邊舞台區就會顯示偵測的年齡。

唸出「向前向後」

◎ 實例 2　語音識別「英文」。例如：唸出「Forward, Backward」，在角色區中 Panda 顯示文字辨識的結果。

◎ 撰寫程式

```
當 ▶ 被點一下
不停重複
    開始 英文▼ 語音識別，持續 2▼ 秒
    說出 語音識別結果 2 秒
```

12-2 模糊語音辨識之使用

◎ **定義** 是指利用「語音」來操控 mBot 機器人，亦即「只需動口，不用動手」。

◎ **優點** 1. 不需要「方向按鈕」也能操控機器人。
2. 對於視力不佳的使用者，也能輕易操控。

◎ **缺點** 1. 由於語音辨識必須透過網路送到 Google 伺服器進行分析，因此，如果沒有網路，則無法使用。
2. 每個人的發音可能不盡相同，導致語音辨識效果可能不佳。
由於每一個發音不盡相同，使得利用「語音辨識」功能時，往往無法順利辨識您想要呈現的文字。因此，我們可以利用「模糊語音辨識方法」。

◎ **提高語音辨識效果之解決方法**

1. 建立「語音詞庫」

透過多人發音結果，建立在語音資料庫中。例如：命令機器人「向前」時，則可以建立與「前」字的同音字到「詞庫」中。例如：建立「前、錢、潛、虔」或相近音的「淺、遣、全、權」等等。

2. 使用「句子」發音

當命令機器人「向前」時，如果只唸「前」，往往會辨識為「錢」或其它同音字。但是，如果完整的唸「向前」句子，則辨識率非常高。

3. 透過「模糊比對」模式

當我們使用「句子」發音時，如何將它辨識出來呢？切記盡量不要使用等號「＝」，因為每個人的發音不盡相同，亦即你我的發音或音調可能不同。因此，建議使用「包含」子字串函數。

◎ 使用拼圖

> 清單 蘋果 包含 一個 ？

◎ 例　如　模糊語音控制機器人向前

```
當 ▶ 被點一下
不停重複
    開始 中文▼ 語音識別，持續 2▼ 秒
    說出 語音識別結果 2 秒
    如果 清單 語音識別結果 包含 前 ？ 或 清單 語音識別結果 包含 向前 ？ 那麼
        變數 結果▼ 設為 機器人--->向前
```

◎ 動動腦　模糊語音控制機器人「前、後、左、右」

```
當 ▶ 被點一下
不停重複
    開始 中文▼ 語音識別，持續 2▼ 秒
    說出 語音識別結果 2 秒
    如果 清單 語音識別結果 包含 前 ？ 或 清單 語音識別結果 包含 向前 ？ 那麼
        變數 結果▼ 設為 機器人--->向前
    如果 清單 語音識別結果 包含 退 ？ 或 清單 語音識別結果 包含 向後 ？ 那麼
        變數 結果▼ 設為 機器人--->向後
    如果 清單 語音識別結果 包含 左 ？ 或 清單 語音識別結果 包含 向左 ？ 那麼
        變數 結果▼ 設為 機器人--->向左
    如果 清單 語音識別結果 包含 右 ？ 或 清單 語音識別結果 包含 向右 ？ 那麼
        變數 結果▼ 設為 機器人--->向右
```

12-3　語音操控 mBot 機器人

◎ **需求套件**　mBot 機器人

mBot 機器人

◎ **擴展設備庫**

設備／+

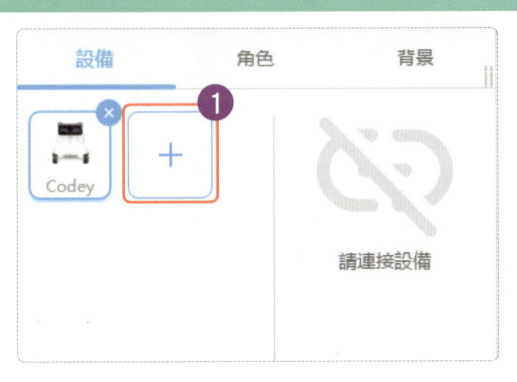

設備庫／mBot

mBot

Chapter 12　AI 人工智慧－mBot「語音識別」的應用

◎ **主題** 利用語音辨識功能，來控制 mBot 機器人行走。

◎ **寫程式**

「角色」群組程式

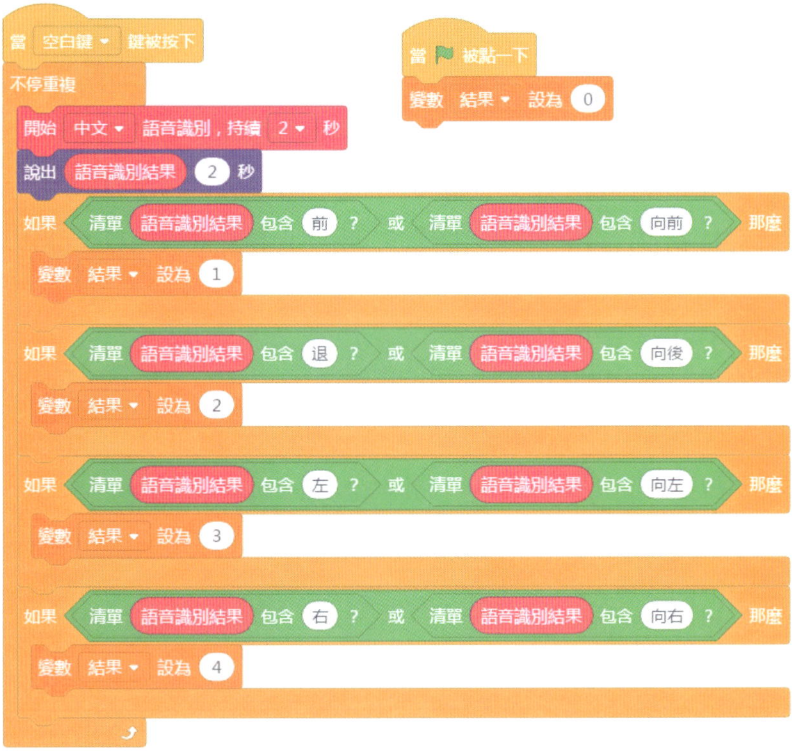

當 空白鍵▼ 鍵被按下
不停重複
　開始 中文▼ 語音識別，持續 2▼ 秒
　說出 語音識別結果 2 秒
　如果 〈 清單 語音識別結果 包含 前 ？ 或 清單 語音識別結果 包含 向前 ？〉 那麼
　　變數 結果▼ 設為 1
　如果 〈 清單 語音識別結果 包含 退 ？ 或 清單 語音識別結果 包含 向後 ？〉 那麼
　　變數 結果▼ 設為 2
　如果 〈 清單 語音識別結果 包含 左 ？ 或 清單 語音識別結果 包含 向左 ？〉 那麼
　　變數 結果▼ 設為 3
　如果 〈 清單 語音識別結果 包含 右 ？ 或 清單 語音識別結果 包含 向右 ？〉 那麼
　　變數 結果▼ 設為 4

當 ▶ 被點一下
變數 結果▼ 設為 0

「設備」群組程式

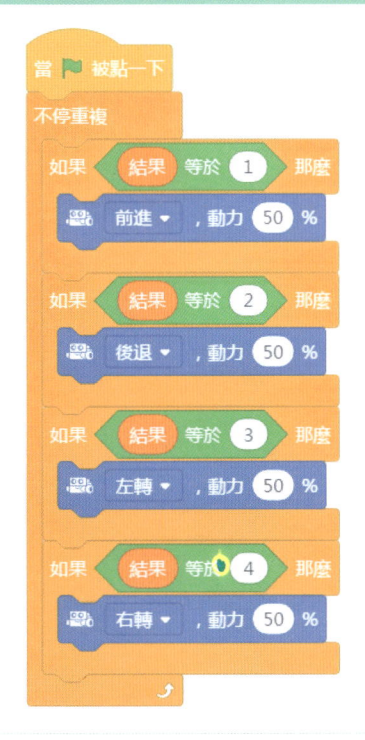

當 ▶ 被點一下
不停重複
　如果 〈 結果 等於 1 〉 那麼
　　前進▼ ，動力 50 %
　如果 〈 結果 等於 2 〉 那麼
　　後退▼ ，動力 50 %
　如果 〈 結果 等於 3 〉 那麼
　　左轉▼ ，動力 50 %
　如果 〈 結果 等於 4 〉 那麼
　　右轉▼ ，動力 50 %

Chapter 12 實作題

◆ **題目名稱**：語音辨識結合 LED 燈
◆ **題目說明**：請利用語音辨識結合 mBot 機器人的 LED 燈
　　　　　　　(1) 當語音辨識到「紅燈」時，mBot 之 LED 顯示「紅燈」。
　　　　　　　(2) 當語音辨識到「綠燈」時，mBot 之 LED 顯示「綠燈」。
　　　　　　　(3) 當語音辨識到「藍燈」時，mBot 之 LED 顯示「藍燈」。
　　　　　　　(4) 當語音辨識到「關燈」時，mBot 之 LED「關燈」。

MLC 創客學習力認證
Maker Learning Competency Certification

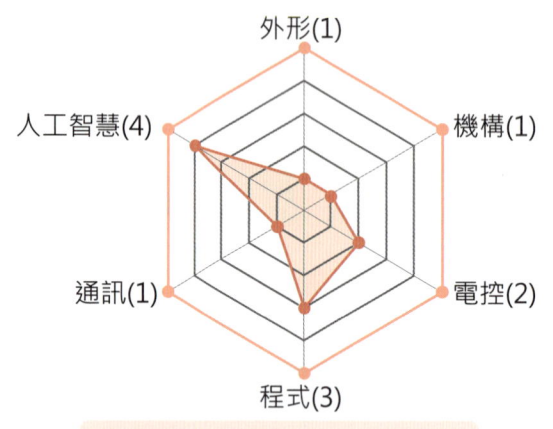

創客題目編號：A005033

實作時間：30 分鐘	
創客指標	指數
外形	1
機構	1
電控	2
程式	3
通訊	1
人工智慧	4
創客總數	12

◆ **題目名稱**：語音辨識結合面板
◆ **題目說明**：請利用語音辨識結合 mBot 機器人的表情面板。

    (1) 當語音辨識到「前進」時，mBot 表情面板上顯示「↑」。
    (2) 當語音辨識到「後退」時，mBot 表情面板上顯示「↓」。
    (3) 當語音辨識到「左轉」時，mBot 表情面板上顯示「←」。
    (4) 當語音辨識到「右轉」時，mBot 表情面板上顯示「→」。
    (5) 當語音辨識到「停止」時，mBot 表情面板上顯示「☒」。

MLC 創客學習力認證
Maker Learning Competency Certification

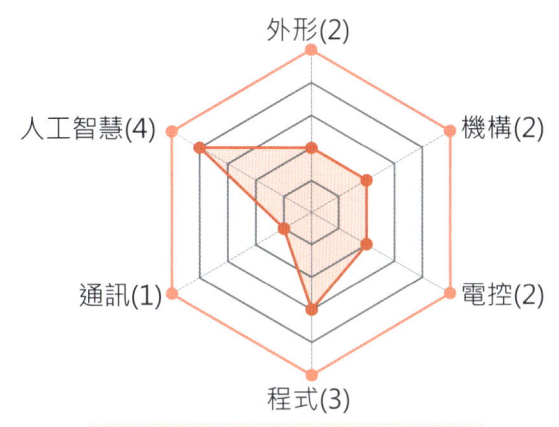

創客題目編號：A005034

實作時間：30 分鐘	
創客指標	指數
外形	2
機構	2
電控	2
程式	3
通訊	1
人工智慧	4
創客總數	14

Notes

Chapter 13
AI 人工智慧－mBot「車牌識別」的應用

學習目標
1. 讓讀者瞭解機器深度學習－如何新建模型「顏色紙板」。
2. 讓讀者瞭解機器深度學習－mBot「文字識別」的應用。

內容節次
13-1　文字辨識
13-2　文字辨識結合表情面板
13-3　文字辨識結合 DoReMi
13-4　文字辨識結合 LED 燈
13-5　停車場車牌辨識系統

13-1 文字辨識

目前大部分的停車場，都需要一些步驟來處理停車費扣繳的問題，例如駕駛必須停車、取票（或刷卡）最後再等待柵欄打開，至少要執行這三個步驟，才能進入停車場。

在 AI 人工智慧的來臨，許多停車場已經導入「智慧型停車場的車牌辨識系統」，如此一來，車輛進入停車場時，不需要再降低速度，可以節省時間及取票時的危險性。其實，車牌辨識系統的主要技術就是「AI 人工智慧中的文字辨識」技術。

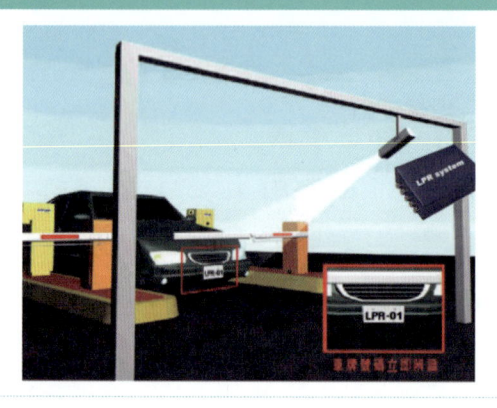

車牌辨識系統

◎ 使用認知服務

擴展中心／認知服務

人工智慧／印刷文字

Chapter 13　AI 人工智慧－ mBot「車牌識別」的應用

【使用的圖塊指令】

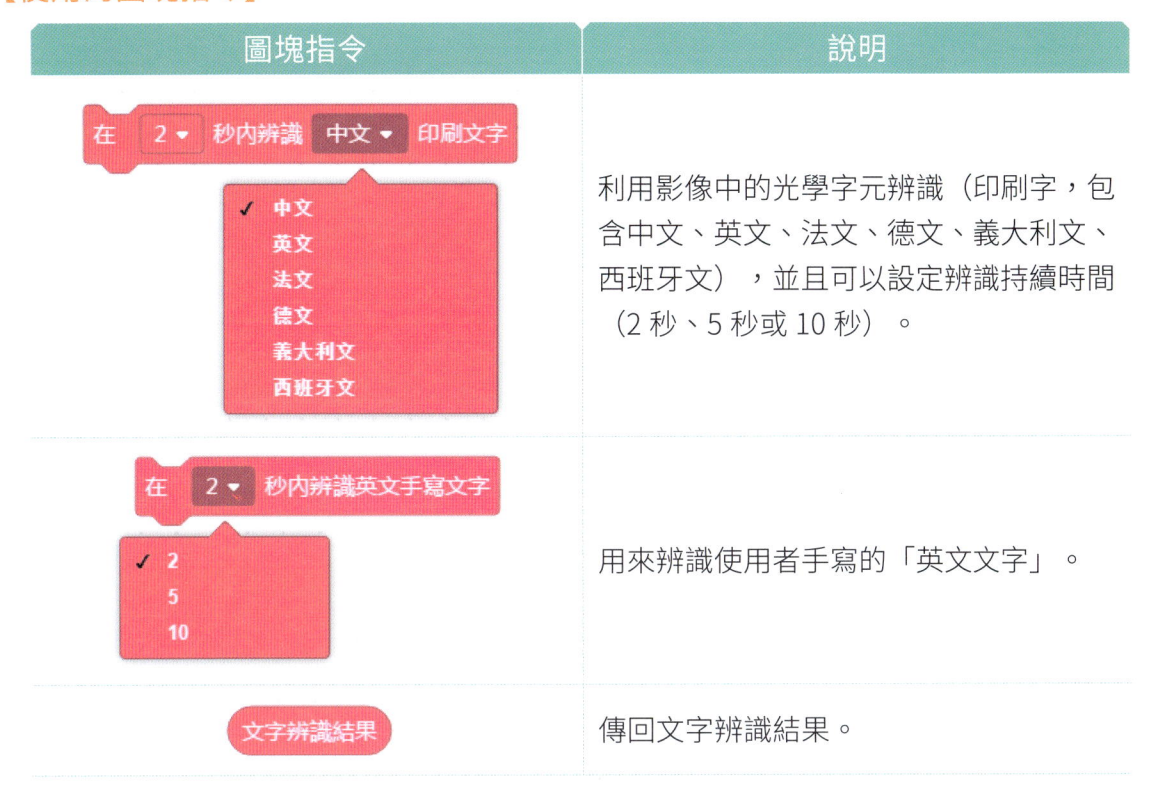

圖塊指令	說明
在 2▼ 秒內辨識 中文▼ 印刷文字 （中文／英文／法文／德文／義大利文／西班牙文）	利用影像中的光學字元辨識（印刷字，包含中文、英文、法文、德文、義大利文、西班牙文），並且可以設定辨識持續時間（2秒、5秒或10秒）。
在 2▼ 秒內辨識英文手寫文字 （2／5／10）	用來辨識使用者手寫的「英文文字」。
文字辨識結果	傳回文字辨識結果。

13-1-1　文字辨識 _ 英文字

◎ **功能** 可以用來辨識：數字、英文字及數字與英文字的結合。

◎ **例如** 車牌號碼辨識。

◎ **實例** 請利用文字辨識中的功能來辨識「英文字」，並回傳文字辨識結果到舞台區。

◎ **撰寫程式**

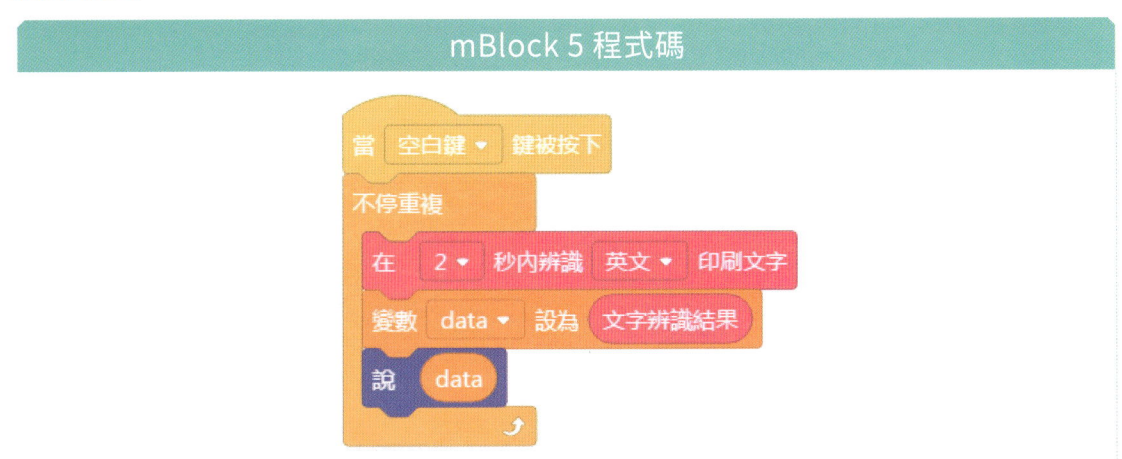

mBlock 5 程式碼
當 空白鍵▼ 鍵被按下 不停重複 　在 2▼ 秒內辨識 英文▼ 印刷文字 　變數 data▼ 設為 文字辨識結果 　說 data

213

13-1-2 文字辨識＿中文字

◎ **功能** 可以辨識：中文字。

◎ **例如** 掃描書稿之中文字辨識。

◎ **實例** 請利用文字辨識中的功能來辨識「中文字」，並回傳文字辨識結果到舞台區。

◎ **撰寫程式**

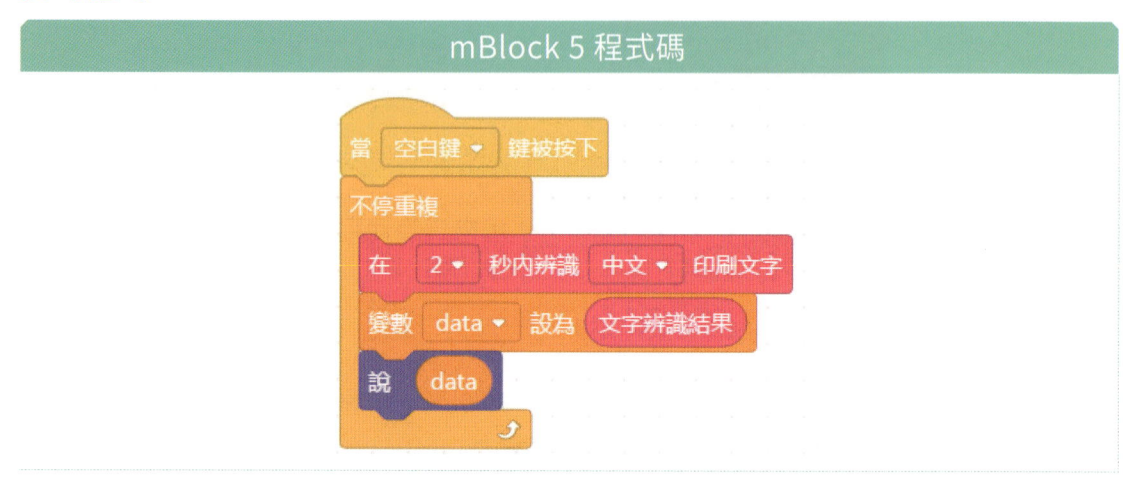

```
mBlock 5 程式碼

當 [空白鍵▼] 鍵被按下
不停重複
    在 [2▼] 秒內辨識 [中文▼] 印刷文字
    變數 [data▼] 設為 (文字辨識結果)
    說 (data)
```

13-1-3 文字辨識＿英文手寫文字

◎ **功能** 可以辨識：英文手寫文字。

◎ **實例** 請利用文字辨識中的功能來辨識「英文手寫文字」，並回傳文字辨識結果到舞台區。

◎ **撰寫程式**

```
mBlock 5 程式碼

當 [空白鍵▼] 鍵被按下
不停重複
    在 [2▼] 秒內辨識英文手寫文字
    變數 [data▼] 設為 (文字辨識結果)
    說 (data)
```

13-2　文字辨識結合表情面板

◎ **主題** 利用文字辨識的功能來辨識文字，並顯示於表情面板上。

◎ **功能** 將辨識的結果與 mBot 上的表情面板結合。

◎ **需求套件** mBot 機器人＋表情面板。

mBot 機器人	表情面板

◎ **擴展設備庫**

設備／＋	設備庫／mBot

mBot	外觀

215

13-2-1　文字辨識結合表情面板 _ 數字

◎ **功能**　將辨識的結果在表情面板顯示「數字」。

◎ **使用圖塊指令**

　　　　　　　`表情面板 連接埠1▼ 顯示數字 2048`

◎ **實例**　請利用文字辨識技術，將辨識文字結果在表情面板顯示「數字」。

◎ **撰寫程式**

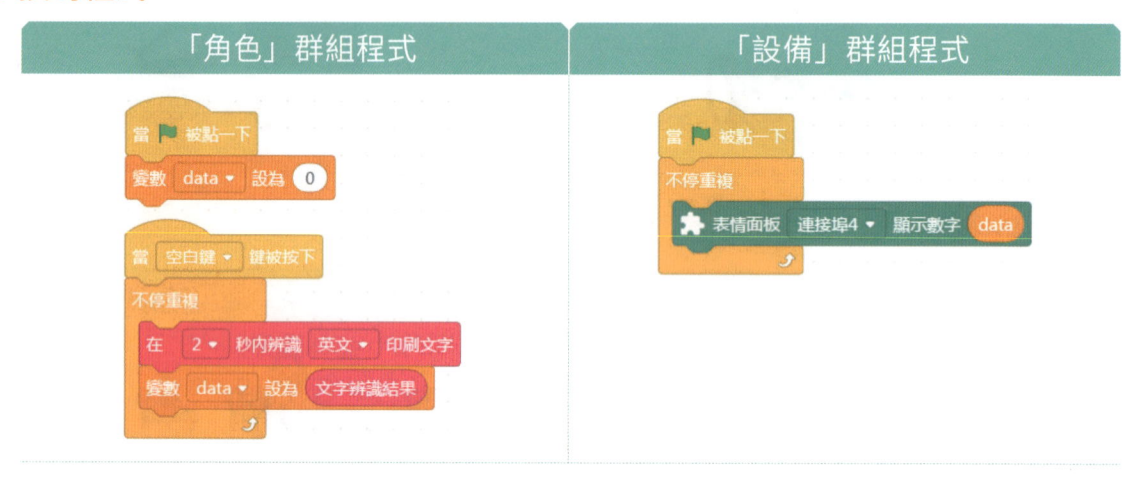

「角色」群組程式	「設備」群組程式
當 ▶ 被點一下 變數 data▼ 設為 0 當 空白鍵▼ 鍵被按下 不停重複 　在 2▼ 秒內辨識 英文▼ 印刷文字 　變數 data▼ 設為 文字辨識結果	當 ▶ 被點一下 不停重複 　表情面板 連接埠4▼ 顯示數字 data

13-2-2　文字辨識結合表情面板 _ 文字

◎ **功能**　將辨識的結果在表情面板顯示「英文字」。

◎ **使用圖塊指令**

　　　　　　　`表情面板 連接埠1▼ 顯示文字 hello`

◎ **實例**　請利用文字辨識技術，將辨識文字結果在表情面板顯示「英文字」。

◎ **撰寫程式**

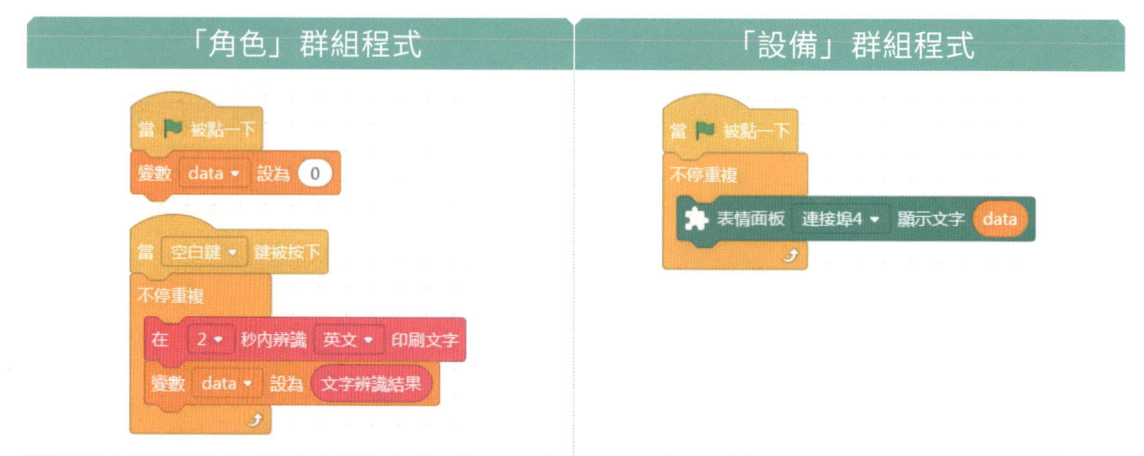

「角色」群組程式	「設備」群組程式
當 ▶ 被點一下 變數 data▼ 設為 0 當 空白鍵▼ 鍵被按下 不停重複 　在 2▼ 秒內辨識 英文▼ 印刷文字 　變數 data▼ 設為 文字辨識結果	當 ▶ 被點一下 不停重複 　表情面板 連接埠4▼ 顯示文字 data

13-3 文字辨識結合 DoReMi

◎ 實例

掃描 DoReMi，發出 DoReMi。

◎ 準備工作

三張紙卡（大小約長寬 10 公分）。

◎ 撰寫程式

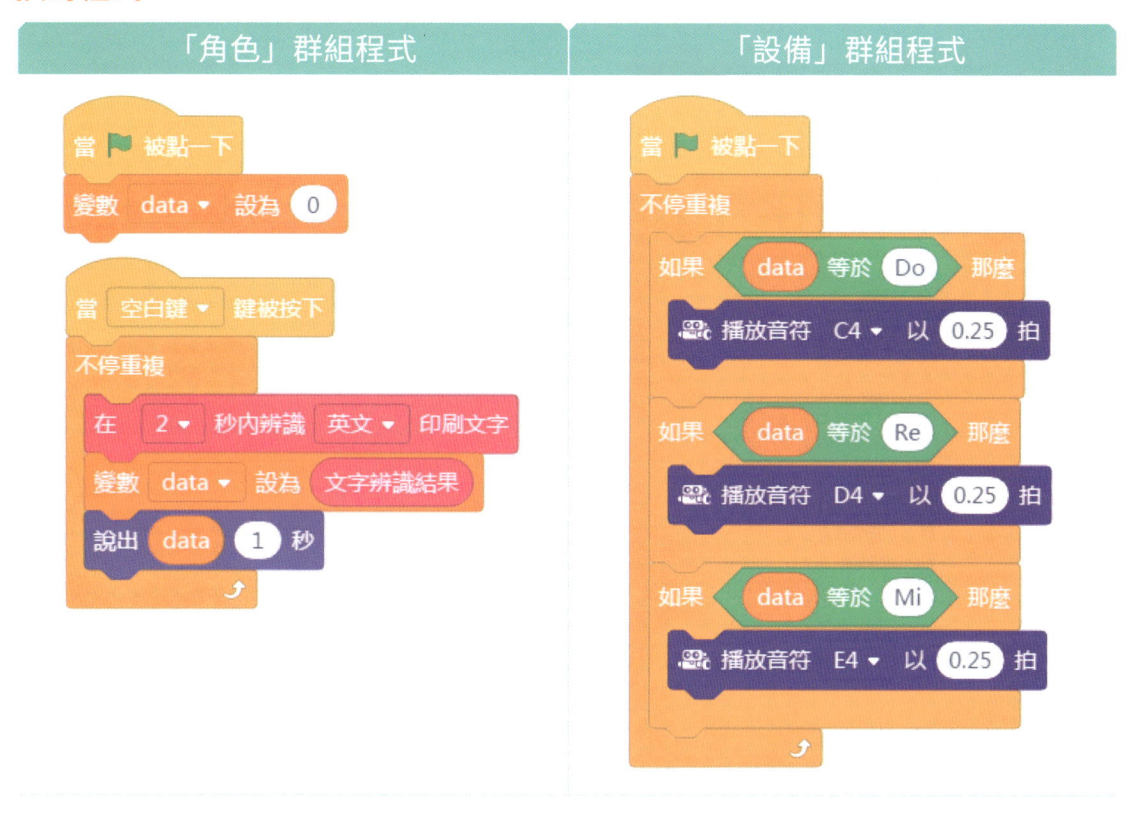

「角色」群組程式	「設備」群組程式
當 ▶ 被點一下 變數 data ▼ 設為 0 當 空白鍵 ▼ 鍵被按下 不停重複 　在 2 ▼ 秒內辨識 英文 ▼ 印刷文字 　變數 data ▼ 設為 文字辨識結果 　說出 data 1 秒	當 ▶ 被點一下 不停重複 　如果 data 等於 Do 那麼 　　播放音符 C4 ▼ 以 0.25 拍 　如果 data 等於 Re 那麼 　　播放音符 D4 ▼ 以 0.25 拍 　如果 data 等於 Mi 那麼 　　播放音符 E4 ▼ 以 0.25 拍

217

13-4　文字辨識結合 LED 燈

◎ 實例

掃描數字，控制 LED 燈之亮度。

| 0 | 20 | 100 |

◎ 準備工作

三張紙卡（大小約長寬 10 公分）。

◎ 撰寫程式

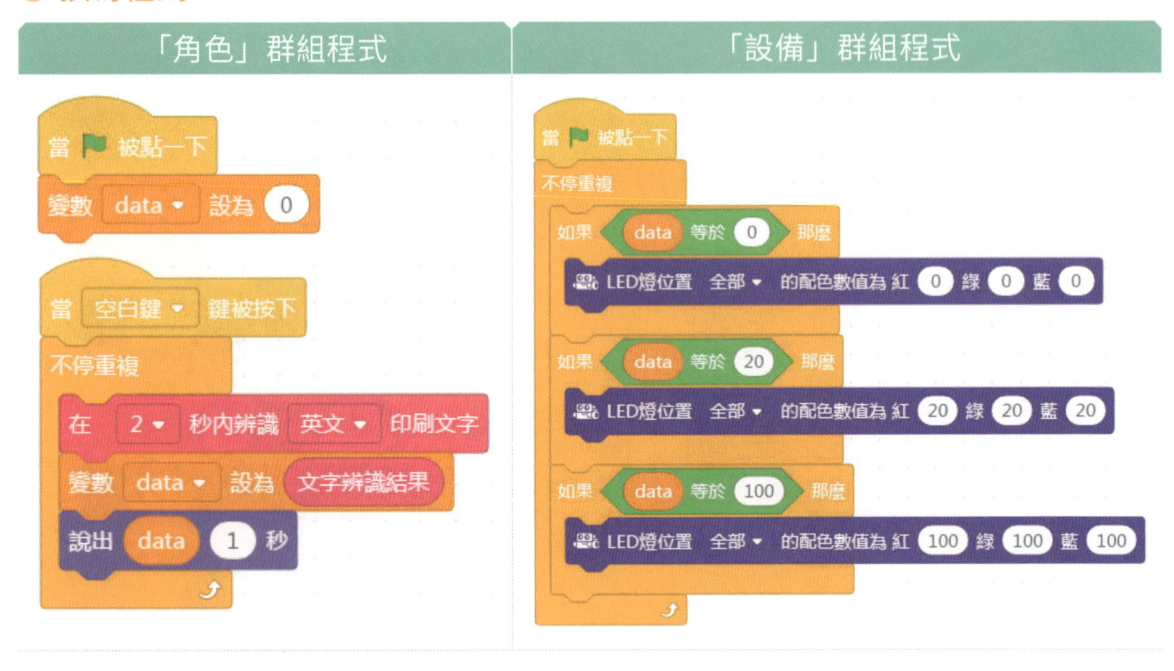

「角色」群組程式	「設備」群組程式
當 ▶ 被點一下 變數 data 設為 0 當 空白鍵 鍵被按下 不停重複 　在 2 秒內辨識 英文 印刷文字 　變數 data 設為 文字辨識結果 　說出 data 1 秒	當 ▶ 被點一下 不停重複 　如果 data 等於 0 那麼 　　LED燈位置 全部 的配色數值為 紅 0 綠 0 藍 0 　如果 data 等於 20 那麼 　　LED燈位置 全部 的配色數值為 紅 20 綠 20 藍 20 　如果 data 等於 100 那麼 　　LED燈位置 全部 的配色數值為 紅 100 綠 100 藍 100

13-5　停車場車牌辨識系統

◎ **主題發想**

目前大部分的停車場，都需要一些步驟來處理停車費扣繳的問題，例如駕駛必須停車、取票（或刷卡）最後再等待柵欄打開，至少要執行這三個步驟，才能進入停車場。

在 AI 人工智慧的來臨，許多停車場已經導入「智慧型停車場的車牌辨識系統」，如此一來，車輛進入停車場時，不需要再降低速度，可以節省時間及取票時的危險性。

◎ **主題目的**

利用 mBot 機器人的相關套件結合 AI 人工智慧中的文字識別功能，來模擬「停車場車牌辨識系統」功能。

◎ **需求套件**　　mBot 機器人 +9g 伺服馬達

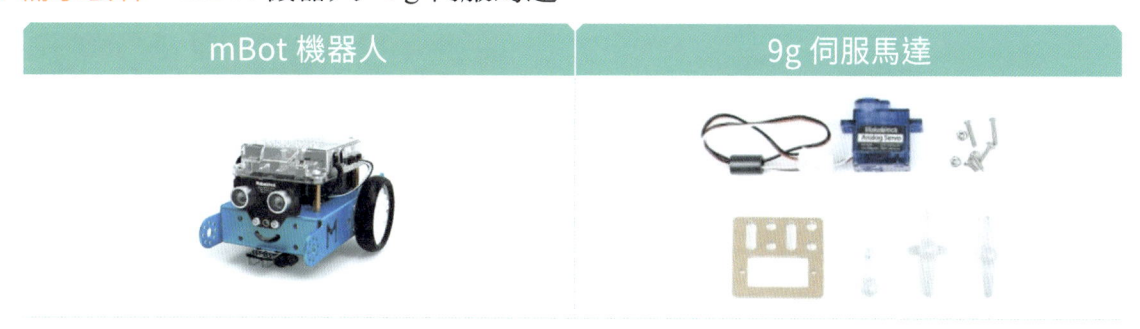

mBot 機器人	9g 伺服馬達

◎ **擴展設備庫**

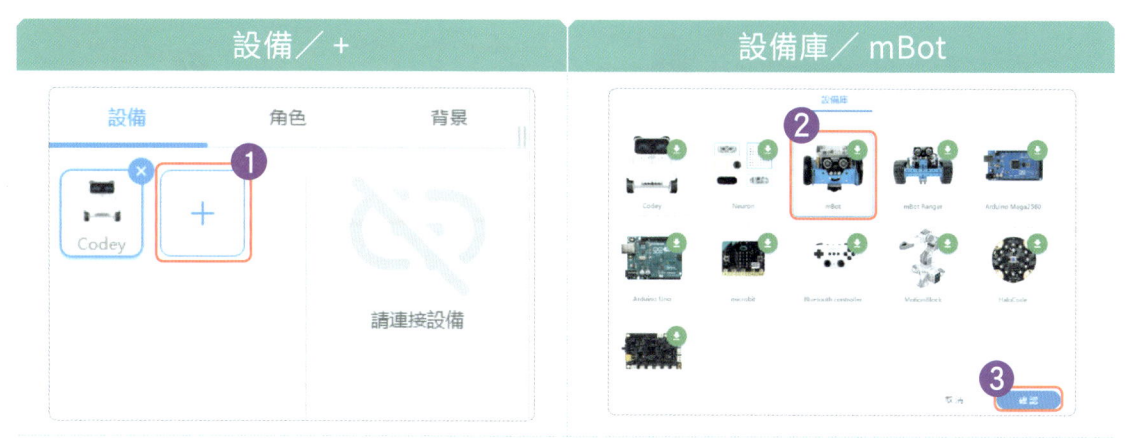

設備／+	設備庫／mBot

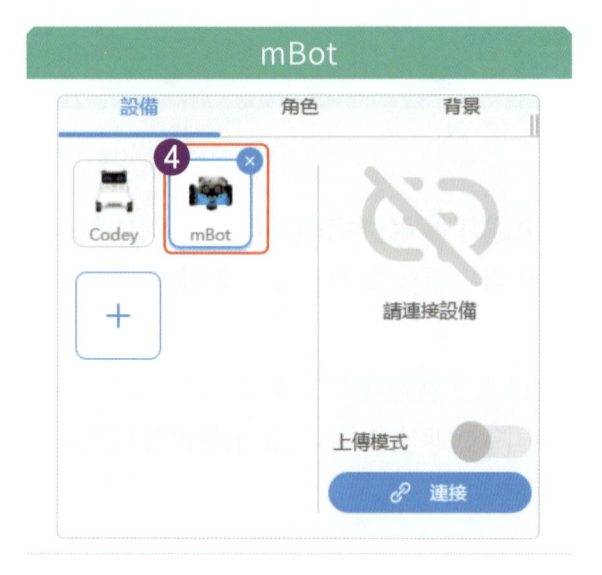

Scratch 3.0 (mBlock 5 含 AI) 程式設計

◎ 擴展創客平台

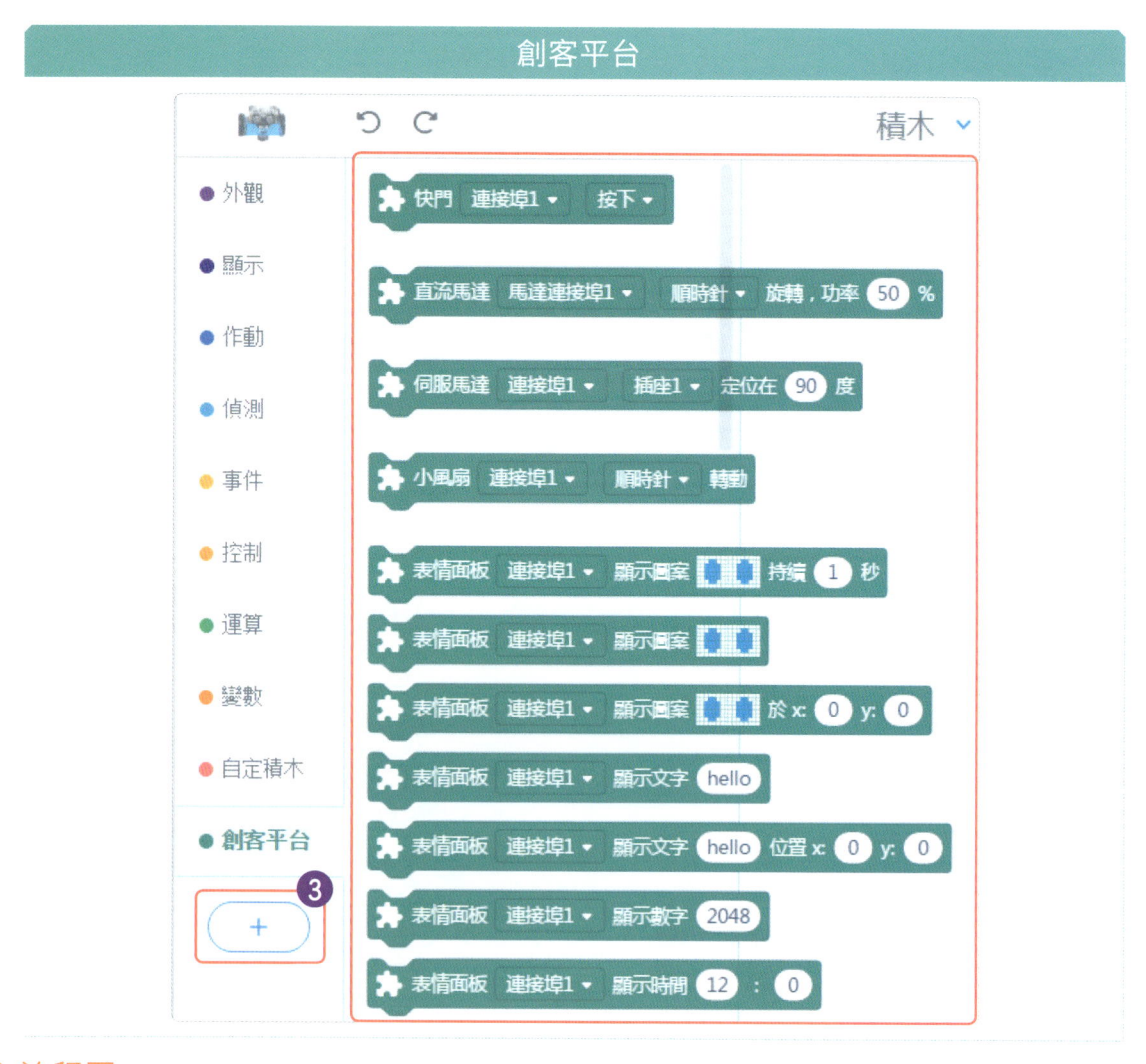

Chapter 13　AI 人工智慧－ mBot「車牌識別」的應用

創客平台

類別	積木
● 外觀	快門 連接埠1 ▼ 按下 ▼
● 顯示	
● 作動	直流馬達 馬達連接埠1 ▼ 順時針 ▼ 旋轉,功率 50 %
● 偵測	伺服馬達 連接埠1 ▼ 插座1 ▼ 定位在 90 度
● 事件	
● 控制	小風扇 連接埠1 ▼ 順時針 ▼ 轉動
● 運算	表情面板 連接埠1 ▼ 顯示圖案 ■■ 持續 1 秒
● 變數	表情面板 連接埠1 ▼ 顯示圖案 ■■
● 自定積木	表情面板 連接埠1 ▼ 顯示圖案 ■■ 於 x: 0 y: 0
● 創客平台	表情面板 連接埠1 ▼ 顯示文字 hello
③ +	表情面板 連接埠1 ▼ 顯示文字 hello 位置 x: 0 y: 0
	表情面板 連接埠1 ▼ 顯示數字 2048
	表情面板 連接埠1 ▼ 顯示時間 12 : 0

◎ 流程圖

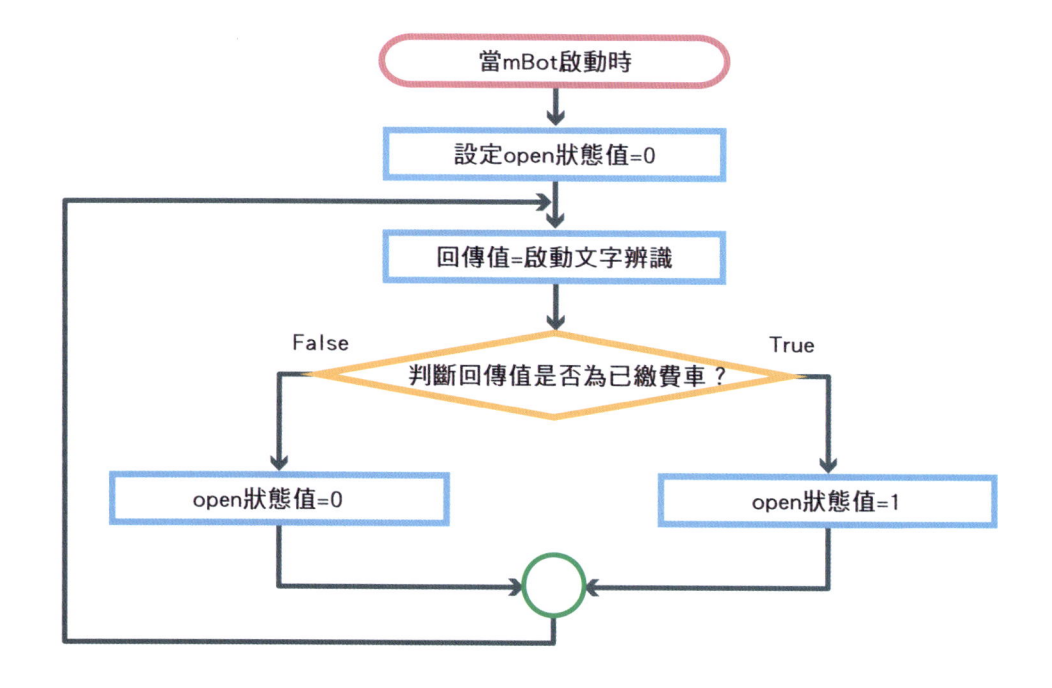

```
當mBot啟動時
    ↓
設定open狀態值=0
    ↓
回傳值=啟動文字辨識
    ↓
判斷回傳值是否為已繳費車？
  False ↙         ↘ True
open狀態值=0      open狀態值=1
         ↘    ↙
           ○
```

221

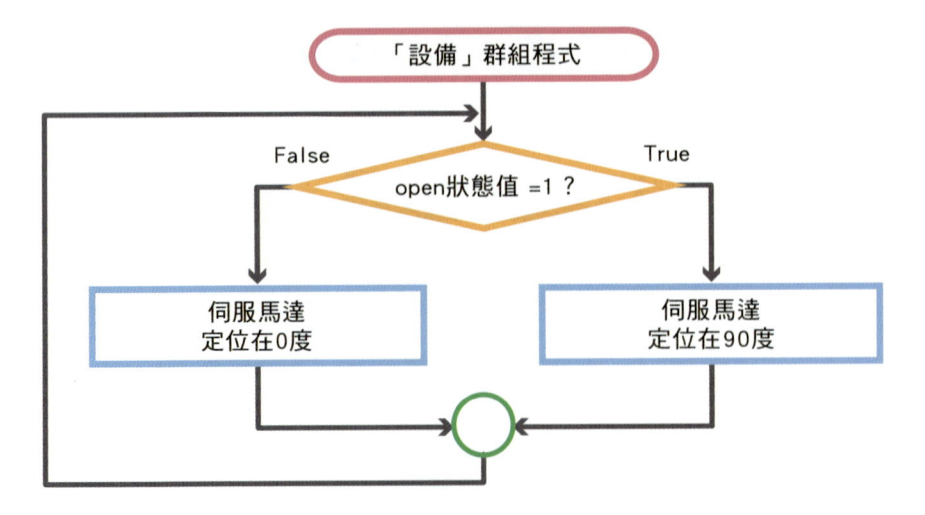

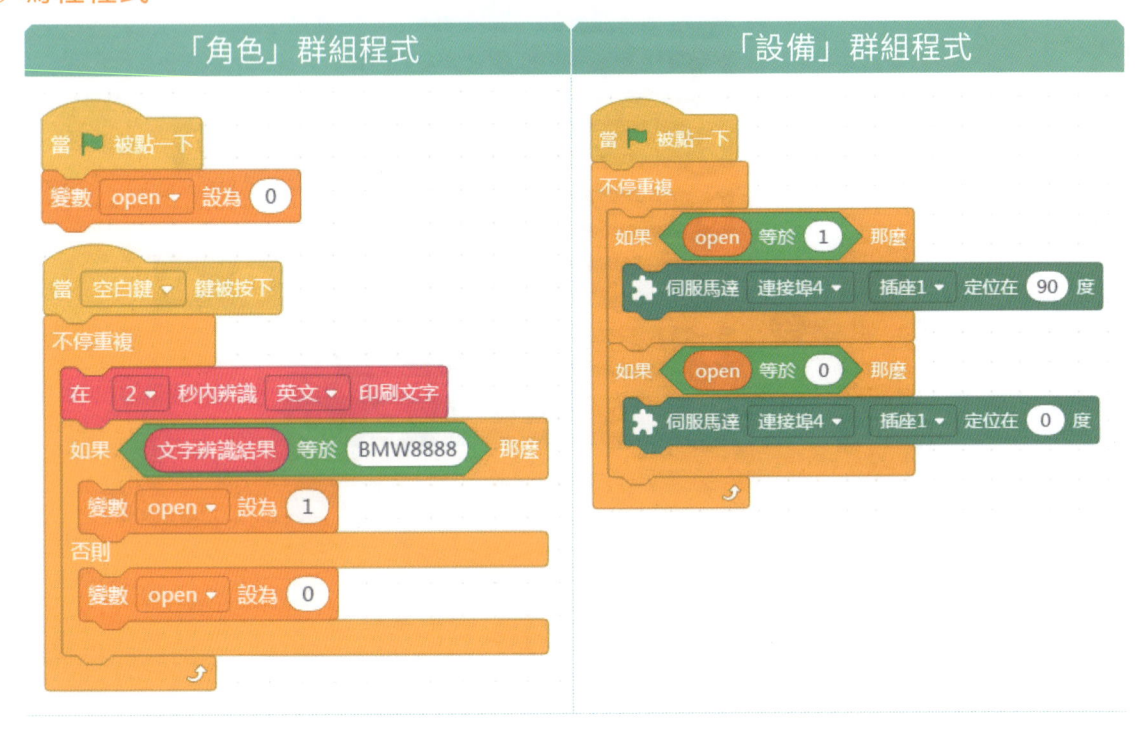

```
              ┌─────────────────┐
              │ 「設備」群組程式 │
              └────────┬────────┘
                       ▼
          False    ◇ open狀態值=1? ◇    True
         ┌─────────                 ─────────┐
         ▼                                   ▼
   ┌───────────┐                      ┌───────────┐
   │ 伺服馬達   │                      │ 伺服馬達   │
   │ 定位在0度  │                      │ 定位在90度 │
   └─────┬─────┘                      └─────┬─────┘
         └──────────────○──────────────────┘
```

◎ 寫程式

「角色」群組程式	「設備」群組程式
當 ▶ 被點一下 變數 open ▼ 設為 0 當 空白鍵 ▼ 鍵被按下 不停重複 　在 2 ▼ 秒內辨識 英文 ▼ 印刷文字 　如果 文字辨識結果 等於 BMW8888 那麼 　　變數 open ▼ 設為 1 　否則 　　變數 open ▼ 設為 0	當 ▶ 被點一下 不停重複 　如果 open 等於 1 那麼 　　伺服馬達 連接埠4 ▼ 插座1 ▼ 定位在 90 度 　如果 open 等於 0 那麼 　　伺服馬達 連接埠4 ▼ 插座1 ▼ 定位在 0 度

Chapter 13 實作題

◆ **題目名稱**：文字辨識結合 LED 燈
◆ **題目說明**：請利用文字辨識結合 mBot 機器人的 LED 燈
　　　　　　(1) 當文字辨識到「紅燈」時，mBot 之 LED 顯示「紅燈」。
　　　　　　(2) 當文字辨識到「綠燈」時，mBot 之 LED 顯示「綠燈」。
　　　　　　(3) 當文字辨識到「藍燈」時，mBot 之 LED 顯示「藍燈」。
　　　　　　(4) 當文字辨識到「關燈」時，mBot 之 LED「關燈」。

MLC 創客學習力認證
Maker Learning Competency Certification

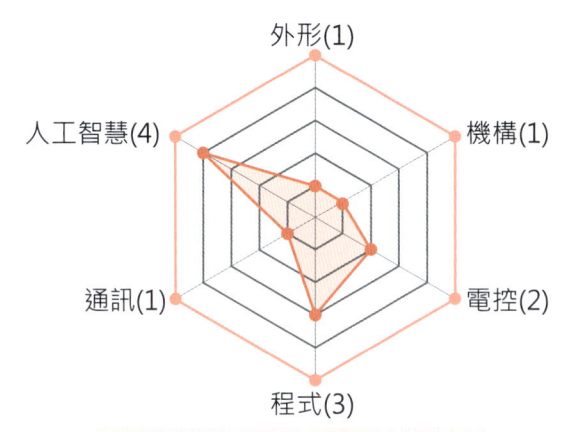

外形(1)、機構(1)、電控(2)、程式(3)、通訊(1)、人工智慧(4)

創客題目編號：A005035

實作時間：30 分鐘	
創客指標	指數
外形	1
機構	1
電控	2
程式	3
通訊	1
人工智慧	4
創客總數	12

◆ **題目名稱**：文字辨識結合表情面板
◆ **題目說明**：請利用文字辨識結合 mBot 機器人的表情面板
　　　　　　(1) 當文字辨識到「前進」時，mBot 表情面板上顯示「↑」。
　　　　　　(2) 當文字辨識到「後退」時，mBot 表情面板上顯示「↓」。
　　　　　　(3) 當文字辨識到「左轉」時，mBot 表情面板上顯示「←」。
　　　　　　(4) 當文字辨識到「右轉」時，mBot 表情面板上顯示「→」。
　　　　　　(5) 當文字辨識到「停止」時，mBot 表情面板上顯示「☒」。

MLC 創客學習力認證
Maker Learning Competency Certification

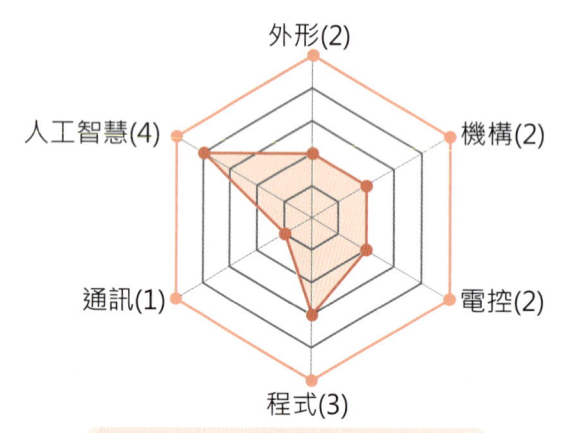

實作時間：30 分鐘	
創客指標	指數
外形	2
機構	2
電控	2
程式	3
通訊	1
人工智慧	4
創客總數	14

創客題目編號：A005036

Chapter 14
機器深度學習 — mBot「顏色識別」的應用

學習目標
1. 讓讀者瞭解機器深度學習—如何新建模型「顏色紙板」。
2. 讓讀者瞭解機器深度學習— mBot「顏色識別」的應用。

內容節次
14-1　機器深度學習
14-2　mBlock 5 使用機器深度學習
14-3　顏色識別
14-4　顏色識別結合 mBot 之 LED 不同的顏色
14-5　顏色識別結合表情面板
14-6　顏色識別控制 mBot 行走

14-1　機器深度學習

　　影像辨識一直是人們最希望用於人工智慧（Artificial Intelligence）、和機器學習（Machine Learning）來幫忙處理的問題。自從網際網路和各式行動裝置普及之後，每天都有超過一百萬 TB 的數位資料產生，其中有一大部分是數位影像資料。大量的數位影像資料如果經過適當的自動化處理、抽取出其中的資訊，就能成為貼心的服務、發揮出數位資訊驚人的妙用。從基本的手寫文字辨識、物件識別、人臉辨識，到自動化圖像描述（Image Captioning）、無人駕駛車（Self-Driving Car），還有最新的馬賽克還原技術，都是深度學習和影像辨識整合後的應用。

　　在人工智慧中的深度學習，就類似啟發式教育，讓電腦「閱讀」大量影像、文字、或聲音資料後，自行分析出邏輯框架，以應用題的概念讓電腦進行判斷，讓電腦得以延伸出多元性分析和創意能力。

　　現在，深度學習已能從學術理論走入實務應用，改善生活和工作，在安全監控、智慧零售、自駕車、機器人、客服系統、藝文娛樂創作，都能找到深度學習 AI 的應用實例。

　　在電腦運算技術的進步下，深度學習已能走出實驗室，進入實務應用之中。以自駕車為例，機器學習可以幫汽車辨識出路上會遇到的各種號誌、交通工具，規畫路徑；但深度學習更能做到預測、模擬人類開車的行為，達成更安全的駕駛。

14-2　mBlock 5 使用機器深度學習

　　Makeblock 公司為了讓 mBot 機器人能夠更有智慧，將 mBlock3 改版為 mBlock 5，其主要的功能包含認知服務（Cognitive Services），以及機器深度學習（Machine Deep Learning）。

◎ 功能

讓學生可以運用機器深度學習工具，借助機器自己學習，你就不用為它寫程式，取而代之的是，你可以訓練電腦學習東西，建立類似人類大腦的人造神經網路。

◎ 功能介面

　　mBlock 的最新版本 mBlock 5 增加了深度學習視覺模型的功能。它是體驗、學習和製作視覺相關 AI 應用的重要工具。因為在 mBlock 5 中，使用者可以快速訓練一個機器學習模型，並將其用在 Scratch 程式設計中。mBlock 5 還可以和機器人等硬體結合，創造豐富的互動效果。

14-3　顏色識別

◎ **定義** 是指利用「顏色」來操控機器人，亦即「只需動口，不用動手」。

◎ **優點** 1. 不需要「方向按鈕」也能操控機器人。
　　　　 2. 對於視力不佳的使用者，也能輕易操控。

◎ **實例** 顏色識別各種不同的色紙，在舞台區顯示不同的顏色。

◎ **前置工作**　攝影機。

◎ **準備工作**　五張色紙上（大小約長寬 10 公分）。
「白色紙」、「黑色紙」、「藍色紙」、「橙色紙」、「紅色紙」。

◎ **設計步驟**

Step 1▶　角色／「+」

Step 2 ▶ 擴展中心／「+」添加：機器深度學習

Step 3 ▶ 擴展了「機器深度學習」群組元件

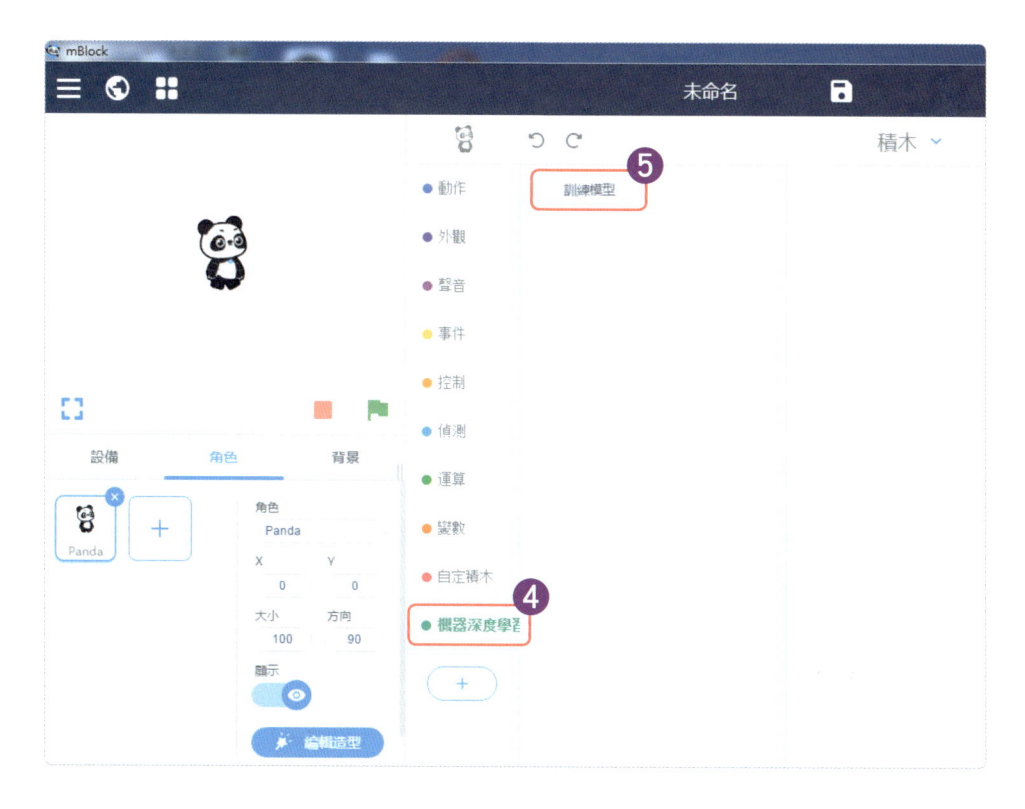

Step 4 ▶ 訓練模型

(1) 新建模型

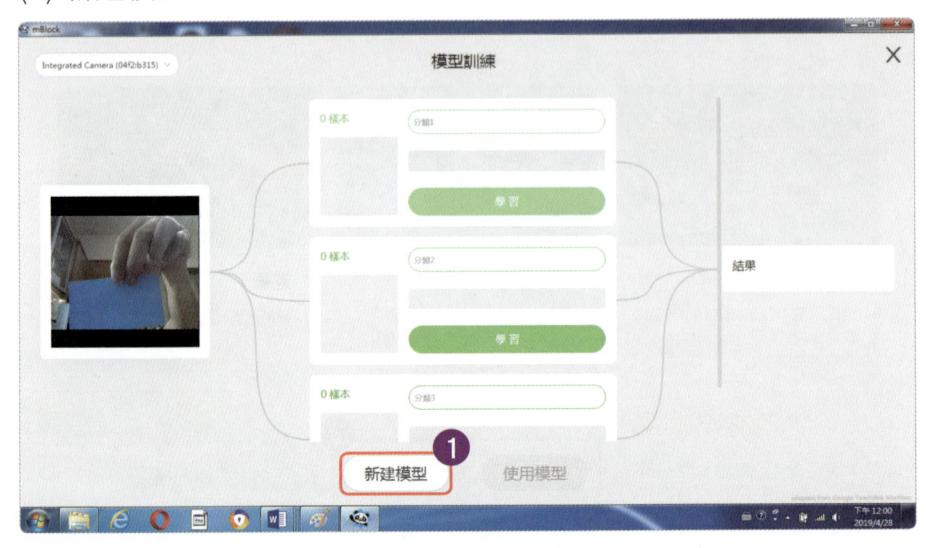

(2) 填入模型分類數量（例如：5 種不同的色紙）

(3) 設定五類，學習五種不同顏色紙的機器深入學習

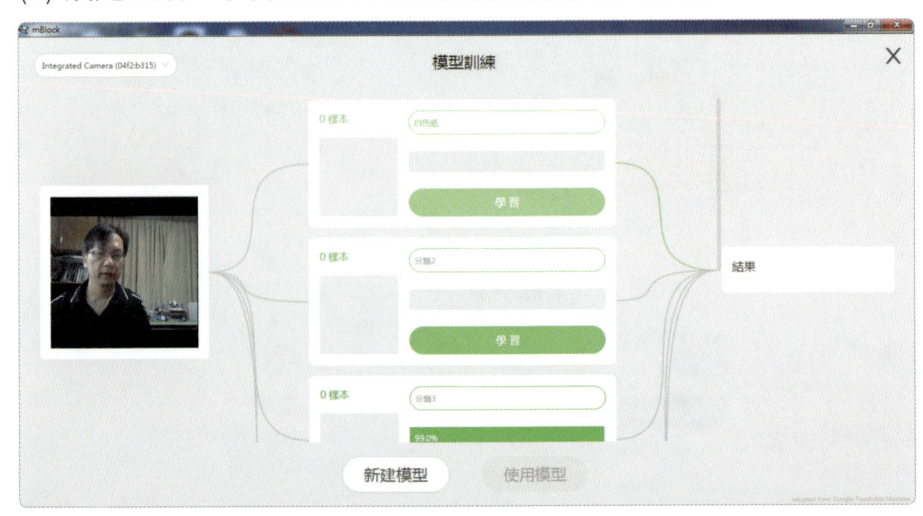

📄 **說明** 你的電腦必須要有攝影機，如果是筆記型電腦，它已經內建了。但是，如果是桌上型電腦，則必須要再外掛攝影機來使用。以訓練機器深入學習的完整步驟如下：

< 以訓練「白色紙」為例 >

1. 將「白色紙」放在攝影機的前面，再按下「學習」鈕，就會產生第 1 張樣本，最後再填入分類的名稱「白色紙」。如下圖所示：

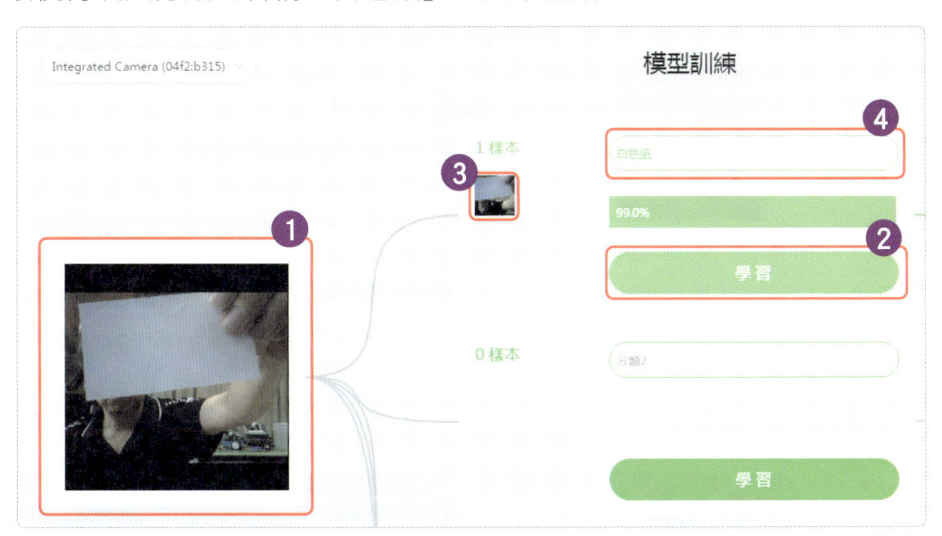

2. 相同的步驟，「白色紙」放在攝影機的前面不同的位置，再按下「學習」鈕，來產生約 25 張樣本。如下圖所示：

⑤ 產生 25 張樣本

231

3. 重複步驟 1~2，再訓練「黑色紙」、「藍色紙」、「橙色紙」、「紅色紙」。
   如下圖所示：

4. 建立完成五種不同顏色紙的機器深入學習

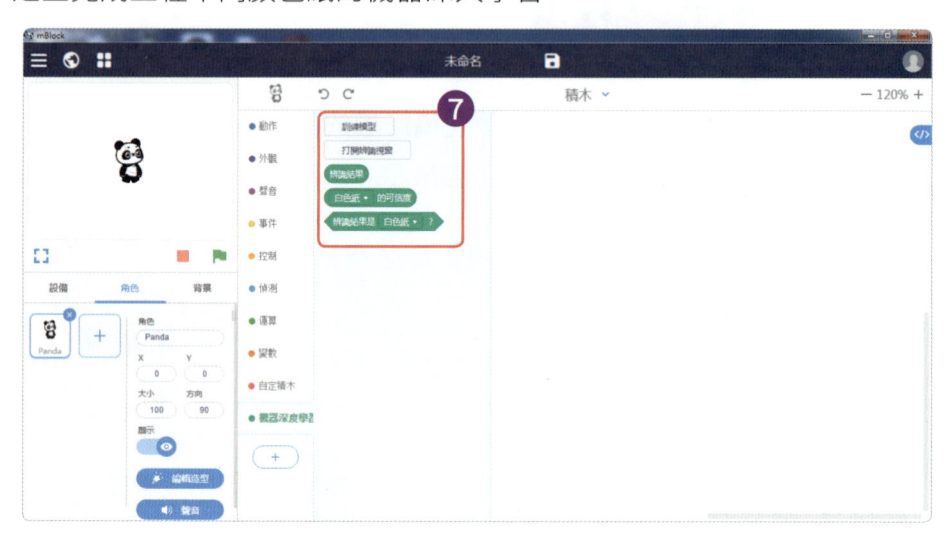

(4) 撰寫程式

mBlock 拼圖程式

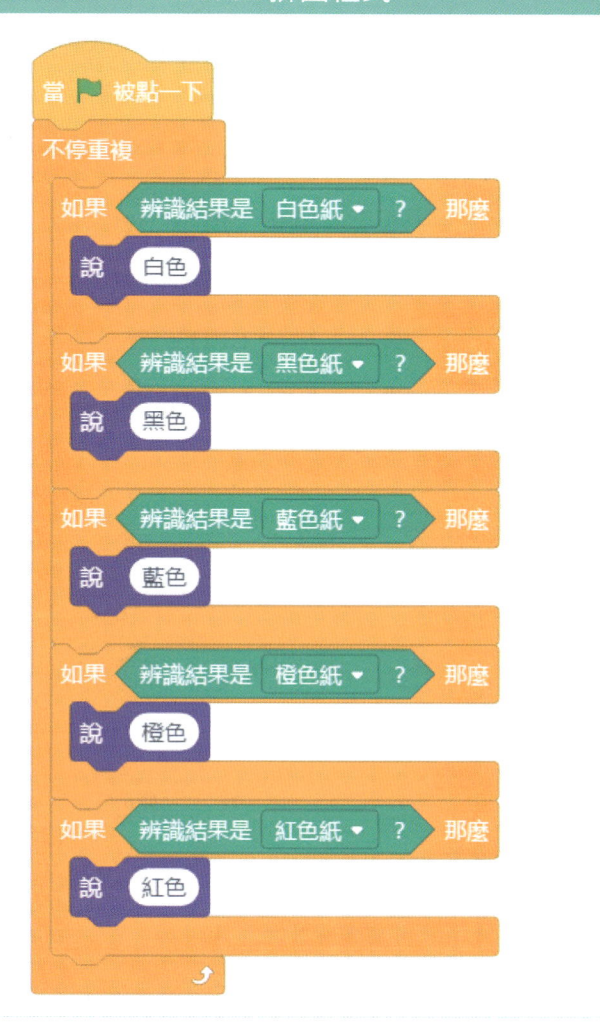

```
當 ▶ 被點一下
不停重複
    如果 辨識結果是 白色紙 ? 那麼
        說 白色
    如果 辨識結果是 黑色紙 ? 那麼
        說 黑色
    如果 辨識結果是 藍色紙 ? 那麼
        說 藍色
    如果 辨識結果是 橙色紙 ? 那麼
        說 橙色
    如果 辨識結果是 紅色紙 ? 那麼
        說 紅色
```

14-4　顏色識別結合 mBot 之 LED 不同的顏色

◎ **主題**　識別各種不同顏色的色紙，LED 顯示不同的顏色。

◎ **要求**
    1. 當偵測到「白色紙」時，顯示「白色 LED」。
    2. 當偵測到「黑色紙」時，顯示「黑色 LED」。
    3. 當偵測到「藍色紙」時，顯示「藍色 LED」。
    4. 當偵測到「橙色紙」時，顯示「橙色 LED」。
    5. 當偵測到「紅色紙」時，顯示「紅色 LED」。

◎ **流程圖**

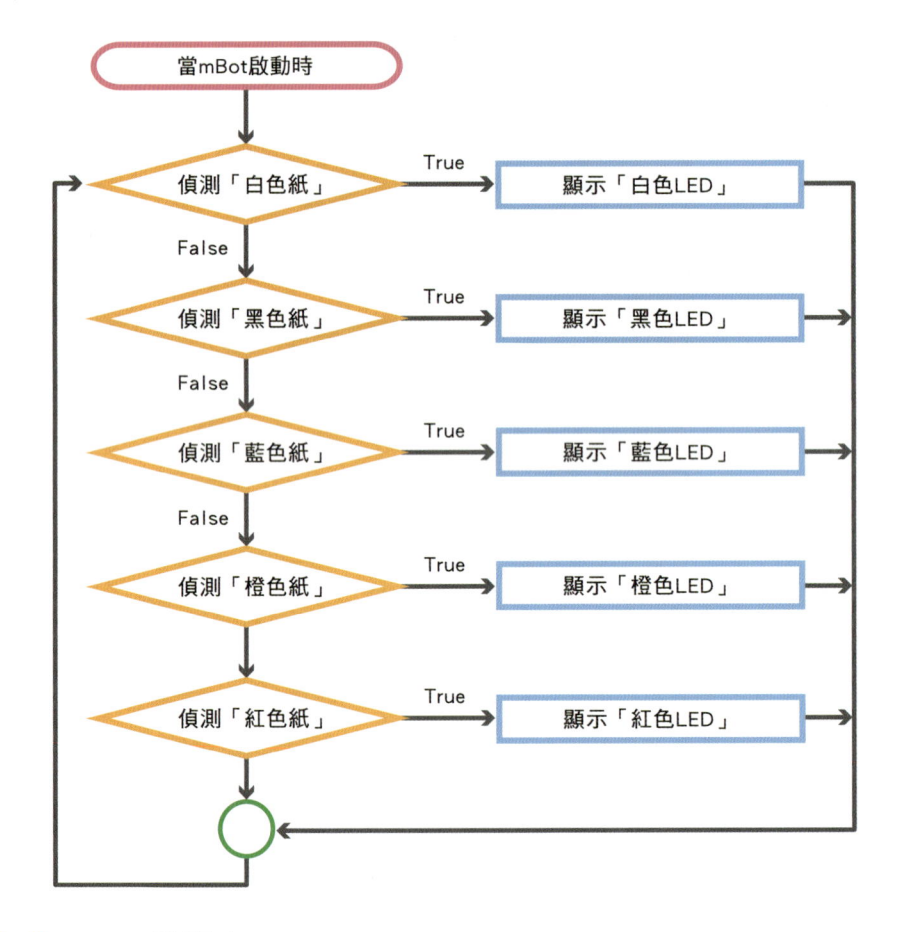

```
           當mBot啟動時
                │
                ▼
    ┌──── 偵測「白色紙」 ──True──→ 顯示「白色LED」 ──┐
    │         │ False                                    │
    │         ▼                                          │
    ├──── 偵測「黑色紙」 ──True──→ 顯示「黑色LED」 ──┤
    │         │ False                                    │
    │         ▼                                          │
    ├──── 偵測「藍色紙」 ──True──→ 顯示「藍色LED」 ──┤
    │         │ False                                    │
    │         ▼                                          │
    ├──── 偵測「橙色紙」 ──True──→ 顯示「橙色LED」 ──┤
    │         │                                          │
    │         ▼                                          │
    ├──── 偵測「紅色紙」 ──True──→ 顯示「紅色LED」 ──┤
    │         │                                          │
    │         ▼                                          │
    └─────────○◀─────────────────────────────────────────┘
```

◎ **需求套件**　mBot 機器人

Chapter 14 機器深度學習－mBot「顏色識別」的應用

◎ 擴展設備庫

設備／+

設備庫／mBot

mBot

外觀

◎ 撰寫程式

「角色」群組程式

「設備」群組程式

235

14-5　顏色識別結合表情面板

◎ **主題**　識別各種不同顏色的色紙，利用表情面板來顯示。

◎ **要求**
　　1. 當偵測到「白色紙」時，表情面板顯示一顆小太陽。
　　2. 當偵測到「黑色紙」時，表情面板清空。

需求套件　mBot 機器人 + 表情面板

mBot 機器人	表情面板

◎ **擴展設備庫**

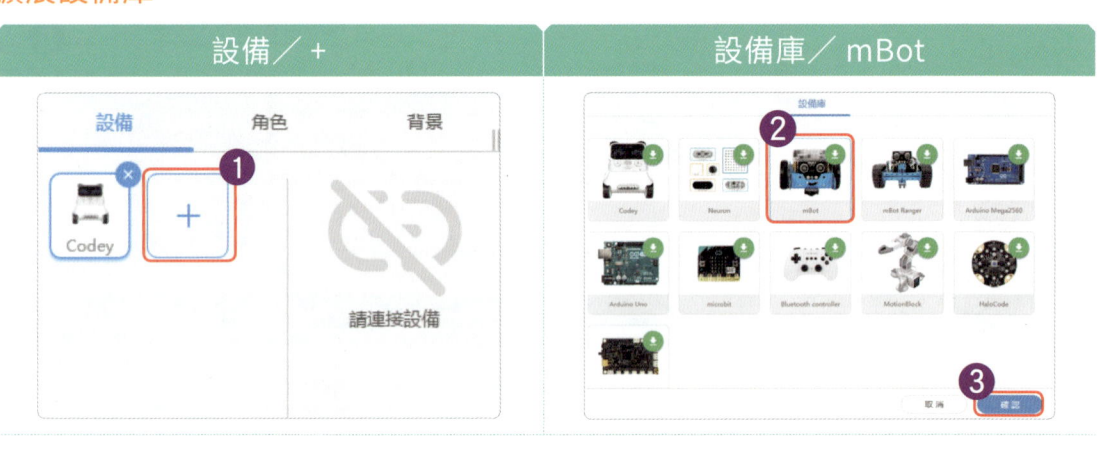

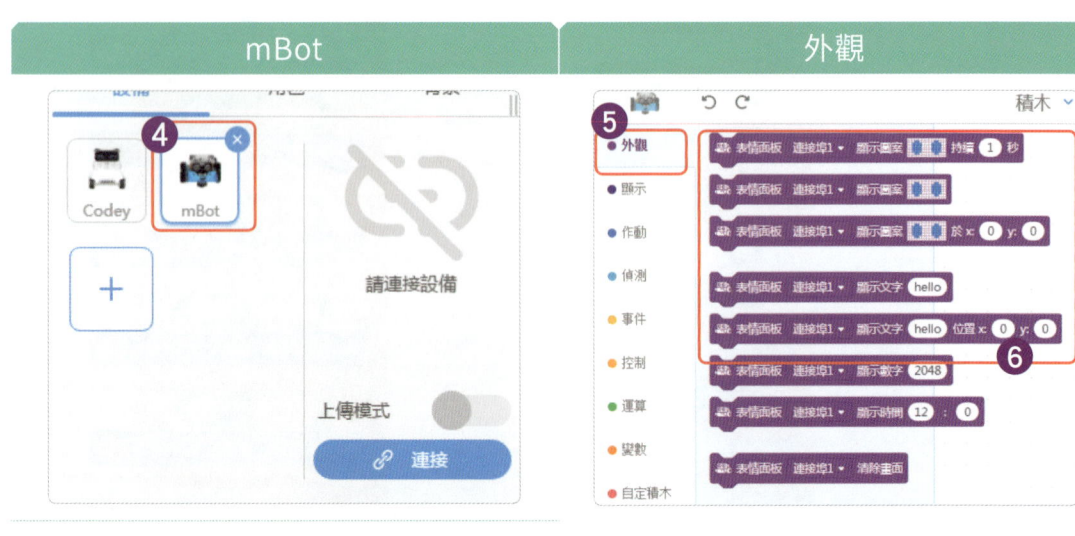

設備／+	設備庫／mBot

mBot	外觀

◎ 流程圖

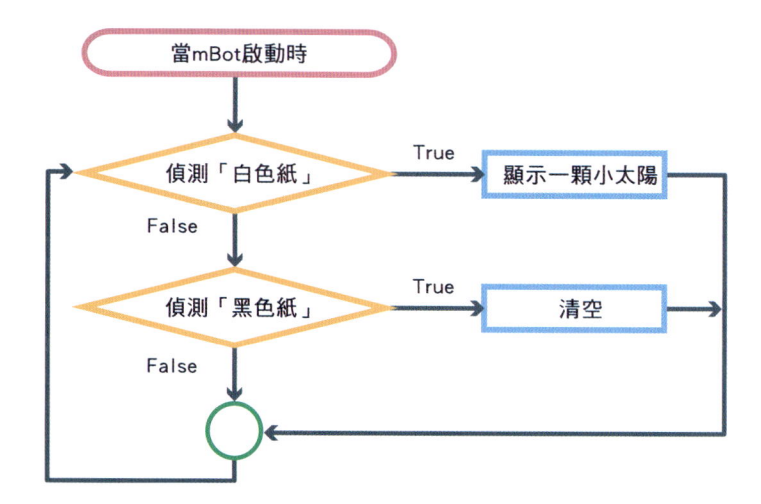

◎ 撰寫程式

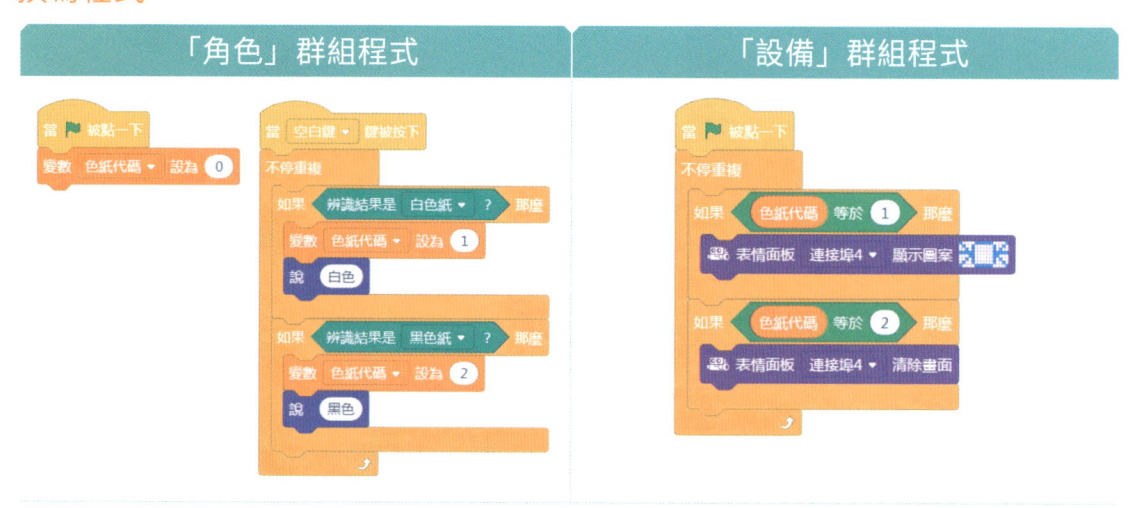

「角色」群組程式	「設備」群組程式

📄 說明

如果執行時，尚未偵測「白色紙」就出現小太陽圖示時，請再增加一項分類來深入學習，亦即初始狀態的影像也要建立。

例如：如果要偵測「白色紙」及「黑色紙」時，必須要再增加尚未偵測時的畫面，放在第三類中。

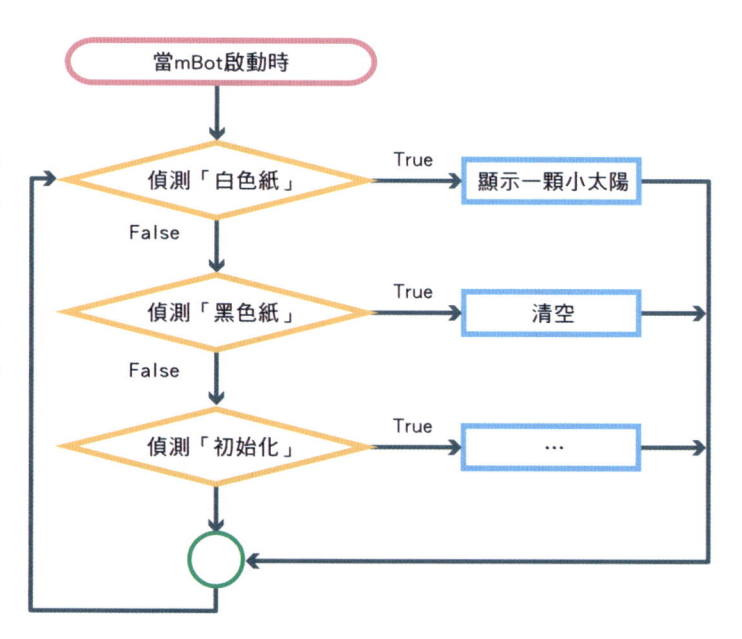

14-6　顏色識別控制 mBot 行走

◎ **主題**　識別各種不同顏色的色紙，利用控制 mBot 行走不同的方向。

◎ **要求**
1. 當偵測到「白色紙」時，mBot 前進。
2. 當偵測到「黑色紙」時，mBot 停止。
3. 當偵測到「藍色紙」時，mBot 左轉。
4. 當偵測到「橙色紙」時，mBot 右轉。
5. 當偵測到「紅色紙」時，mBot 後退。

◎ **需求套件**　mBot 機器人

【流程圖】

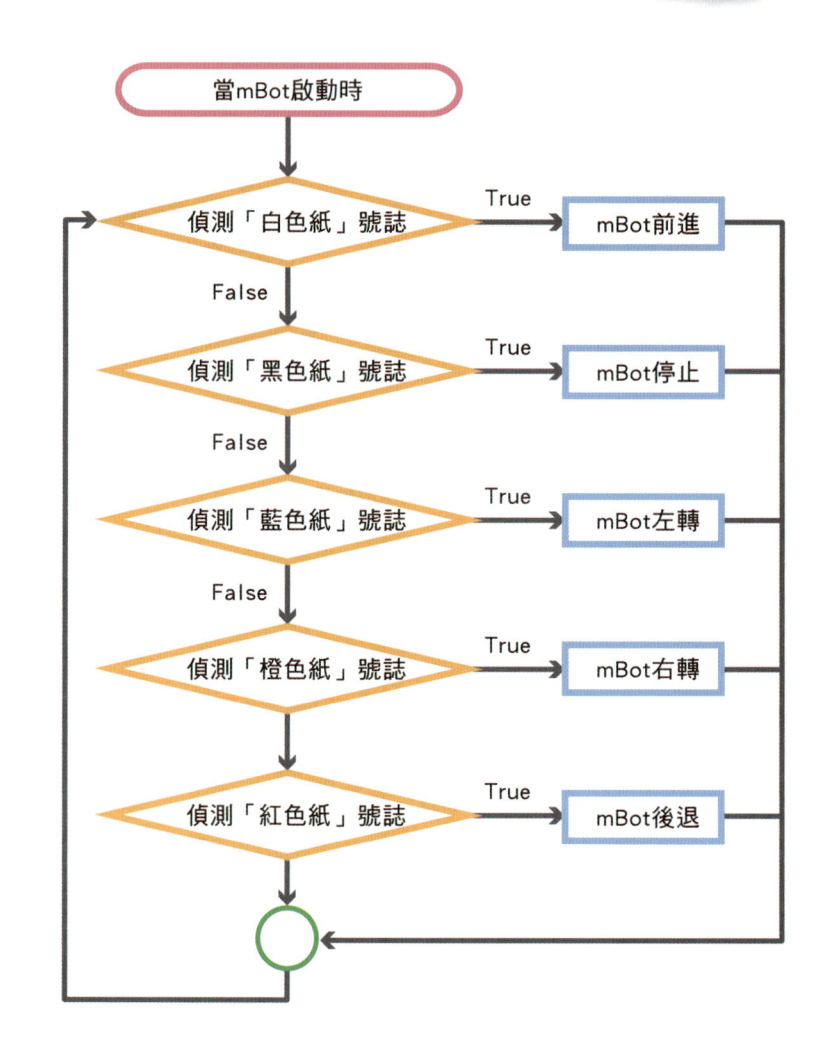

Chapter 14 機器深度學習－mBot「顏色識別」的應用

◎ 撰寫程式

「角色」群組程式

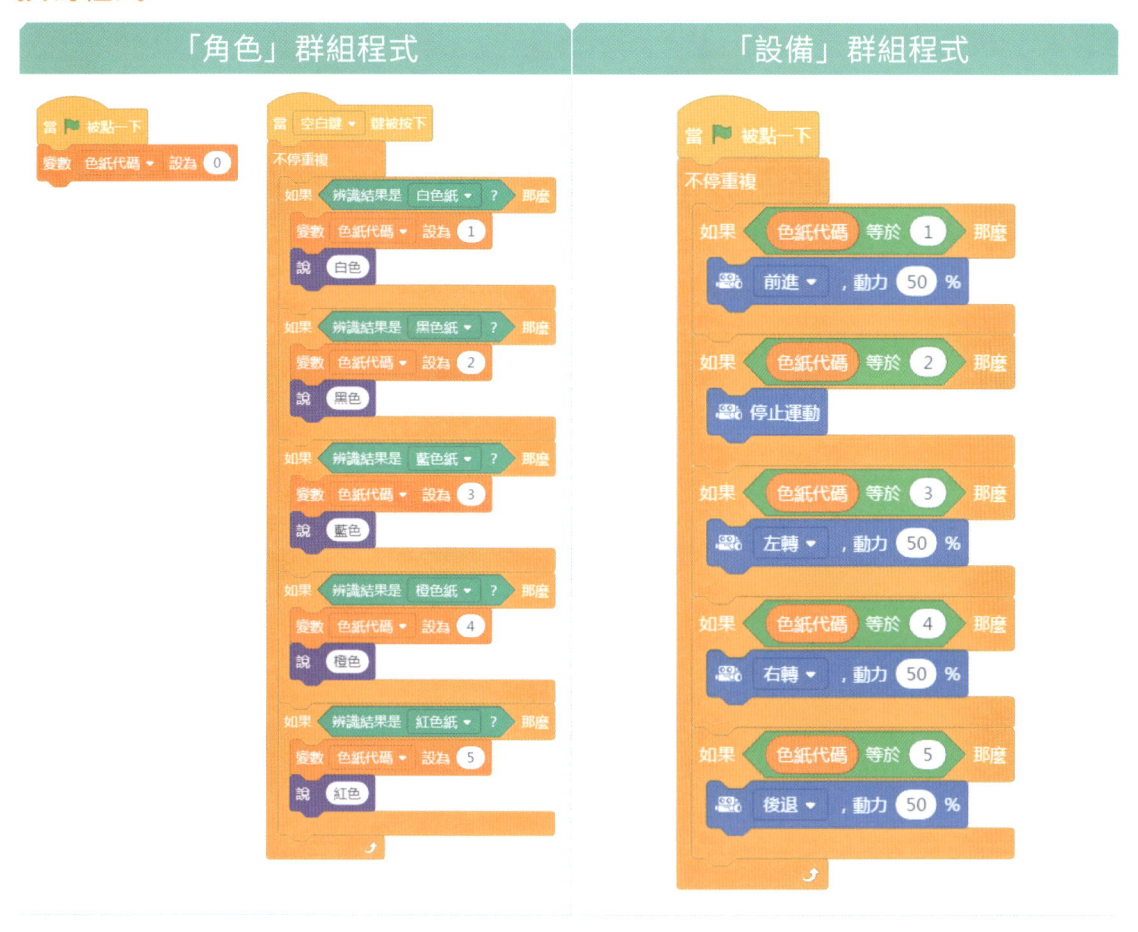

```
當 ▶ 被點一下
變數 色紙代碼 ▾ 設為 0

當 空白鍵 ▾ 鍵被按下
不停重複
    如果 辨識結果是 白色紙 ▾ ? 那麼
        變數 色紙代碼 ▾ 設為 1
        說 白色
    如果 辨識結果是 黑色紙 ▾ ? 那麼
        變數 色紙代碼 ▾ 設為 2
        說 黑色
    如果 辨識結果是 藍色紙 ▾ ? 那麼
        變數 色紙代碼 ▾ 設為 3
        說 藍色
    如果 辨識結果是 橙色紙 ▾ ? 那麼
        變數 色紙代碼 ▾ 設為 4
        說 橙色
    如果 辨識結果是 紅色紙 ▾ ? 那麼
        變數 色紙代碼 ▾ 設為 5
        說 紅色
```

「設備」群組程式

```
當 ▶ 被點一下
不停重複
    如果 色紙代碼 等於 1 那麼
        前進 ▾ ，動力 50 %
    如果 色紙代碼 等於 2 那麼
        停止運動
    如果 色紙代碼 等於 3 那麼
        左轉 ▾ ，動力 50 %
    如果 色紙代碼 等於 4 那麼
        右轉 ▾ ，動力 50 %
    如果 色紙代碼 等於 5 那麼
        後退 ▾ ，動力 50 %
```

Chapter 14 實作題

◆ 題目名稱：顏色辨識結合 LED 燈
◆ 題目說明：請利用顏色辨識結合 mBot 機器人的 LED 燈
　　　　　　(1) 當顏色辨識到「紅色紙」時，mBot 之 LED 顯示「紅燈」並發出「Do」。
　　　　　　(2) 當顏色辨識到「橙色紙」時，mBot 之 LED 顯示「綠燈」並發出「Re」。
　　　　　　(3) 當顏色辨識到「藍色紙」時，mBot 之 LED 顯示「藍燈」並發出「Mi」。
　　　　　　(4) 當顏色辨識到「黑色紙」時，mBot 之 LED「關燈」不發聲。

MLC 創客學習力認證
Maker Learning Competency Certification

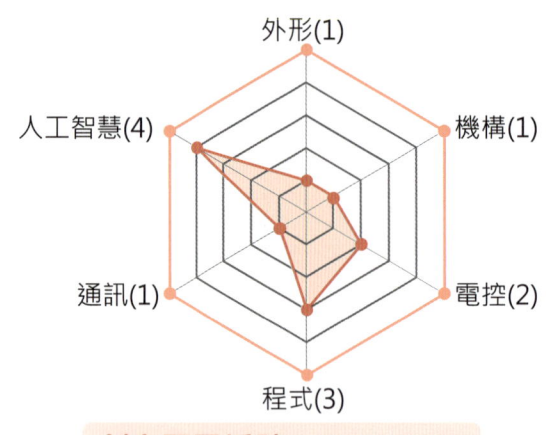

創客題目編號：A005037

實作時間：30 分鐘	
創客指標	指數
外形	1
機構	1
電控	2
程式	3
通訊	1
人工智慧	4
創客總數	12

Chapter 14　機器深度學習－ mBot「顏色識別」的應用

◆ **題目名稱**：顏色辨識結合表情面板
◆ **題目說明**：請利用文字辨識結合 mBot 機器人的表情面板
　　　　　　　(1) 當顏色辨識到「紅色紙」時，mBot 之表情面板顯示「R」。
　　　　　　　(2) 當顏色辨識到「橙色紙」時，mBot 之表情面板顯示「G」。
　　　　　　　(3) 當顏色辨識到「藍色紙」時，mBot 之表情面板顯示「B」。

MLC 創客學習力認證
Maker Learning Competency Certification

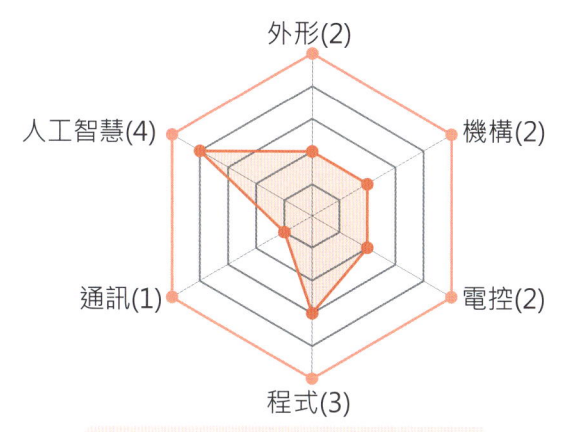

外形(2)
機構(2)
電控(2)
程式(3)
通訊(1)
人工智慧(4)

創客題目編號：A005038

實作時間：30 分鐘	
創客指標	指數
外形	2
機構	2
電控	2
程式	3
通訊	1
人工智慧	4
創客總數	12

Notes

Chapter 15
機器深度學習─mBot「形狀識別」的應用

學習目標
1. 讓讀者瞭解機器深度學習─如何新建模型「交通號誌」。
2. 讓讀者瞭解機器深度學習─mBot「形狀識別」的應用。

內容節次
15-1　形狀識別
15-2　形狀識別各種不同的交通號誌
15-3　形狀識別結合表情面板
15-4　交通號誌控制 mBot 行走

Scratch 3.0 (mBlock 5 含 AI) 程式設計

15-1　形狀識別

在前面的單元中，我們已經學會利用「機器深度學習」技術來利用「顏色識別」方式來進行各種應用。

其實「機器深度學習」技術的應用層面非常的廣，保全系統中的安全監控，智慧零售中的無人商店、無人駕駛中的自駕車…等，都能找到深度學習 AI 的應用實例。

無人商店 	自駕車 

◎ **實例**

利用 mBlock 5 的「機器深度學習」工具，建立 5 種交通號誌，如下圖所示：

1. 前進：「↑」號誌。2. 後退：「↓」號誌。3. 左轉：「←」號誌。

4. 右轉：「→」號誌。5. 停止：「☒」號誌。

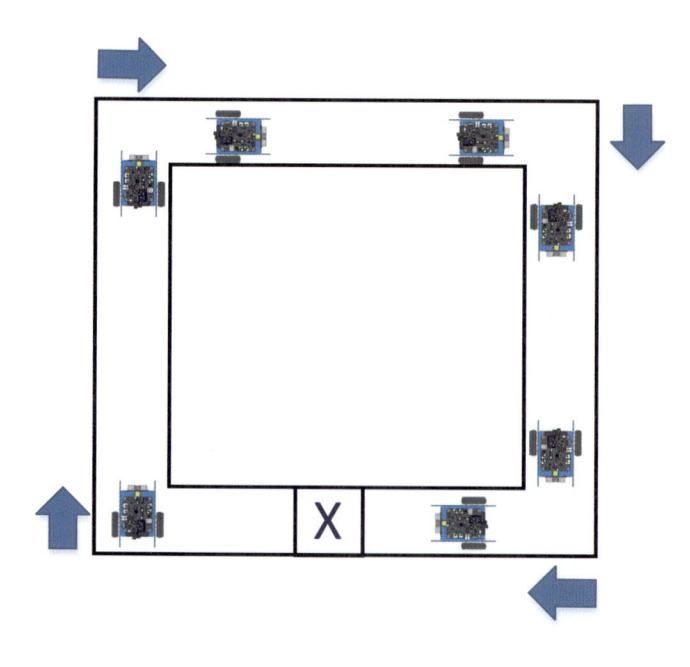

📄 **說明**　當 mBot 機器人偵測到前方的不同交通號誌，就會自動執行對應的指令動作。例如：偵測到「↑」號誌時，就會執行「前進」動作，以此類推。

Chapter 15　機器深度學習－mBot「形狀識別」的應用

◎ 準備工作　五張紙卡（大小約長寬 10 公分）

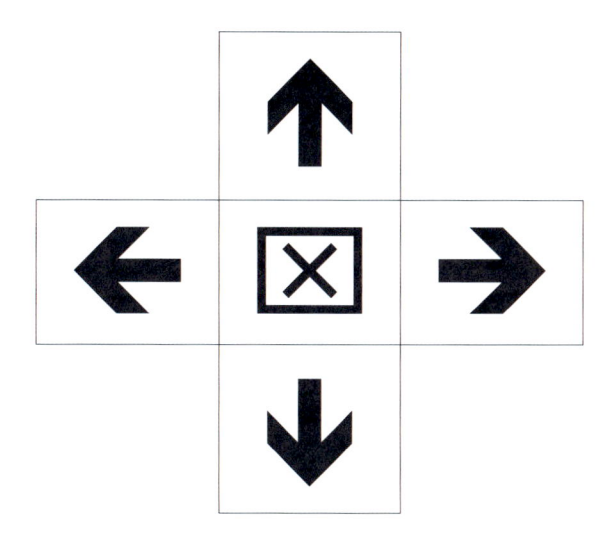

◎ 訓練模型　五種不同的交通號誌

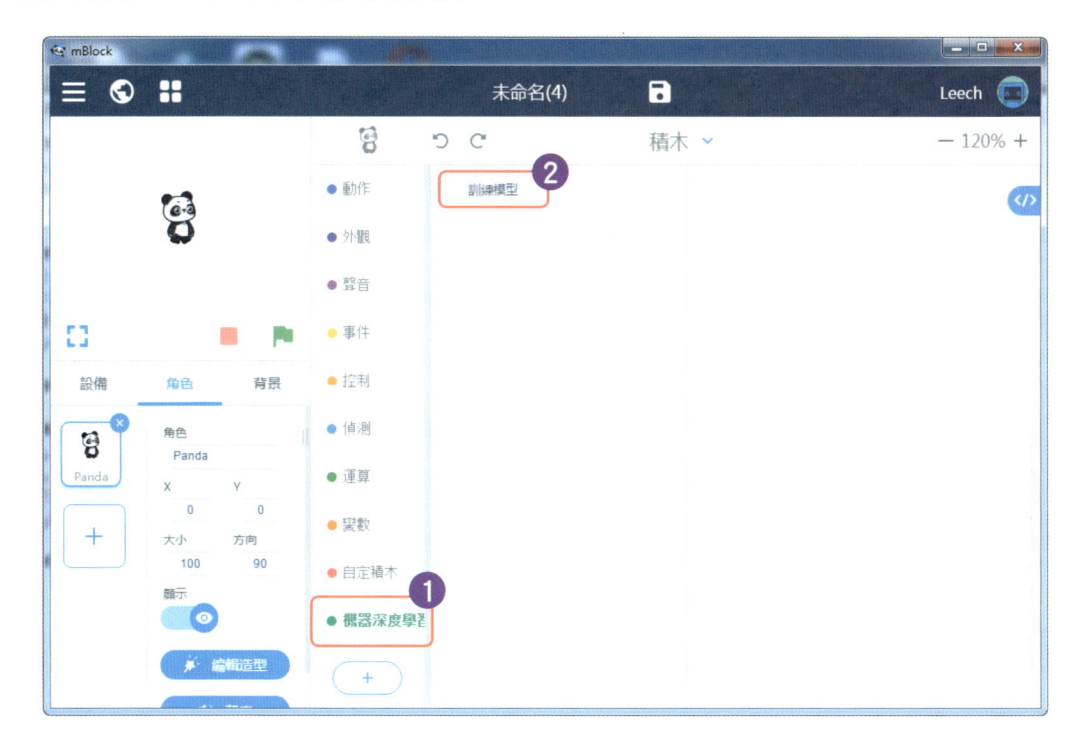

245

1. 新建模型
2. 填入模型分類數量（例如：5 種不同的交通號誌）

3. 設定五類，學習五種不同交通號誌的機器深入學習

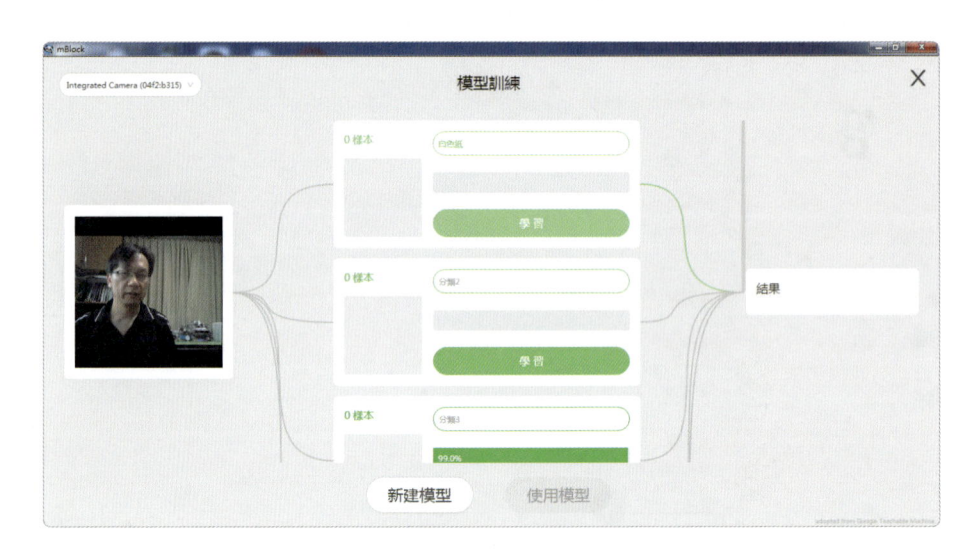

> 📄 **說明** 你的電腦必須要有攝影機，如果是筆記型電腦，它已經內建了。但是，如果是桌上型電腦，則必須要再外掛來使用。

Chapter 15　機器深度學習－mBot「形狀識別」的應用

以訓練機器深入學習的完整步驟如下：（以訓練「交通號誌」為例）

Step 1 ▶ 將「↑紙」放在攝影機的前面，再按下「學習」鈕，就會產生第 1 張樣本，最後再填入分類的名稱「前進」。如下圖所示：

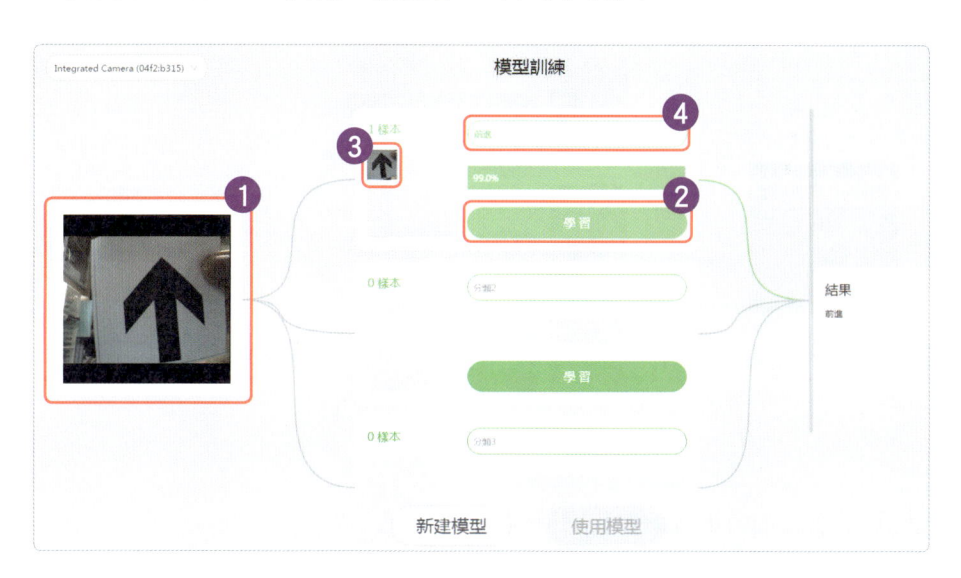

Step 2 ▶ 相同的步驟，「↑紙」放在攝影機的前面不同的位置，再按下「學習」鈕，來產生約 25 張樣本。如下圖所示：

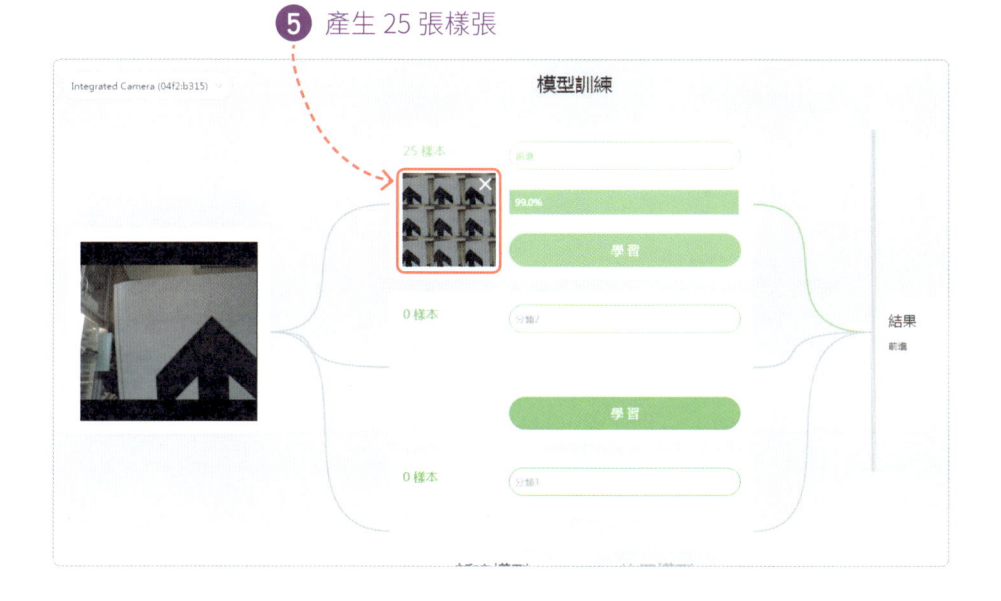

❺ 產生 25 張樣張

247

Step 3 ▶ 重複步驟 1~2，再訓練「↓紙」、「←紙」、「→紙」、「⊠紙」。如下圖所示：

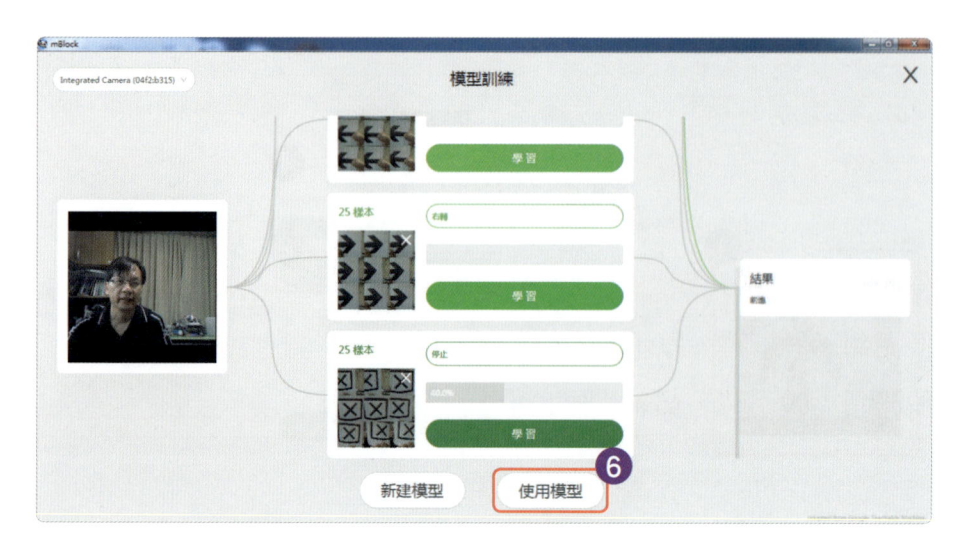

Step 4 ▶ 建立完成五種不同顏色紙的機器深入學習

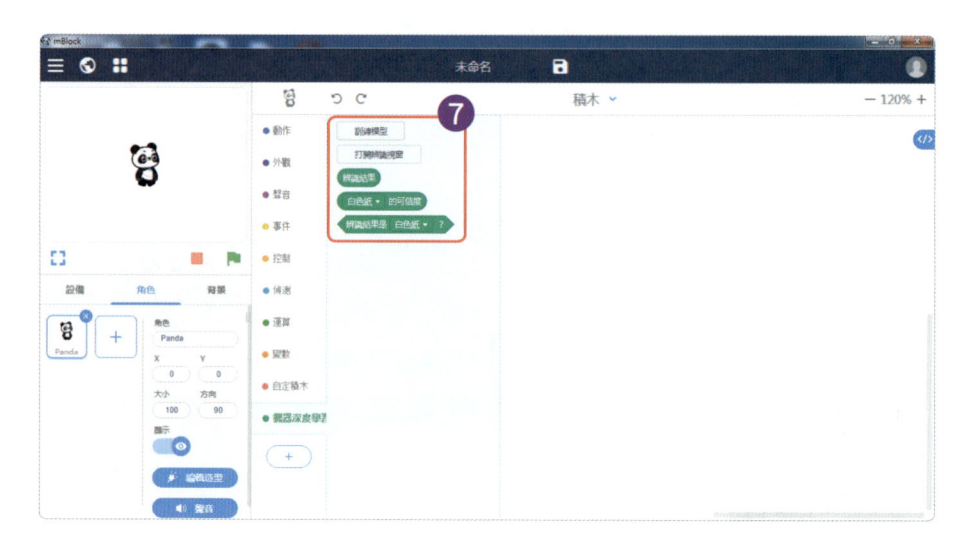

15-2　形狀識別各種不同的交通號誌

◎ **主題** 形狀識別各種不同的交通號誌，顯示不同的指令文字到舞台區。

◎ **要求**

　　1. 當偵測到「↑」時，顯示「前進」。
　　2. 當偵測到「↓」時，顯示「後退」。
　　3. 當偵測到「←」時，顯示「左轉」。
　　4. 當偵測到「→」時，顯示「右轉」。
　　5. 當偵測到「⊠」時，顯示「停止」。

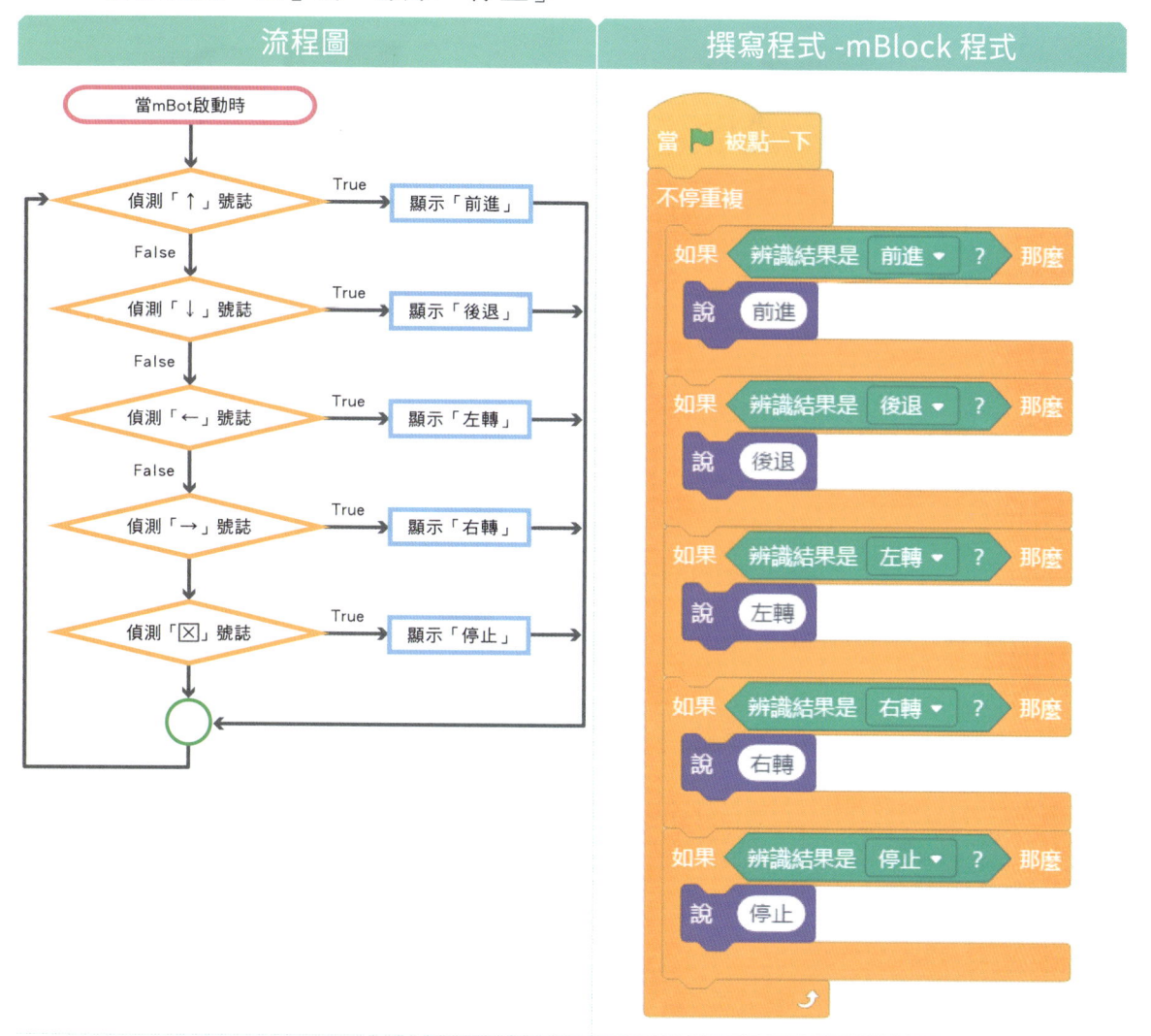

流程圖	撰寫程式 -mBlock 程式
當mBot啟動時 → 偵測「↑」號誌 → True：顯示「前進」；False → 偵測「↓」號誌 → True：顯示「後退」；False → 偵測「←」號誌 → True：顯示「左轉」；False → 偵測「→」號誌 → True：顯示「右轉」；False → 偵測「⊠」號誌 → True：顯示「停止」	當 ▶ 被點一下，不停重複：如果 辨識結果是 前進？那麼 說「前進」；如果 辨識結果是 後退？那麼 說「後退」；如果 辨識結果是 左轉？那麼 說「左轉」；如果 辨識結果是 右轉？那麼 說「右轉」；如果 辨識結果是 停止？那麼 說「停止」

15-3　形狀識別結合表情面板

◎ **主題** 形狀識別各種不同的交通號誌，顯示不同的交通號誌到表情面板。

◎ **要求**
1. 當偵測到「↑」時，表情面板顯示「↑」。2. 當偵測到「↓」時，表情面板顯示「↓」。
3. 當偵測到「←」時，表情面板顯示「←」。4. 當偵測到「→」時，表情面板顯示「→」。
5. 當偵測到「☒」時，表情面板顯示「☒」。

◎ **需求套件** mBot 機器人 + 表情面板

mBot 機器人	表情面板

◎ **擴展設備庫**

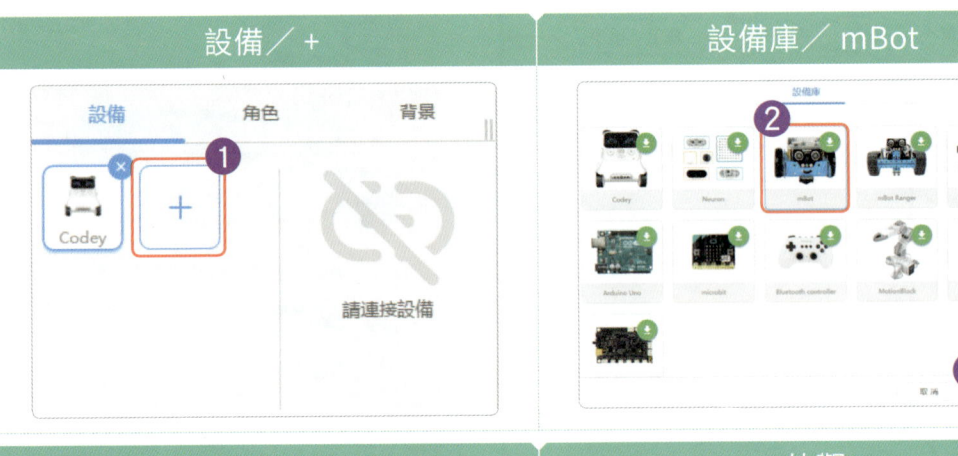

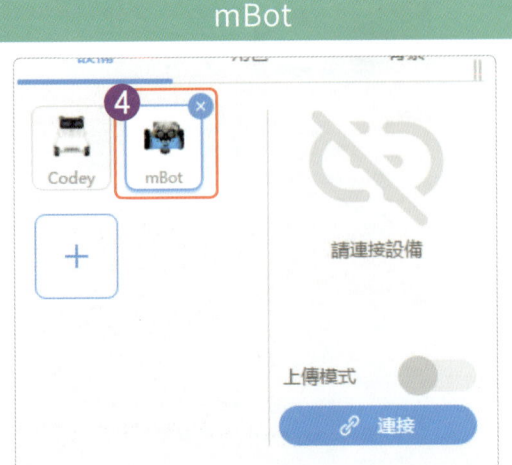

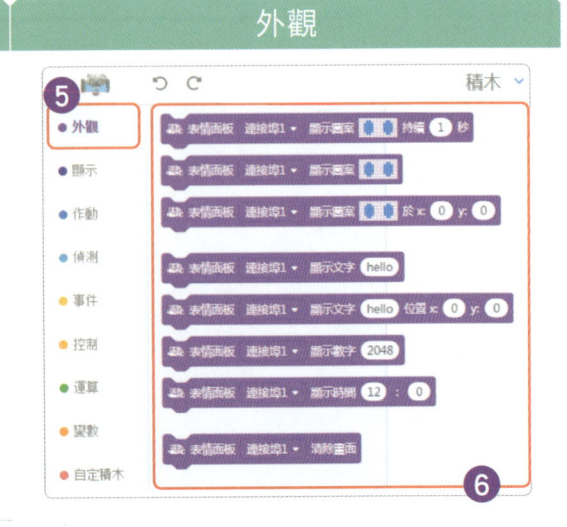

設備／＋	設備庫／mBot

mBot	外觀

250

Chapter 15　機器深度學習－mBot「形狀識別」的應用

◎ 流程圖

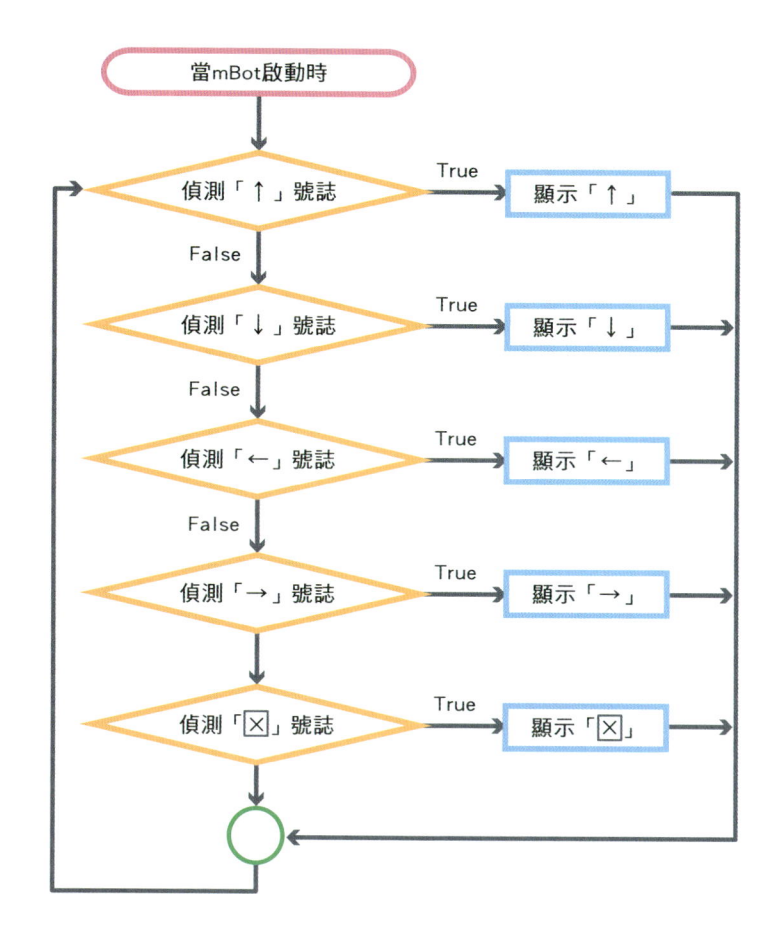

◎ 撰寫程式

15-4　交通號誌控制 mBot 行走

◎ **主題**　形狀識別各種不同的交通號誌，顯示不同的交通號誌控制 mBot 行走。

◎ **要求**
1. 當偵測到「↑」時，mBot 前進。
2. 當偵測到「↓」時，mBot 後退。
3. 當偵測到「←」時，mBot 左轉。
4. 當偵測到「→」時，mBot 右轉。
5. 當偵測到「☒」時，mBot 停止。

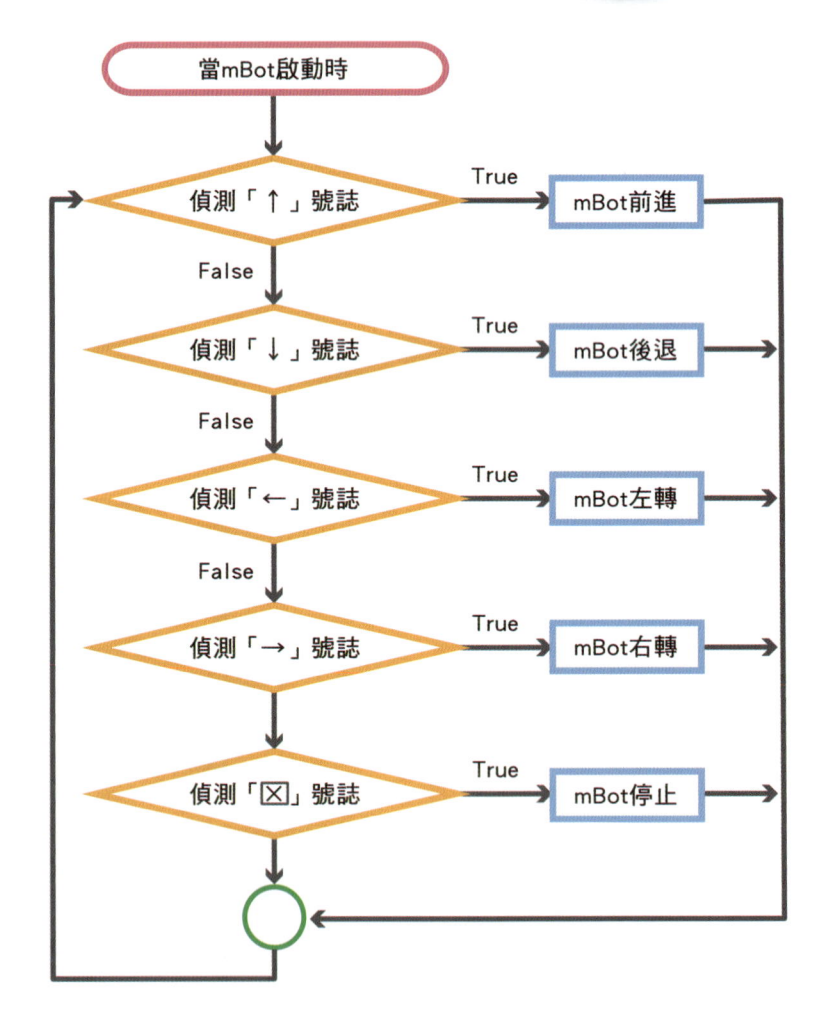

◎ **需求套件**　mBot 機器人

◎ **流程圖**

```
          當mBot啟動時
                │
                ▼
     ┌─── 偵測「↑」號誌 ──True──→ mBot前進 ──┐
     │         │False                         │
     │         ▼                              │
     │─── 偵測「↓」號誌 ──True──→ mBot後退 ──│
     │         │False                         │
     │         ▼                              │
     │─── 偵測「←」號誌 ──True──→ mBot左轉 ──│
     │         │False                         │
     │         ▼                              │
     │─── 偵測「→」號誌 ──True──→ mBot右轉 ──│
     │         │False                         │
     │         ▼                              │
     │─── 偵測「☒」號誌 ──True──→ mBot停止 ──│
     │         │                              │
     └─────────○──────────────────────────────┘
```

Chapter 15　機器深度學習－mBot「形狀識別」的應用

◎ 撰寫程式

「角色」群組程式

當 ▶ 被點一下
變數 形狀代碼 ▼ 設為 0

當 空白鍵 ▼ 鍵被按下
不停重複
　如果 辨識結果是 前進 ▼ ? 那麼
　　變數 形狀代碼 ▼ 設為 1
　如果 辨識結果是 後退 ▼ ? 那麼
　　變數 形狀代碼 ▼ 設為 2
　如果 辨識結果是 左轉 ▼ ? 那麼
　　變數 形狀代碼 ▼ 設為 3
　如果 辨識結果是 右轉 ▼ ? 那麼
　　變數 形狀代碼 ▼ 設為 4
　如果 辨識結果是 停止 ▼ ? 那麼
　　變數 形狀代碼 ▼ 設為 5

「設備」群組程式

當 ▶ 被點一下
不停重複
　如果 形狀代碼 等於 1 那麼
　　前進 ▼ , 動力 50 %
　如果 形狀代碼 等於 2 那麼
　　後退 ▼ , 動力 50 %
　如果 形狀代碼 等於 3 那麼
　　左轉 ▼ , 動力 50 %
　如果 形狀代碼 等於 4 那麼
　　右轉 ▼ , 動力 50 %
　如果 形狀代碼 等於 5 那麼
　　停止運動

253

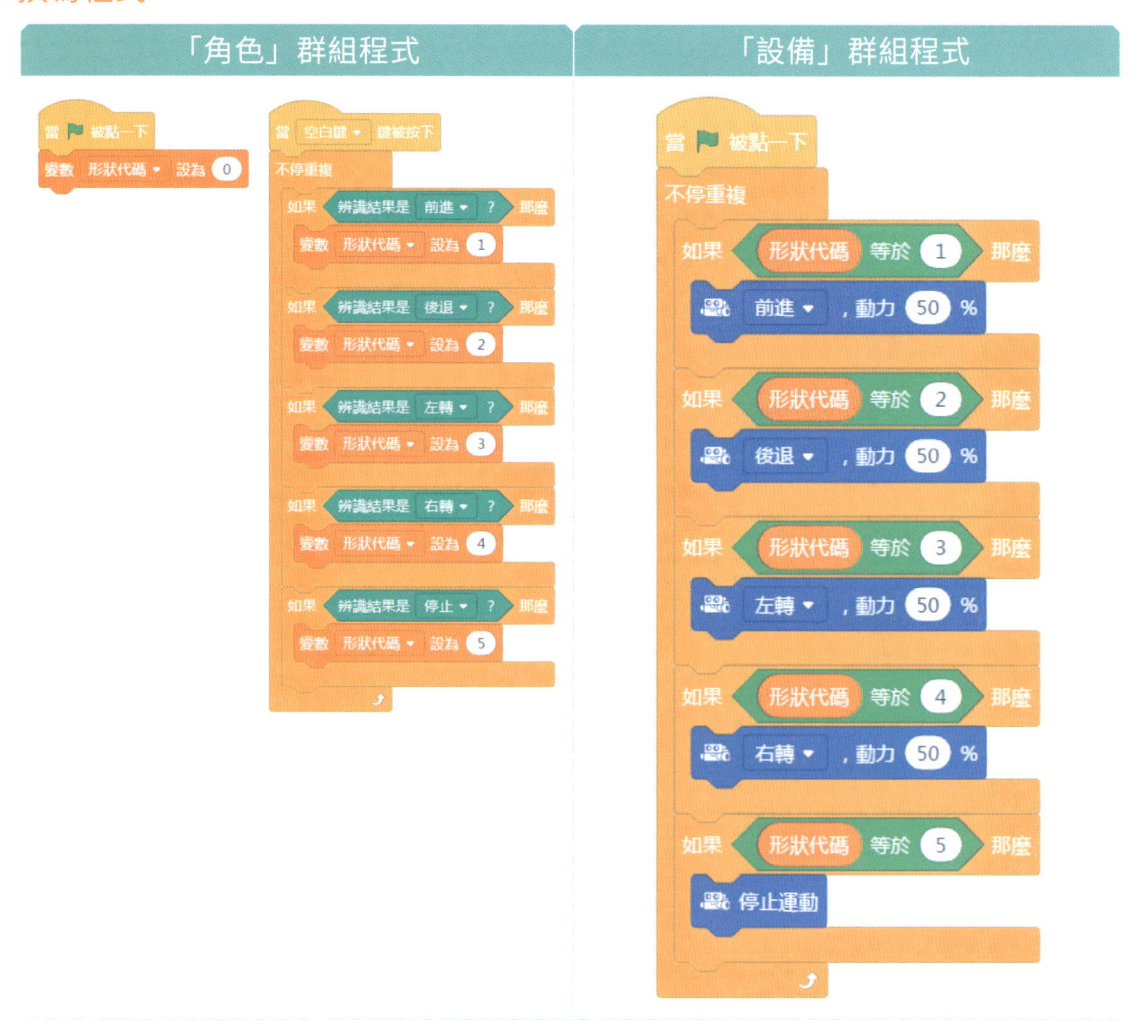

Chapter 15 實作題

◆ **題目名稱**：機器深度學習 (一)
◆ **題目說明**：請利用機器深度學習，來建立「剪刀、石頭及布」三種手勢
　　　　　　　(1) 偵測到「剪刀」手勢時，舞台區顯示「剪刀」。
　　　　　　　(2) 偵測到「石頭」手勢時，舞台區顯示「石頭」。
　　　　　　　(3) 偵測到「布」手勢時，舞台區顯示「布」。

剪刀	石頭	布

MLC 創客學習力認證
Maker Learning Competency Certification

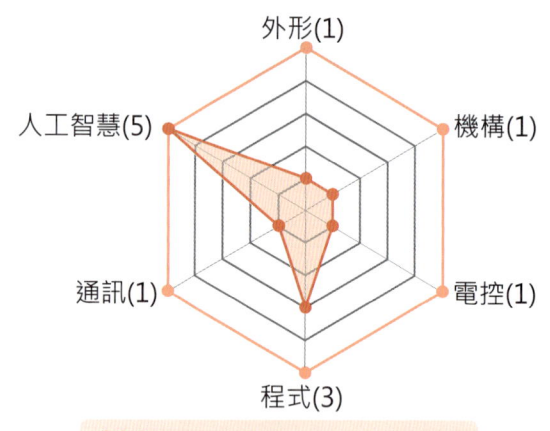

創客題目編號：A005039

實作時間：15 分鐘	
創客指標	指數
外形	1
機構	1
電控	1
程式	3
通訊	1
人工智慧	5
創客總數	12

◆ **題目名稱**：機器深度學習 (二)
◆ **題目說明**：請利用機器深度學習，來建立「剪刀、石頭及布」三種手勢。
　　　　　　(1) 偵測到「剪刀」手勢時，mBot 機器人「後退」。
　　　　　　(2) 偵測到「石頭」手勢時，mBot 機器人「停止」。
　　　　　　(3) 偵測到「布」手勢時，mBot 機器人「前進」。

後退	停止	前進

MLC 創客學習力認證
Maker Learning Competency Certification

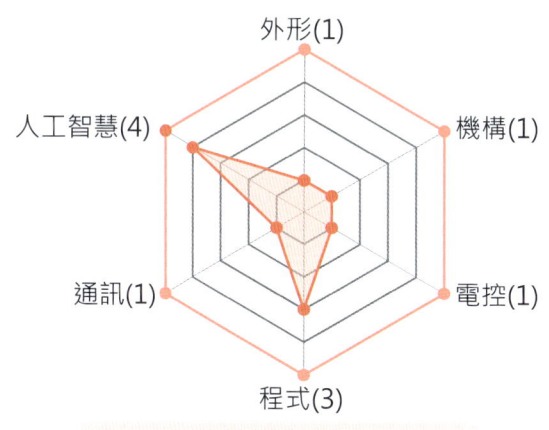

創客題目編號：A005040

創客指標	指數
外形	1
機構	1
電控	1
程式	3
通訊	1
人工智慧	4
創客總數	11

實作時間：30 分鐘

Notes

Notes

Notes

Notes

mBot 輪型機器人

mBot 是一個基於 Makeblock 體系的啟蒙教育機器人，非常適合初學者學習 STEAM (科學、技術、工程、藝術、數學) 領域的知識，您可以自由組裝和擴展各種型態機器人，並且通過圖形化編程軟體 Scratch (mBlock)，輕鬆學習程式語言，體驗機械、電機電子以及機器人的魅力。

簡約而不簡單

包含可以在 10 分鐘內組裝完成的 38 個零件，以及搭配電子特性作顏色標示的 RJ25 插座，讓您有更多的時間可以進行編程和發揮創造力。

圖形化編程

基於 Scratch 2.0 開發的 mBlock 圖控式軟體，提供一種快速學習方式，透過輕鬆拖曳即可控制機器人，體驗機器人的無限可能。

好玩、樂趣

mBot 出廠時即具有多種預設能力，包括自動避障、循跡前進、紅外線遙控等，可運用於多種趣味遊戲，例如氣球爆破、踢足球、相撲等。

mBot V1.1（粉紅色藍牙版）
產品編號：5001002
建議售價：$3,135

mBot V1.1（藍色藍牙版）
產品編號：5001001
建議售價：$3,135

mBot V1.1（藍色 2.4G 版）
產品編號：5001003
建議售價：$3,300

選配

mBot 專用鋰電池 3.7V/1500 mAh
產品編號：5001033
建議售價：$250

鈕扣型電池 CR2025
產品編號：5001032
建議售價：$25

智慧 4 燈充電器（含 1 條 mBot 專用充電線）
產品編號：5001036
建議售價：$300

Makeblock 藍牙適配器
產品編號：5001465
建議售價：$600

智慧行動電源（10000 mAh 含 2 條 mBot 智慧充電線）
產品編號：5001034
建議售價：$1,500

雙層塑膠箱
產品編號：0198002
建議售價：$180

8 孔液晶顯示智慧充電器（含 8 條 mBot 充電線）
產品編號：5001035
建議售價：$1,980

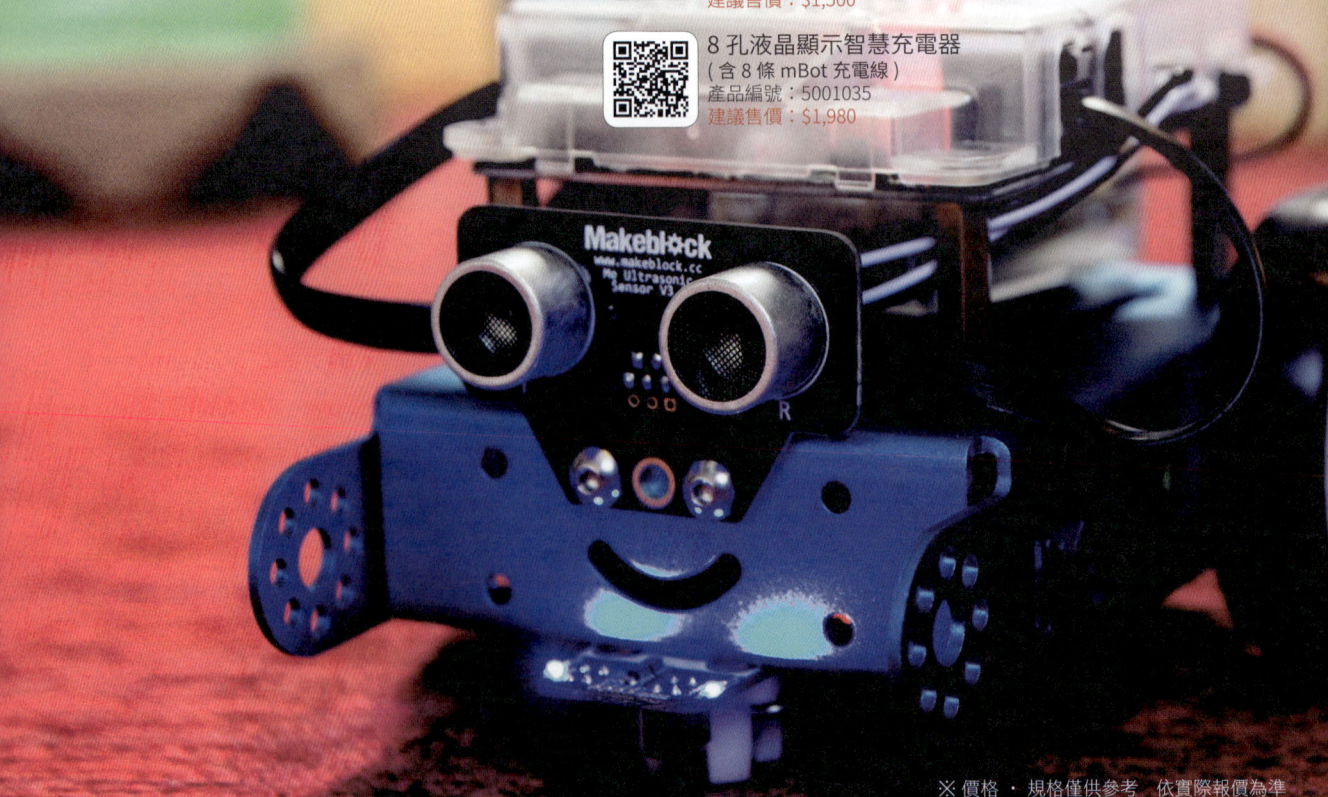

※ 價格、規格僅供參考　依實際報價為準

勁園・紅動　www.ipoemaker.com
諮詢專線：02-2908-1696 或洽轄區業務
歡迎辦理師資研習課程

mBot 輪型機器人

創客教育擴展系列

mBot 伺服機支架擴展包
產品編號：5001012
建議售價：$890

搭配 mBot 組裝成三種型態：跳舞貓、搖頭貓、發光貓，使 mBot 變得更活潑有趣的，激發創造性思維。

mBot 六足機器人擴展包
產品編號：5001011
建議售價：$890

搭配 mBot 組裝成三種型態：甲殼蟲、螳螂、青蛙。讓我們的六足機器人前進吧！

mBot 聲光互動擴展包
產品編號：5001013
建議售價：$890

搭配 mBot 組裝成三種可互動的型態：追光機器人、蠍子、智能檯燈，體驗 mBot 光線和聲音變化的奇妙之處。

mBot 產品規格

編程軟體	Scratch (mBlock)、ArduinoIDE、App Inventor 2
微處理器	兼容 Arduino Uno
輸入	光線感應器、按鈕模組、紅外線接收模組、超音波感測器、循跡感測器
輸出	蜂鳴器、RGB 彩色 LED 燈、紅外線發射模組、兩個馬達驅動模組
RJ25 插座	4 個
動力來源	TT 減速直流馬達 (6V/200RPM)
電源供應	3.7V DC 鋰電池或 4 個 1.5V AA 電池
離線控制	藍牙、2.4GHz 無線通訊、紅外線通訊

※ 出貨時附贈鈕扣電池和鋰電池各一個。

mBot 產品規格

版本比較	藍牙版	2.4G 版
連接裝置	手機、平板	電腦、筆電
配對方式	手動配對	透過 2.4G 適配器自動配對 (唯一性)
APP 控制	支援	不支援
紅外線遙控	支援	支援
Apple® 設備	1. iOS 7 或以上 2. Bluetooth®4.0 或以上	不支援
Android ™設備	1. Android ™ 2.3 或以上 2. Bluetooth®2.0 或以上 * 排除 iPad®1, iPad®2, iPhone®4 或以下	不支援

※ 以上報價僅供參考　依實際報價為主

勁園・紅動 www.ipoemaker.com
諮詢專線：02-2908-1696 或洽轄區業務
歡迎辦理師資研習課程

用 mBot 玩機器人

Maker 指定教材

想玩機器人　想玩電控模組　想玩機構組裝　三個願望一次滿足

mBot

用 Scratch 與 mBlock 玩 mBot 機器人
書號：PB103
作者：王麗君
建議售價：$250

機械結構（金屬積木＋塑膠積木）

當 mBot 遇上樂高積木：創意主題製作 - 使用 App Inventor 2 撰寫 App 遙控機器人
書號：PB123
作者：李春雄・李碩安
建議售價：$480

電控模組

用主題範例玩 mBot 進階機器人
（使用 Scratch 與 mBlock）
書號：PB104
作者：王麗君
建議售價：$320

搭配創客教育 - mBot 進階機器人擴展包

產品編號：5001015
建議售價：$4,800

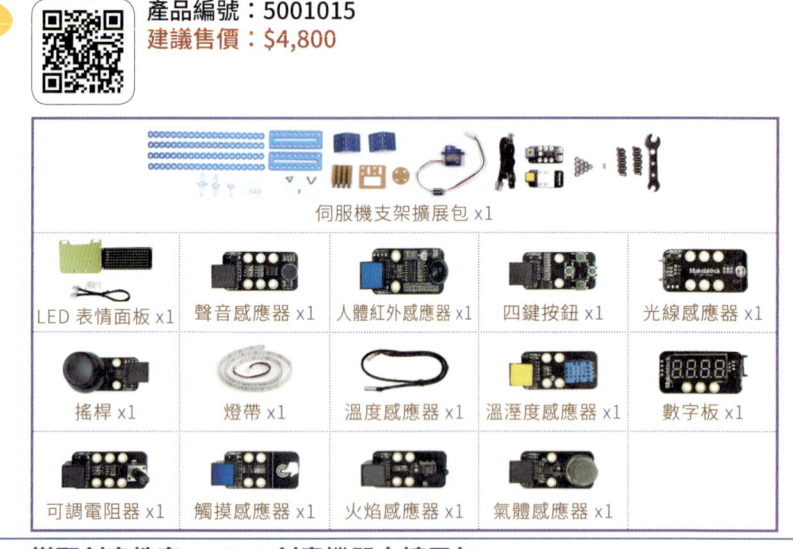

伺服機支架擴展包 x1		
LED 表情面板 x1	聲音感應器 x1	人體紅外感應器 x1
四鍵按鈕 x1	光線感應器 x1	
搖桿 x1	燈帶 x1	溫度感應器 x1
溫溼度感應器 x1	數字板 x1	
可調電阻器 x1	觸摸感應器 x1	火焰感應器 x1
氣體感應器 x1		

機械結構（金屬積木）

mBot 創意機器人 - 使用 Scratch(mBlock) 含 App Inventor 程式設計
書號：PB121
作者：李春雄・李碩安・林暐詒
建議售價：$360

搭配創客教育 - mBot 創意機器人擴展包

產品編號：5001014
建議售價：$2,900

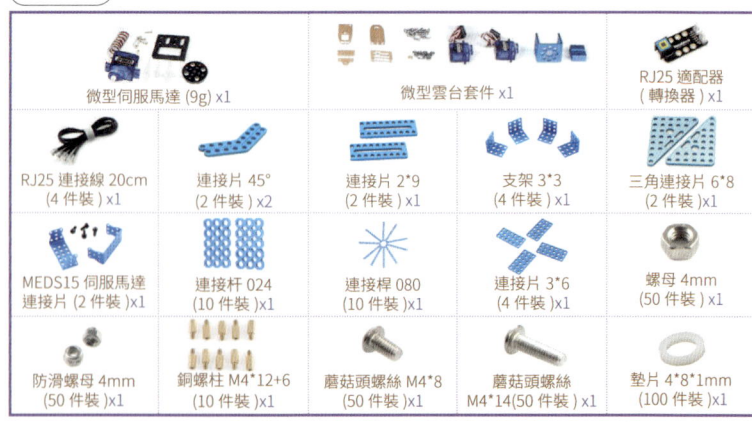

微型伺服馬達 (9g) x1	微型雲台套件 x1	RJ25 適配器（轉換器）x1
RJ25 連接線 20cm（4 件裝）x1	連接片 45°（2 件裝）x2	連接片 2*9（2 件裝）x1
支架 3*3（4 件裝）x1	三角連接片 6*8（2 件裝）x1	
MEDS15 伺服馬達連接片（2 件裝）x1	連接杆 024（10 件裝）x1	連接桿 080（10 件裝）x1
連接片 3*6（4 件裝）x1	螺母 4mm（50 件裝）x1	
防滑螺母 4mm（50 件裝）x1	銅螺柱 M4*12+6（10 件裝）x1	蘑菇頭螺絲 M4*8（50 件裝）x1
蘑菇頭螺絲 M4*14（50 件裝）x1	墊片 4*8*1mm（100 件裝）x1	

※ 以上報價僅供參考　依實際報價為主

勁園・紅動　www.ipoemaker.com
諮詢專線：02-2908-1696 或洽轄區業務
歡迎辦理師資研習課程

用 mBot 學程式設計

Maker 指定教材

實體機器人 + 虛擬程式設計　讓學習變有趣

Scratch 3.0（mBlock 5）

Scratch 3.0(mBlock 5 含 AI) 程式設計 - 使用 mBot 金屬積木機器人
書號：PN071
作者：李春雄
建議售價：$450

mBlock 5 基於 Scratch 3.0 開發，滿足圖控程式結合 AI 人工智慧及 IoT 物聯網功能，初學者很容易上手。

App Inventor 2

App Inventor 2 程式設計 - 使用 mBot 金屬積木機器人
書號：PB108
作者：李春雄・李碩安
建議售價：$390

強調利用「圖形化 App 開發工具」來讓手機操控機器人，非常適合非資電類背景之使用者。

Scratch（mBlock）

Scratch(mBlock) 程式設計 - 使用 mBot 金屬積木機器人
書號：PB106
作者：李春雄・柳家祥・林暐詒
建議售價：$380

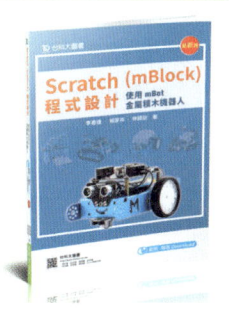

強調利用「圖控程式」將「邏輯思考」加以實作，適合初學者設計機器人程式的第一種語言。

輕課程 用 Scratch(mBlock) 玩 mBot 機器人
書號：PT102
作者：李春雄
建議售價：$150

彈性學習
多元選修
特色課程

Arduino C

Arduino C 語言程式設計 - 使用 mBot 金屬積木機器人
書號：PB107
作者：iTRY 愛創機器人實驗室・李春雄・柳家祥
建議售價：$420

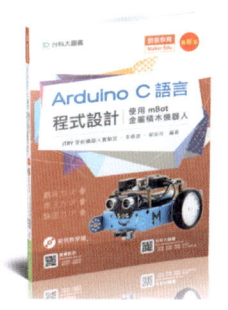

強調利用「文字式」指令來撰寫解決問題的處理程序。

C 語言程式設計：使用 Arduino C 趣玩 mBot 機器人
書號：PB109
作者：鮮師
建議售價：$350

循序打好 C 語言基礎，範例程式碼短，流程圖搭配程式碼，訓練邏輯思考。

※ 以上報價僅供參考　依實際報價為主

勁園・紅動　www.ipoemaker.com

諮詢專線：02-2908-1696 或洽轄區業務
歡迎辦理師資研習課程

Scratch 3.0(mBlock 5含AI)程式設計
-使用mBot金屬積木機器人

2019年10月初版
書　　號 PN071

編 著 者	李春雄
責 任 編 輯	連兆淵
企 劃 編 輯	賴冠儒
版 面 構 成	楊蕙慈
封 面 設 計	楊蕙慈
出 版 者	台科大圖書股份有限公司
門 市 地 址	24257新北市新莊區中正路649-8號8樓
電　　　話	02-2908-0313
傳　　　真	02-2908-0112
網　　　址	www.tiked.com.tw
電 子 郵 件	service@tiked.com.tw

```
國家圖書館出版品預行編目資料

Scratch 3.0 ( mBlock 5含AI ) 程式設計 - 使用mBot
金屬積木機器人 / 李春雄 著
-- 初版. -- 新北市：台科大圖書, 2019.10
　　　面；　　公分
ISBN 978-986-455-928-2(平裝)

1.機器人 2.電腦程式設計

448.992029                         108016587
```

有著作權　侵害必究

▶ 本書受著作權法保護。未經本公司事前書面授權，不得以任何方式（包括儲存於資料庫或任何存取系統內）作全部或局部之翻印、仿製或轉載。

▶ 書內圖片、資料的來源已盡查明之責，若有疏漏致著作權遭侵犯，我們在此致歉，並請有關人士致函本公司，我們將作出適當的修訂和安排。

郵 購 帳 號	19133960
戶　　　名	台科大圖書股份有限公司

　　　　　　　※郵撥訂購未滿1500元者，請付郵資，本島地區100元 / 外島地區200元

客 服 專 線	0800-000-599
網 路 購 書	www.tiked.com.tw

各服務中心專線

總 公 司	02-2908-5945	台中服務中心	04-2263-5882
台北服務中心	02-2908-5945	高雄服務中心	07-555-7947

線上讀者回函
歡迎給予鼓勵及建議
http://www.tiked.com.tw/PN071